浙江省普通高校“十三五”新形态教材

机器人应用技术

主　编:张新星　祝惠一
副主编:邱宏峰　李雨健　刘俊杰　陈　超

ZHEJIANG UNIVERSITY PRESS
浙江大学出版社

图书在版编目(CIP)数据

机器人应用技术 / 张新星,祝惠一主编. — 杭州:浙江大学出版社,2022.5

ISBN 978-7-308-22150-4

Ⅰ. ①机… Ⅱ. ①张… ②祝… Ⅲ. ①机器人技术－高等职业教育－教材 Ⅳ. ①TP24

中国版本图书馆 CIP 数据核字(2021)第 268741 号

机器人应用技术

主　编　张新星　祝惠一

副主编　邱宏峰　李雨健　刘俊杰　陈　超

责任编辑　吴昌雷

责任校对　王　波

封面设计　周　灵

出版发行　浙江大学出版社

(杭州市天目山路 148 号　邮政编码 310007)

(网址:http://www.zjupress.com)

排　　版　杭州朝曦图文设计有限公司

印　　刷　杭州宏雅印刷有限公司

开　　本　787mm×1092mm　1/16

印　　张　13

字　　数　309 千

版 印 次　2022 年 5 月第 1 版　2022 年 5 月第 1 次印刷

书　　号　ISBN 978-7-308-22150-4

定　　价　39.00 元

前 言

制造业是立国之本，强国之基。制造业应坚持创新发展，加快实现中国制造向中国智造迈进。智能制造是基于新一代信息通信技术与先进制造技术的深度融合，贯穿于设计、生产、管理、服务等制造活动的各个环节，具有自感知、自学习、自决策、自执行、自适应等功能的新型生产方式。当前智能制造技术正在引发新一轮产业变革，成为工业革命浪潮的核心动力。

可以预见，未来随着产业转型升级，制造类企业将逐步实现智能化全自动生产，工业机器人将作为核心的智能生产单元。智能制造的应用更加依赖于知识和技能的集成与创新，因此对人才培养规格的需求大大提升，创新精神的培养更须加强。这迫使各专业改革创新，加快探索专业组群抱团式发展模式，创新人才培养范式，从而构建多维度、多层次的成才通道。

在高等职业教育领域，截至目前已有超过600所高职高专院校开设了智能制造类专业。人才的培养离不开教材，但目前针对工业机器人技术、机器人工程等专业的成体系教材还不多，特别是缺少包含多媒体动画、微课、慕课等新型教学资源的教材。

工业机器人综合了精密机械、机器视觉、工业互联网技术、传感器和自动控制技术等领域的最新成果，在工厂自动化生产和柔性生产系统中起着关键的作用，并已经被广泛应用到工农业生产、航天航空和军事技术等各个领域。它可代替生产工人出色地完成极其繁重、复杂、精密或者危险的工作。

本书选用FANUC工业机器人的ROBOGUIDE离线编程与仿真软件，以典型工作站为突破口，系统介绍工业机器人离线编程与仿真的相关知识。为了提高读者的学习兴趣和学习效果，本书针对重要的知识点和操作开发了大量的微课，并配套在线精品课程，以二维码的形式嵌入书中相应位置，读者可通过手机等移动终端扫码观看学习。

本书由衢州职业技术学院张新星、祝惠一担任主编，由李雨健、刘俊杰、陈超担任副主编。在本书的编写过程中，天津职业技术师范大学、天津博诺机器人技术有限公司、浙江工业职业技术学院、衢州中等职业技术学校等企业和院校提供了许多宝贵的意见和建议，在此郑重致谢。由于编者水平有限，书中难免存在不足之处，敬请广大读者批评指正。

编者

2021 年 10 月

目录

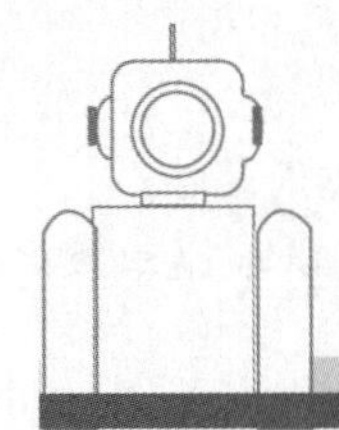

绪　论

机器人的由来

机器人的英文是 robot。robot 一词最早出现在 1920 年捷克作家卡雷尔·卡佩克(Karel Capek)所写的一个剧本中，这个剧本的名字为 *Rossum's Universal Robots*，中文意思是《罗萨姆的万能机器人》(图 0-1)。

剧中的人造劳动者取名为 Robota，捷克语的意思是“苦力”“奴隶”。英语的 robot 一词就是由此而来的，此后世界各国都用 robot 作为机器人的代名词。

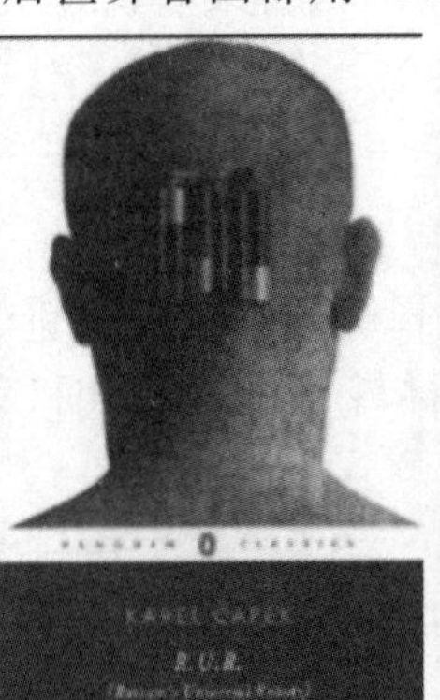

图 0-1　*Rossum's Universal Robots* 剧本

机器人三守则

1942 年，美国科学幻想小说家阿西摩夫(Asimov)在小说《我是机器人》中，提出了“机器人三守则”：

机器人必须不危害人类，也不允许它眼看人将受害而袖手旁观；

机器人必须绝对服从于人类，除非这种服从有害于人类；

机器人必须保护自身不受伤害，除非为了保护人类或者是人类命令它做出牺牲。

图 0-2 是《我是机器人》的海报。

图 0-2　《我是机器人》海报

机器人定义

定义一

机器人是“貌似人的自动机，具有智力的和顺从于人的但不具人格的机器”。

——英国《简明牛津字典》

定义二

机器人是“一种用于移动各种材料、零件、工具或专用装置的，通过可编程序动作来执行种种任务的，并具有编程能力的多功能机械手”。

——美国机器人协会(RIA)

定义三

工业机器人是“一种装备有记忆装置和末端执行器的，能够转动并通过自动完成各种移动来代替人类劳动的通用机器”。

——日本工业机器人协会(JIRA)

定义四

机器人是“一种能够进行编程并在自动控制下执行某些操作和移动作业任务的机械装置”。

——美国国家标准局(NBS)

定义五

机器人是一种自动的、位置可控的、具有编程能力的多功能机械手，这种机械手具有几个轴，能够借助于可编程序操作来处理各种材料、零件、工具和专用装置，以执行种种任务。

——国际标准化组织(ISO)

定义六

机器人是一种自动化的机器，所不同的是这种机器具备一些与人或生物相似的智能能力，如感知能力、规划能力、动作能力和协同能力，是一种具有高度灵活性的自动化机器。

——中国电子学会

综合诸家的解释，概括各种机器人的性能，目前普遍按以下特征来描述机器人：

(1)机器人的动作机构具有类似于人或其他生物体某些器官（如肢体、感官等）的功能；

(2)机器人具有通用性，工作种类多样，动作程序灵活易变，是柔性加工的主要组成部分；

(3)机器人具有不同程度的智能，如记忆、感知、推理、决策、学习等；

(4)机器人具有独立性，完整的机器人系统在工作中可以不依赖于人的干预。

机器人分类

机器人按照从低级到高级的发展程度可分为三类。

第一代机器人(First Generation Robots):可编程的示教再现工业机器人,其已进入商品化、实用化阶段。

第二代机器人(Second Generation Robots):装备有一定的传感装置,能获取作业环境、操作对象的简单信息,通过计算机处理、分析,能做出简单的推理,对动作进行反馈的机器人,通常称为低级智能机器人。由于其信息处理系统庞大且昂贵,第二代机器人目前只有少数可投入应用。

第三代机器人(Third Generation Robots):具有高度适应性的自治机器人。它具有多种感知功能,可进行复杂的逻辑思维、判断决策,在作业环境中能独立行动。第三代机器人又称作高级智能机器人。它与第五代计算机关系密切,目前还处于研究阶段。

按照结构形态、负载能力和动作空间,可将机器人分为以下几类。

超大型机器人:负载能力为1000kg以上。

大型机器人:负载能力为100～1000kg或动作空间在$10m^2$以上。

中型机器人:负载能力为10～100kg或动作空间为1～$10m^2$。

小型机器人:负载能力为0.1～10kg或动作空间为0.1～$1m^2$。

超小型机器人:负载能力为0.1kg以下或动作空间在$0.1m^2$以下。

按照开发内容和目的不同,可将机器人分为以下三类。

工业机器人(Industrial Robot):如焊接、喷漆、装配机器人。

操纵机器人(Teleoperator Robot):如主从手、遥控排险、水下作业机器人。

智能机器人(Intelligent Robot):如演奏、表演、下棋、探险机器人。

特种机器人和微型机器人是目前机器人发展的一个重要方向。

特种机器人(Special Robots):如可在失重状态下工作的航天飞机上的机械手、海洋探测机器人、军用机器人、防核防化机器人、爬壁机器人、微小物体操作机器人等。

微型机器人(Micro-robots):如管道机器人、血管疏通机器人。

微动机器人(Micro-movement robots):如细胞切割机器人、微操作和微装配机器人等。

而本课程要学习的是工业机器人,即在工业自动化生产线、无人制造车间等应用的机器人。

机器人的应用

机器人的应用情况,是一个国家工业自动化水平的重要标志。

机器人的应用十分广泛,在许多领域机器人都得到了成功的应用或有着美好的应用前景。

海洋探测机器人:可用于海底矿物资源和水文气象探测、海底地势勘查、打捞、救生、排险等。

空间机器人:在航天飞机上用来回收和维修人造卫星,在空间站、月球表面和火星上进行工作。

军用机器人:有扫雷排雷机器人、侦察机器人、防核防化机器人等。

特种机器人:替代人在繁重、危险、恶劣环境下作业的必不可少的工具,如消防(灭火)

机器人、防暴机器人、盾构机器人等。

微型机器人：可进入煤气、输油管道等狭窄场所进行工作，甚至进入人体的血管、肠胃中工作。

微操作机器人：机器人领域的一个重要研究方向，在国防、空间技术、生物医学工程、智能制造和微机电系统中有广泛的应用前景。

娱乐机器人：可充当导游、做表演，甚至与人进行简单交流，如导游机器人、足球机器人、机器狗、机器猫、机器鱼等。

服务机器人：已经开始或在不久的将来进入人类家庭生活，如保健机器人、导盲机器人、垃圾清扫和擦玻璃机器人等。

工业机器人：随着工业自动化的不断发展，工业机器人被广泛应用于工业生产的各个部门，如采掘、喷涂、焊接、医疗等各大领域。工业机器人不断替代着人类的各种繁重劳动，大大提高了劳动生产率，减轻了人们的劳动强度。此外，它还能在高温、低温、深水、宇宙、放射性和其他有毒、污染的环境条件下工作，体现出它的优越性。

机器人的发展历史

古代“机器人”是现代机器人的雏形。人类对机器人的幻想与追求已有 3000 多年的历史。

西周时期我国的能工巧匠偃师研制出的歌舞艺人，是我国记载最早的机器人。

春秋后期，据《墨经》记载，鲁班曾制造过一只木鸟，能在空中飞行“三日不下”。

公元前 2 世纪，古希腊人发明了最原始的机器人——太罗斯，它是以水、空气和蒸汽压力为动力的会动的青铜雕像，它可以自己开门，还可以借助蒸汽唱歌。

一千八百多年前，汉代的大科学家张衡不仅发明了地动仪，而且发明了计里鼓车。计里鼓车每行一里，车上木人击鼓一下，每行十里击钟一下。

三国时期，蜀国丞相诸葛亮成功地创造出了“木牛流马”，并用其在崎岖山路中运送军粮，支援前方的战争。

1662 年，日本的竹田近江利用钟表技术发明了自动机器玩偶，并在大阪的道顿堀演出。

1738 年，法国天才技师杰克·戴·瓦克逊发明了一只机器鸭，它会嘎嘎叫，会游泳和喝水，还会进食和排泄。瓦克逊的本意是想把生物的功能加以机械化从而进行医学上的研究分析。

1773 年，著名的瑞士钟表匠杰克·道罗斯和他的儿子利·路易·道罗斯制造出自动书写玩偶、自动演奏玩偶等。这些自动玩偶是利用齿轮和发条原理制成的，它们有的拿着画笔和颜料绘画，有的拿着鹅毛蘸墨水写字，结构巧妙，服装华丽，在欧洲风靡一时。

1927 年，美国西屋公司工程师温兹利制造了第一个机器人“电报箱”，并在纽约举行的世界博览会上展出。它是一个电动机器人，内部装有无线电发报机，可以回答一些问题，但该机器人不能走动。

现代机器人的发展历史

第二次世界大战期间(1938—1945 年),由于核工业和军事工业的发展,科学家研制出了“遥控操纵器”(Teleoperator),主要用于放射性材料的生产和处理过程。1947 年,人们对这种较简单的机械装置进行了改进,采用电动伺服方式,使其从动部分能跟随主动部分运动,称为“主从机械手”(Master-slave Manipulator)。

1949—1953 年,为了满足先进飞机制造的需要,美国麻省理工学院辐射实验室(MIT Radiation Laboratory)开始研制数控铣床。1953 年能按照模型轨迹做切削动作的多轴数控铣床研制成功。

1954 年,“可编程”“示教再现”机器人面世。美国人 George C. Devol 设计制作了世界上第一台机器人实验装置,并发表了题为《适用于重复作业的通用性工业机器人》的文章。

1958 年,“机器人之父”恩格尔伯格先生建立了 Unimation 公司,1959 年他发明了世界上第一台工业机器人,并开始定型生产名为 Unimate 的工业机器人。两年后,美国机床与铸造公司生产了另一种可编程工业机器人 Versatran。

20 世纪 70 年代,机器人产业得到蓬勃发展,机器人技术发展成为专门学科,被称为机器人学(Robotics)。机器人的应用领域进一步扩大,相继出现了各种坐标系统、各种结构的机器人。大规模集成电路和计算机技术的飞跃发展使得机器人的控制性能大大提高,制造成本不断下降。

20 世纪 80 年代开始进入智能机器人研究阶段。不同结构、不同控制方法和不同用途的工业机器人在工业发达国家真正进入了实用化阶段。

随着传感技术和智能技术的发展,智能机器人研究进一步发展。机器人视觉、触觉、力觉、接近觉等项研究成果的应用,大大提高了机器人的适应能力,扩大了机器人的应用范围,促进了机器人的智能化进程。经历了 40 多年的发展,机器人技术逐步形成了一门新的综合性学科——机器人学,它包括基础研究和应用研究两个方面,主要研究内容有:①机械手设计;②机器人运动学、动力学和控制;③轨迹设计和路径规划;④传感器(包括内部传感器和外部传感器);⑤机器人视觉;⑥机器人语言;⑦装置与系统结构;⑧机器人智能。

工业机器人的发展

让机器人替人类干那些人类不愿干、干不了、干不好的工作是工业机器人发展的重要方向。艾波比(Asea Brown Boveri,ABB)集团给出十大投资机器人的理由:第一,降低运营成本;第二,提升产品质量与一致性;第三,改善员工的工作环境;第四,扩大产能;第五,增强生产的柔性;第六,减少原料浪费,提高成品率;第七,满足安全法规,改善生产安全条件;第八,减少人员流动,缓解招聘技术工人的压力;第九,降低投资成本,提高生产效率;最后一点,节约宝贵的生产空间。机器人与人工年均成本比较如图 0-3 所示。

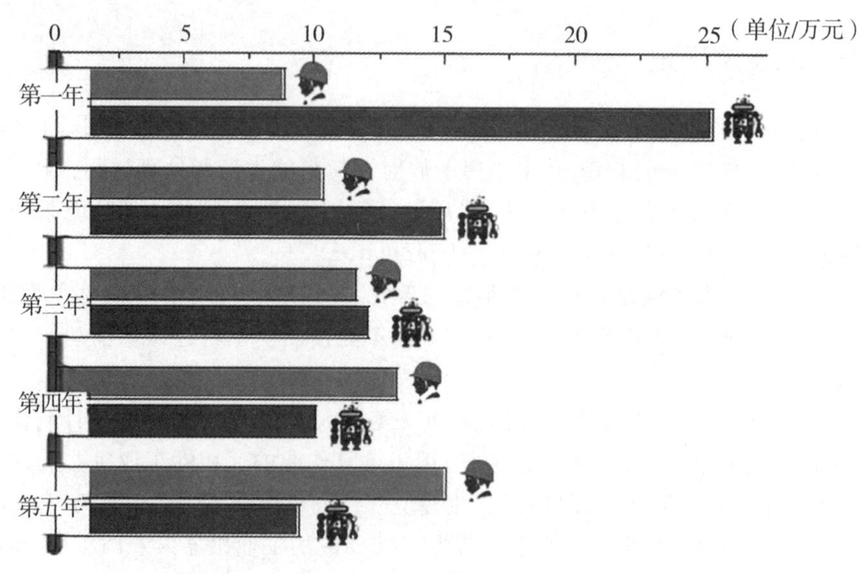

图 0-3　使用机器人与普通工人的年均成本比较

1959 年，美国造出了世界上第一台工业机器人 Unimate（见图 0-4），可实现回转、伸缩、俯仰等动作。2005 年，日本的安川电机株式会社（YASKAWA）推出可代替人完成组装或搬运的机器人 MOTOMAN-DA20 和 MOTOMAN-IA20（见图 0-5）。2010 年，意大利柯马（COMAU）推出 SMART5 PAL 机器人（见图 0-6）。它可实现装载、卸载、多产品拾取、堆垛等。

图 0-4　第一台工业机器人 Unimate

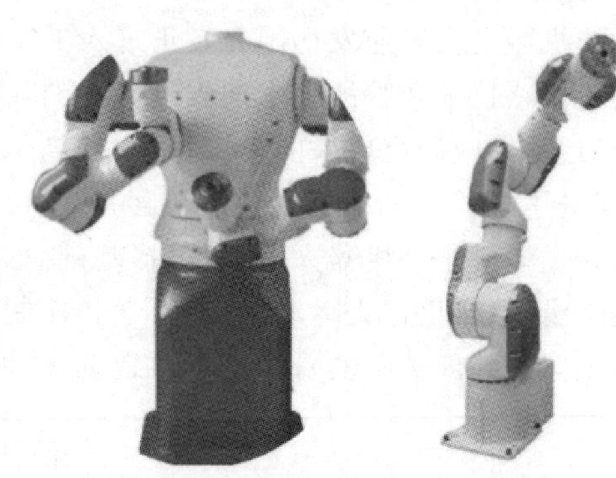

图 0-5　YASKAWA 推出的机器人

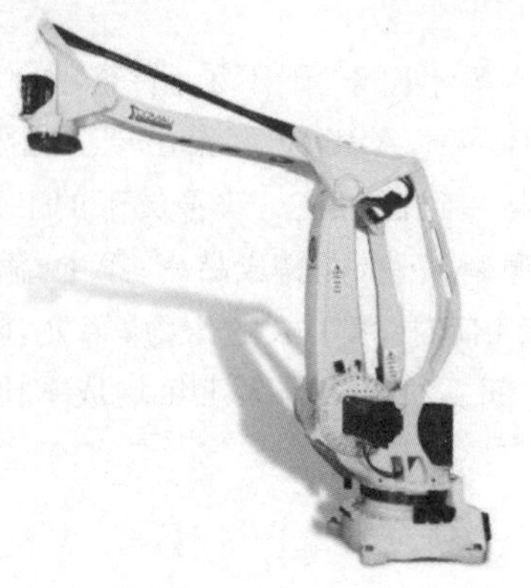

图 0-6　SMART5 PAL 机器人

2008年,德国的KUKA公司推出KR 5 arc HW(Hollow Wrist)机器人(见图0-7),其机械臂和机械手上有一个直径为50mm的通孔,可以保护机械臂上的整套保护气体软管的敷设。

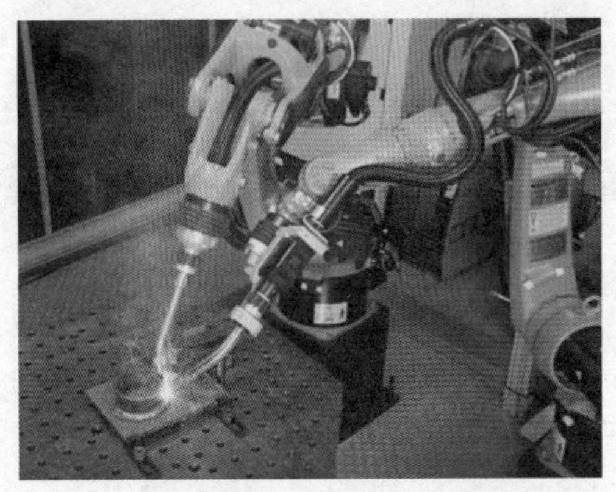

图0-7 KR 5 arc HW机器人

2013年,日本的FANUC公司推出的Robot M-3iA(见图0-8)装配机器人采用四轴或六轴模式,具有独特的平行连接结构,具备轻巧便携的特点,承重可达6kg。

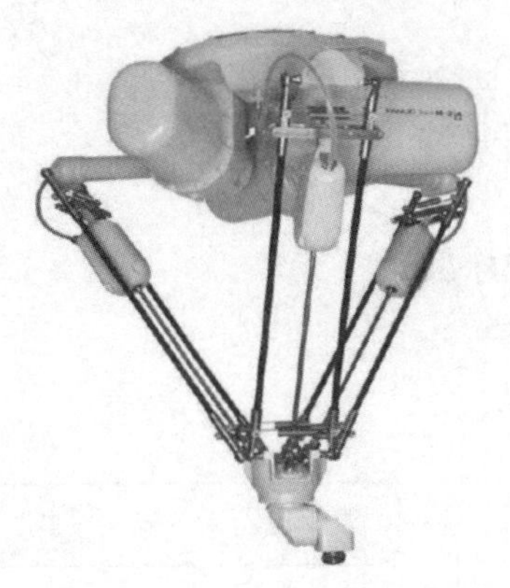

图0-8 Robot M-3iA机器人

国际工业机器人技术日趋成熟,基本沿着两个路径在发展:一是模仿人的手臂,实现多维运动,典型应用为点焊、弧焊机器人;二是模仿人的下肢运动,实现物料输送、传递等搬运功能,如搬运机器人。机器人研发水平最高的是日本、美国与欧洲,它们在发展工业机器人方面各有千秋。

日本模式:各司其职,分层面完成交钥匙工程。

欧洲模式:一揽子交钥匙工程。

美国模式:采购与成套设计相结合。

国产机器人与进口机器人尚存一定差距,具体现状如下:第一,低端技术水平有待改善;第二,产业链条亟待充实与规范。

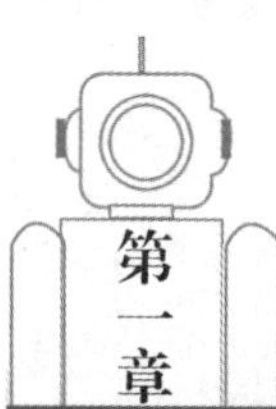

第一章 工业机器人操作安全

理论知识掌握要求

- 掌握工业机器人安全操作规程。
- 熟悉现场安全措施。
- 熟悉现场安全标识。
- 熟悉工业机器人系统标识。

技能操作要求

- 能遵守通用安全规范实施工业机器人作业。
- 熟悉现场安全措施。
- 熟悉现场安全标识。
- 熟悉工业机器人系统标识。

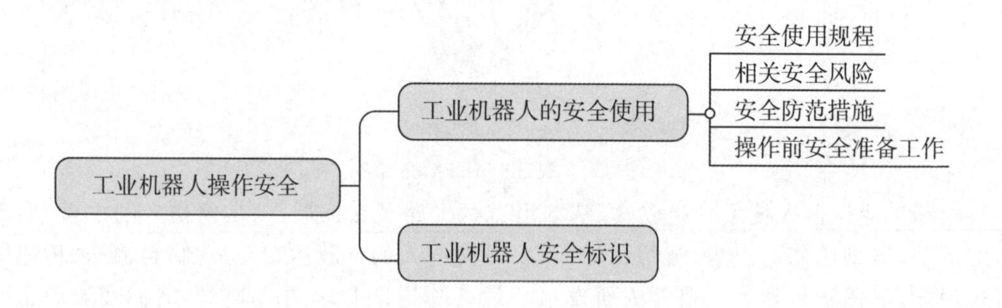

第一节 工业机器人的安全使用

一、安全使用规程

(一)安全使用环境

机器人不得在以下列出的任何一种情况下使用:燃烧的环境;有爆炸可能的环境;无线电干扰的环境;水中或其他液体中;以运送人或动物为目的。

(二)操作注意事项

只有经过专门培训的人员才能操作和使用工业机器人。操作人员在使用机器人时需要注意以下事项:

(1)避免在工业机器人周围做出危险行为。接触机器人或周边机械有可能造成人身伤害。

(2)在工厂内,为了确保安全,需注意“严禁烟火”“高电压”“危险”等警示标识。当电气设备起火时,应使用二氧化碳灭火器,切勿使用水或泡沫灭火器。

(3)为防止发生危险,操作人员在操作工业机器人时需穿戴好工作服、安全鞋、安全帽等。

(4)工业机器人安装的场所除操作人员以外,其他人员不能靠近。

(5)和机器人控制柜、操作盘、工件及其他的夹具等接触,有可能造成人身伤害。

(6)不要强制扳动、悬吊、骑坐在机器人上,以免发生人身伤害或者设备损坏。

(7)禁止倚靠在工业机器人或其他控制柜上,不要随意按动开关或者按钮,否则机器人会作出意想不到的动作,造成人身伤害或者设备损坏。

(8)设备通电时,禁止未受培训的人员接触机器人控制柜和示教编程器,否则可能引发误操作而造成人身伤害或者设备损坏。

二、相关安全风险

(一)工业机器人系统非电压相关的风险

(1)当操作人员在系统上操作时,需确保没有他人可以打开工业机器人系统的电源。

(2)工业机器人工作空间外围必须设置安全区域,以防他人擅自进入。可以配备安全光栅或感应装置作为配套安全设施。

(3)工业机器人采用空中安装、悬挂或其他并非直接坐落于地面的安装方式,可能会比直接坐落于地面的安装方式面临更多的风险。

(4)释放制动闸时,机器人的关节轴会受到重力影响而坠落。操作人员除了有被运动中的工业机器人部件撞击的风险外,还可能存在被平行手臂挤压的风险(若有此部件)。

(5)工业机器人中存储的用于平衡某些关节轴的电量可能在拆卸工业机器人或其部件时释放。

(6)拆卸/组装机械单元时,请提防掉落的物体。

(7)注意运行中或运行过后的工业机器人及控制器中存有的热能。在实际触摸之前,务必用手在一定距离感受可能会变热的组件是否有热辐射。如果要拆卸可能会发热的组件,请等到它冷却,或者采用其他方式进行前处理。

(8)切勿将工业机器人当作梯子使用,因为这存在损坏工业机器人的风险。同时,由于工业机器人电机可能产生高温或工业机器人可能发生漏油现象,所以攀爬工业机器人存在严重的烫伤或滑倒风险。

(二)工业机器人系统电压相关的风险

(1)尽管有时需要在通电时进行故障排除,但在维修故障、断开或连接各个单元时必须关闭工业机器人系统的主电源开关。

(2)工业机器人主电源的连接方式必须保证操作人员可以在工业机器人的工作空间之外关闭主电源。

(3)需要注意控制器的以下部件伴随有高压危险:①控制器的直流链路、超级电容器设备可能存有电能;②主电源/主开关;③变压器;④电源单元;⑤控制电源(230VAC);⑥整流器单元(262/400～480VAC 和 400/700VDC);⑦驱动单元(400/700VDC);⑧驱动系统电源(230VAC);⑨维修插座 (115/230VAC);⑩用户电源(230VAC);⑪机械加工过程中的额外工具电源单元或特殊电源单元;⑫即使工业机器人已断开与主电源的连接,控制器连接的外部电压仍存在;⑬附加连接。

(4)需要注意工业机器人本体以下部件伴有高压危险:①电机电源(高达 800VDC);②工具或系统其他部件的用户连接(最高 230VAC)。

(5)需要注意工具、物料搬运装置等的带电风险。即使工业机器人系统处于关机状态,工具、物料搬运装置等也可能是带电的。在工业机器人工作过程中,处于运动状态的电源电缆也可能会出现破损。

三、安全防范措施

在作业区内工作时,为了确保作业人员及设备的安全,需要执行下列防范措施。

(1)在机器人周围设置安全栅栏,以防作业人员与已通电的机器人发生意外的接触。在安全栅栏的入口处张贴一个“远离作业区”的警示牌。安全栏的门必须要加装可靠的安全联锁。

(2)工具应该放在安全栅栏以外的合适区域。若由于疏忽把工具放在夹具上,与机器人接触则有可能发生机器人或夹具的损坏。

(3)当往机器人上安装工具时,务必先切断控制柜及所装工具上的电源并锁住其电源开关,同时要挂一个警示牌。

(4)示教机器人前须先检查机器人运动方面的问题以及外部电缆绝缘保护罩是否损坏,如果发现问题,则应立即纠正,并确认其他所有必须做的工作均已完成。示教器使用完毕后,务必挂回原位置。如果示教器遗留在机器人上、系统夹具上或地面上,则机器人或装在其上的工具可能会碰撞到它,由此可能造成人身伤害或者设备损坏。当遇到紧急情况,需要停止机器人时,请按示教器、控制器或控制面上的急停按钮。

四、操作前安全准备工作

操作前安全准备工作要求如表 1-1 所示。

表 1-1　安全准备工作要求

序号	操作要求	图示
1	熟悉安全生产规章制度	

续表

序号	操作要求	图示
2	正确穿戴工业机器人安全作业服，防止零部件掉落时砸伤操作人员	
3	正确穿戴工业机器人安全帽，防止机器人系统零部件尖角或操作机器人末端工具动作时划伤操作人员	
4	正确穿戴安全鞋，防止砸伤脚	
5	正确佩戴护目镜，防止异物进入眼中	

第二节　工业机器人安全标识

安全标识是指使用招牌、颜色、照明标识、声信号等方式来表明存在信息或指示安全健康。工业机器人系统上的标识（所有铭牌、说明、图标和标记）都与机器人系统的安全有关，不允许对其进行更改或将其去除。

（1）机器人工作时，禁止进入机器人的工作范围，见图 1-1。

（2）转动危险，可导致严重伤害，维护保养前必须断开电源并锁定，见图 1-2。

图 1-1　危险提示

图 1-2　转动危险提示

（3）叶轮危险，检修前必须断电，见图 1-3。

（4）螺旋危险，检修前必须断电，见图 1-4 。

图 1-3　叶轮危险提示

图 1-4　螺旋危险提示

(5)旋转轴危险,保持远离,禁止触摸,见图 1-5 。

(6)卷入危险,保持双手远离,见图 1-6 。

图 1-5　旋转轴危险提示

图 1-6　卷入危险提示

(7)夹点危险,移除护罩,禁止操作,见图 1-7。

(8)当心伤手,保持双手远离,见图 1-8。

图 1-7　夹点危险提示

图 1-8　伤手危险提示

(9)移动部件危险,保持双手远离,见图 1-9。

(10)旋转装置危险,保持远离,禁止触摸,见图 1-10。

图 1-9　移动部件危险提示

图 1-10　旋转装置危险提示

(11)注意:按要求定期加注机油,见图 1-11。

(12)注意:按要求定期加注润滑油,见图 1-12。

图 1-11　加注机油提示

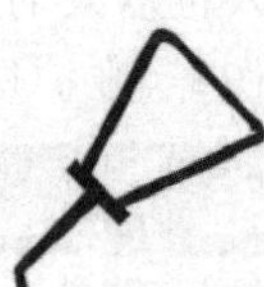

图 1-12　加注润滑油提示

(13)注意:按要求定期加注润滑脂,见图 1-13。

(14)禁止拆解的警告标记,见图 1-14。

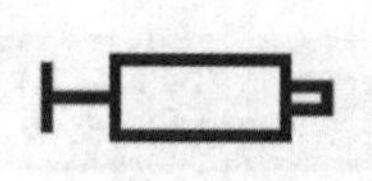

图 1-13　加注润滑脂提示

图 1-14　禁止拆解警告

(15)禁止踩踏的警告标记,见图 1-15。

(16)防烫伤标示,见图 1-16。

图 1-15　禁止踩踏警告

图 1-16　防烫伤提示

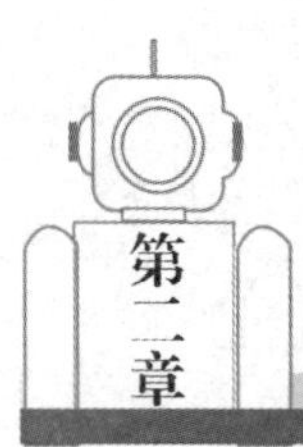

第二章 工业机器人认知

理论知识掌握要求

- 了解工业机器人的分类及应用。
- 了解工业机器人的编程方法。
- 了解工业机器人的构成。
- 熟悉工业机器人驱动装置。
- 熟悉工业机器人控制系统。
- 熟悉工业机器人坐标系。
- 熟悉工业机器末端执行器。

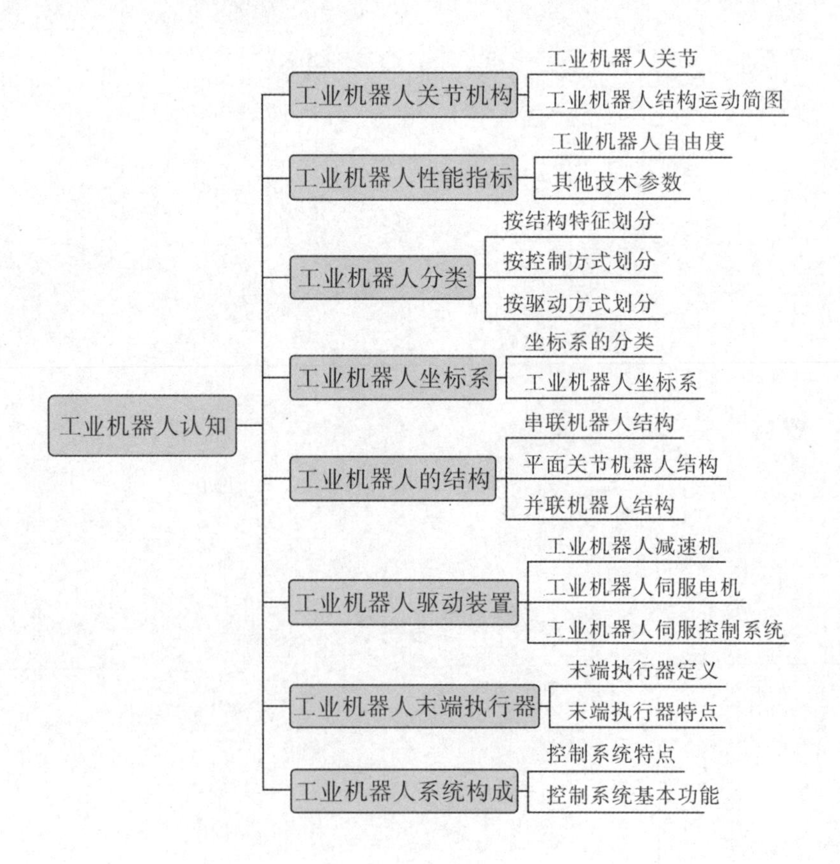

第一节　工业机器人关节机构

一、工业机器人关节

在机器人机构中，两相邻连杆之间有一个公共的轴线，两杆之间允许沿该轴线相对移动或绕该轴线相对转动，构成一个运动副，也称为关节。机器人关节的种类决定了机器人的运动自由度，移动关节、转动关节、球面关节和虎克铰关节是机器人机构中经常使用的关节类型。

移动关节：用字母 P 表示，它允许两相邻连杆沿关节轴线相对移动，这种关节具有 1 个自由度，如图 2-1(a)所示。

转动关节：用字母 R 表示，它允许两相邻连杆绕关节轴线相对转动，这种关节具有 1 个自由度，如图 2-1(b)所示。

球面关节：用字母 S 表示，它允许两连杆之间有三个独立的相对转动，这种关节具有 3 个自由度，如图 2-1(c)所示。

虎克铰关节：用字母 T 表示，它允许两连杆之间有两个相对转动，这种关节具有 2 个自由度，如图 2-1(d)所示。

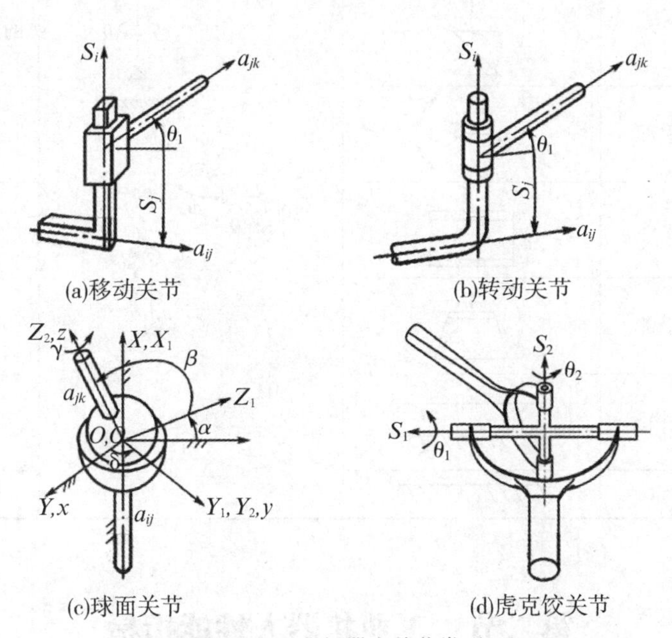

图 2-1　工业机器人关节类型

二、工业机器人结构运动简图

多个关节组合构成机器人的结构，机器人结构运动简图是指用结构与运动符号表示机器人手臂、手腕和手指等结构及结构间的运动形式的简易图形符号，参见表 2-1。

表 2-1　机器人结构运动简图

序号	运动和结构机能	结构运动符号	图例说明	备注
1	移动 1			
2	移动 2			
3	摆动 1	(a) (b)		(a)绕摆动轴旋转角度小于 360° (b)是(a)的侧向图形符号
4	摆动 2	(a) (b)		(a)能绕摆动轴360°旋转 (b)是(a)的侧向图形符号
5	回转 1			一般用于表示腕部回转
6	回转 2			一般用于表示机身的旋转
7	钳爪式手部			
8	磁吸式手部			
9	气吸式手部			
10	行走机构			
11	底座固定			

第二节　工业机器人性能指标

一、工业机器人自由度

机器人具有的独立的单位动作组合数称之为自由度，末端执行器的动作不包括在内。

自由度通常作为机器人的技术指标，反映机器人动作的灵活性，可用轴的直线移动、摆动或旋转动作的数目来表示。表 2-2 为常见机器人自由度的数量。

表 2-2　常见机器人自由度数量

<table>
<tr><th>序号</th><th colspan="2">机器人种类</th><th>自由度数量</th><th>移动关节数量</th><th>转动关节数量</th></tr>
<tr><td>1</td><td colspan="2">直角坐标</td><td>3</td><td>3</td><td>0</td></tr>
<tr><td>2</td><td colspan="2">圆柱坐标</td><td>5</td><td>2</td><td>3</td></tr>
<tr><td>3</td><td colspan="2">球(极)坐标</td><td>5</td><td>1</td><td>4</td></tr>
<tr><td rowspan="2">4</td><td rowspan="2">关节</td><td>SCARA</td><td>4</td><td>1</td><td>3</td></tr>
<tr><td>6 轴</td><td>6</td><td>0</td><td>6</td></tr>
<tr><td>5</td><td colspan="2">并联机器人</td><td>需要计算</td><td></td><td></td></tr>
</table>

(一)直角坐标机器人的自由度

图 2-2 所示为直角坐标机器人，其臂部具有 3 个自由度。

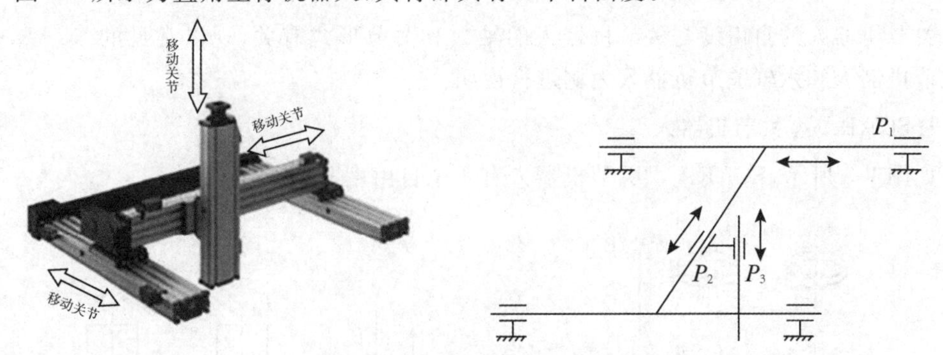

图 2-2　直角坐标机器人自由度

(二)圆柱坐标机器人的自由度

图 2-3 所示为五轴圆柱坐标机器人，其具有 5 个自由度。

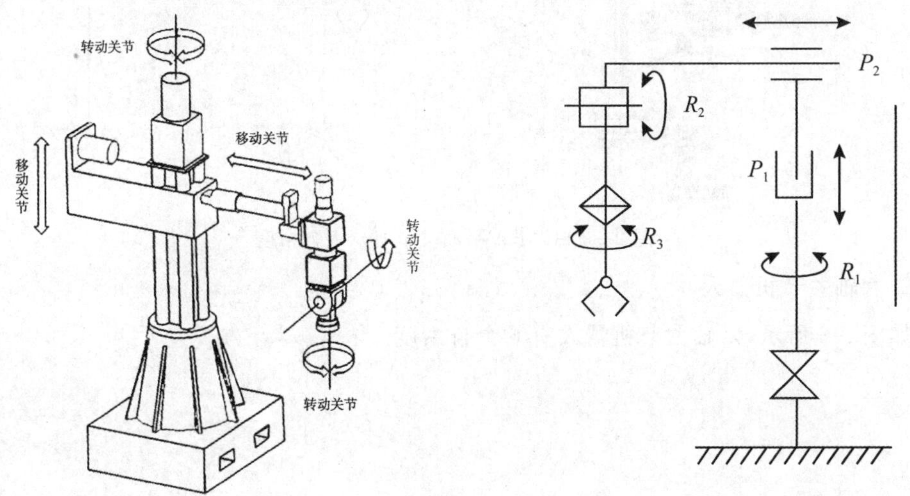

图 2-3　圆柱坐标机器人自由度

(三)球(极)坐标机器人的自由度

图 2-4 所示为球(极)坐标机器人,其具有 5 个自由度。

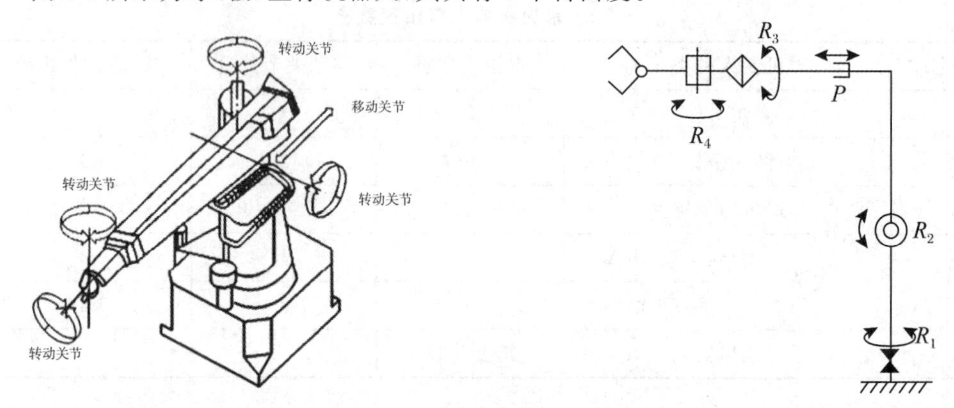

图 2-4 球(极)坐标机器人自由度

(四)关节机器人的自由度

关节机器人的自由度与关节机器人的轴数和关节形式有关,现以常见的 SCARA 平面关节机器人和六轴关节机器人为例进行说明。

1. SCARA 型关节机器人

如图 2-5 所示,SCARA 型关节机器人有 4 个自由度。

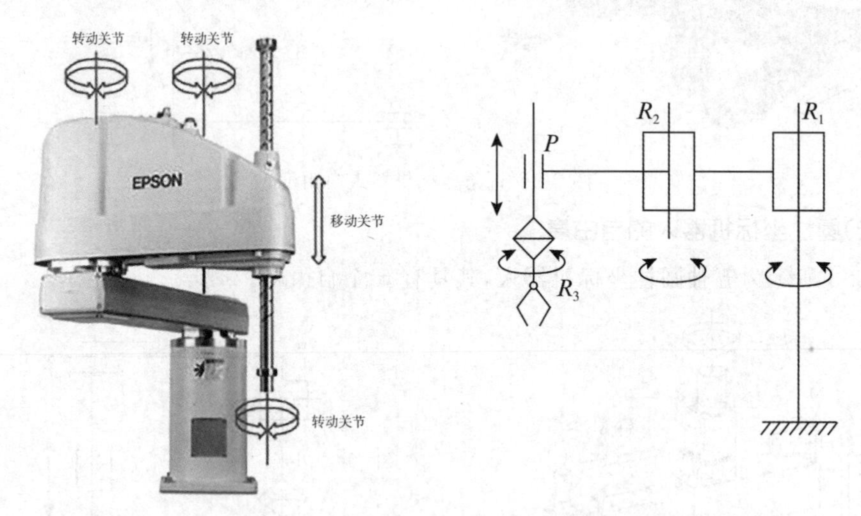

图 2-5 SCARA 平面关节机器人自由度

2. 六轴关节机器人

如图 2-6 所示,六轴关节机器人有 6 个自由度。

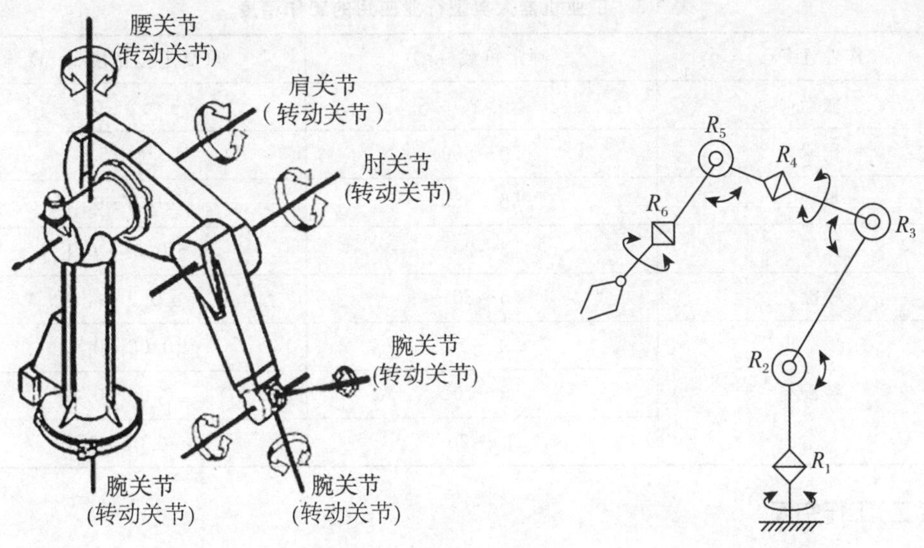

图 2-6 六轴关节机器人自由度

(五)并联机器人的自由度

如图 2-7 所示，并联机器人是由并联方式驱动的闭环机构组成的机器人。

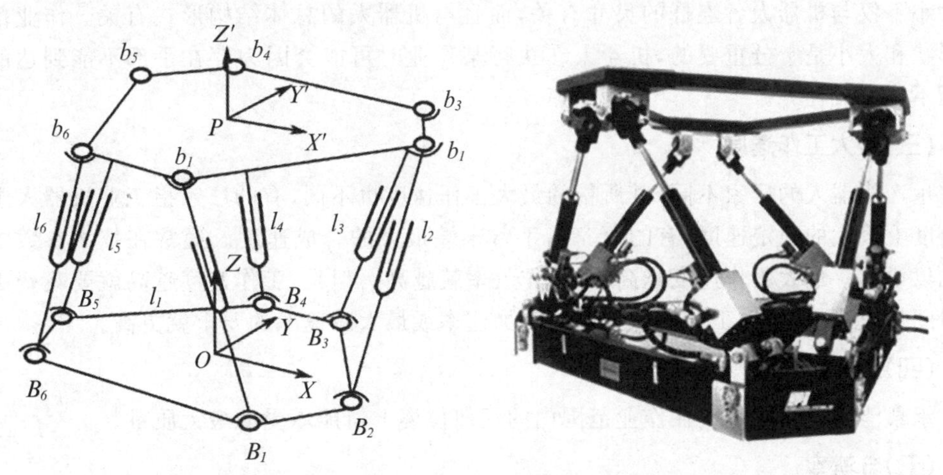

图 2-7 Gough-Stewart 并联机构和并联机器人

二、其他技术参数

机器人的技术参数反映了机器人的适用范围和工作性能，是设计、选择、应用机器人必须考虑的问题。机器人的主要技术参数有自由度、工作精度、工作空间、最大工作速度、工作载荷、分辨率等。自由度如上所述，下面介绍其他技术参数。

(一)工作精度

定位精度和重复定位精度是机器人的两个精度指标。工业机器人具有绝对精度低、重复精度高的特点，如表 2-3 所示。

表 2-3　工业机器人典型行业应用的工作精度

作业任务	额定负载(kg)	重复定位精度(mm)
搬运	5～200	±0.2～0.5
码垛	50～800	±0.5
点焊	50～350	±0.2～0.3
弧焊	3～20	±0.08～0.1
喷涂	5～20	±0.2～0.5
装配	2～5	±0.02～0.03
	6～10	±0.06～0.08
	10～20	±0.06～0.1

(二)工作空间

如图 2-8 所示,工作空间是机器人运动时手臂末端或手腕中心所能到达的所有点的集合,也称为工作区域,常用图形表示。由于末端执行器的形状和尺寸是多种多样的,为真实反映机器人的特征参数,作业范围是指不安装末端执行器时的工作区域。作业范围的大小不仅与机器人各连杆的尺寸有关,而且与机器人的总体结构形式有关。作业范围的形状和大小是十分重要的,机器人在执行某作业时可能会因为存在手部不能到达的盲区而不能完成任务。

(三)最大工作速度

生产机器人的厂家不同,其所指的最大工作速度也不同,有的厂家指工业机器人主要自由度上最大的稳定速度,有的厂家指手臂末端最大的合成速度。通常在技术参数中对此加以说明。最大工作速度越高,其工作效率就越高。但是,工作速度越高就要花费更多的时间加速或减速,对工业机器人的最大加速率或最大减速率的要求就更高。

(四)工作载荷

承载能力是指机器人在作业范围内的任何位姿上所能承受的最大质量。

(五)分辨率

分辨率是指机器人每根轴能够实现的最小移动距离或最小转动角度。

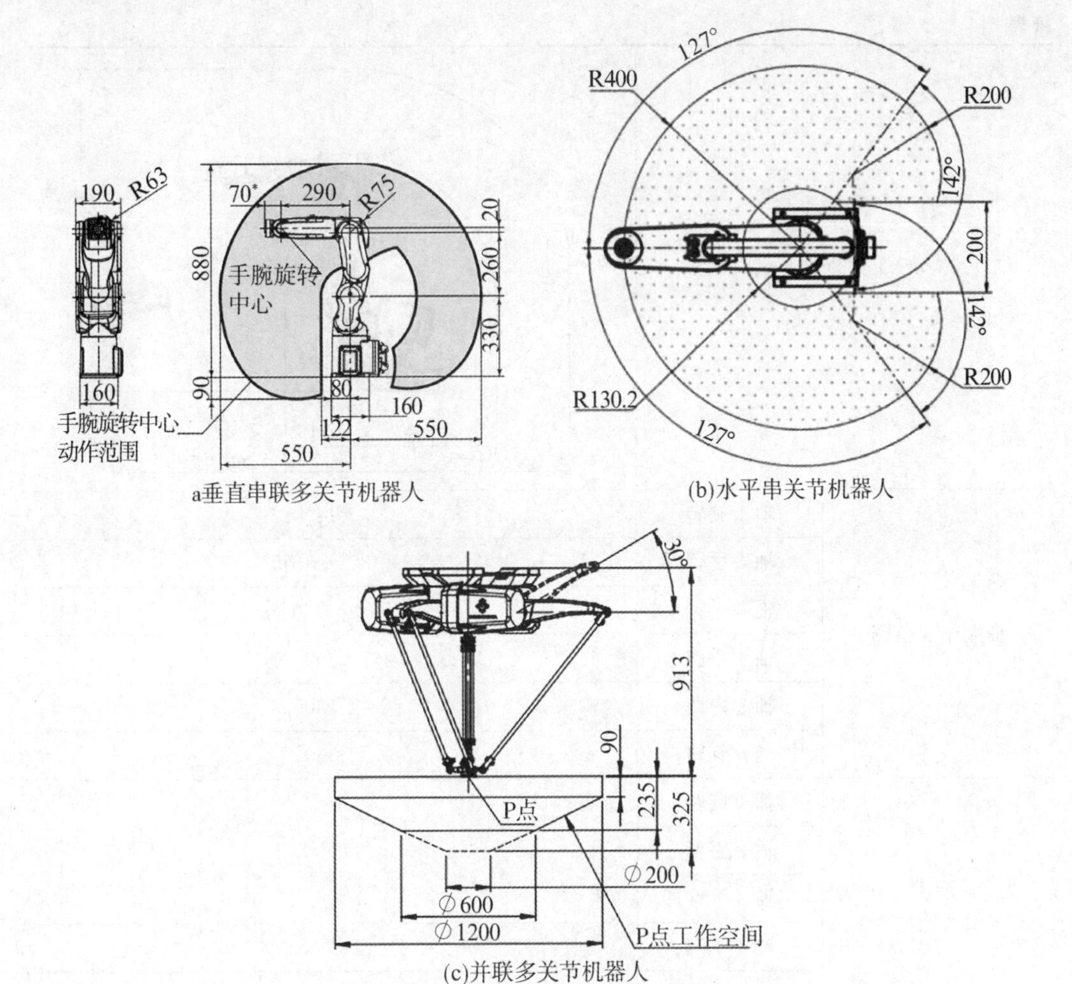

图 2-8　不同本体结构机器人工作空间

(六)典型机器人技术参数示例

对于不同型号规格的机器人,其技术参数均可通过生产厂商给出的技术手册查询到。以在汽车冲压行业常用的工业机器人为例,其技术参数可见表 2-4。

表 2-4　工业机器人技术参数

	机械结构	垂直多关节型
	自由度数	6
	重复定位精度	0.05mm
	工作载荷	200kg
	安装方式	落地式
	电源电压	200～600V,50/60Hz
	功耗	ISO-Cube2.85kW

续表

工作范围		3065 1150 911 1859 2601 282
最大作业范围	轴 1 旋转	±170°
	轴 2 手臂	+85°～−65°
	轴 3 手臂	+70°～−180°
	轴 4 手腕	±300°
	轴 5 弯曲	±130°
	轴 6 翻转	±360°
最大速度	轴 1 旋转	110°/S
	轴 2 手臂	
	轴 3 手臂	
	轴 4 手腕	190°/S
	轴 5 弯曲	150°/S
	轴 6 翻转	210°/S

第三节　工业机器人分类

工业机器人的种类很多,其功能、特征、驱动方式、应用场合等不尽相同。关于机器人的分类,国际上没有制定统一的标准。因此从不同的角度,会有不同的分类方法。

一、按结构特征划分

机器人的结构形式多种多样,典型机器人的运动特征用其坐标特性来描述。按结构特征来划分,工业机器人通常可以分为直角坐标机器人、柱面坐标机器人、球面坐标机器人、多关节机器人、并联机器人、双臂机器人、AGV 移动机器人等。

二、按控制方式划分

按照机器人的控制方式可把机器人分为非伺服控制机器人和伺服控制机器人两种。

(一)非伺服控制机器人

非伺服控制机器人工作能力比较有限,它们往往涉及那些叫作“终点”“抓放”或“开关”式机器人,尤其是“有限顺序”机器人。这种机器人按照预先编好的程序顺序进行工作,使用终端限位开关、制动器、插销板和定序器来控制机器人机械手的运动。其工作原理如图 2-9 所示。

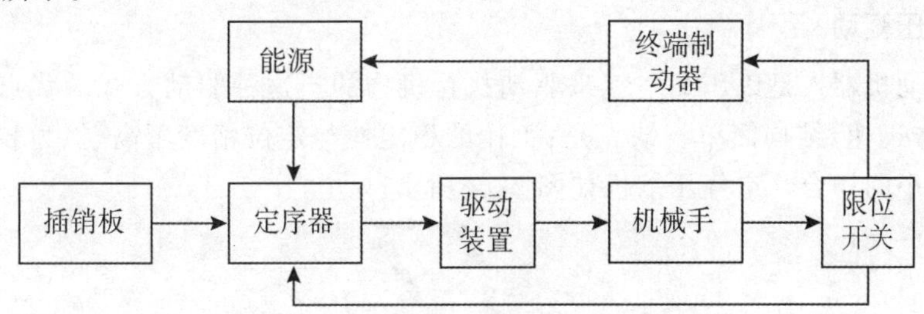

图 2-9　非伺服控制机器人工作原理

(二)伺服控制机器人

伺服控制机器人比非伺服控制机器人有更强的工作能力,因而价格较贵,但在某些情况下不如简单的机器人可靠。其结构如图 2-10 所示。

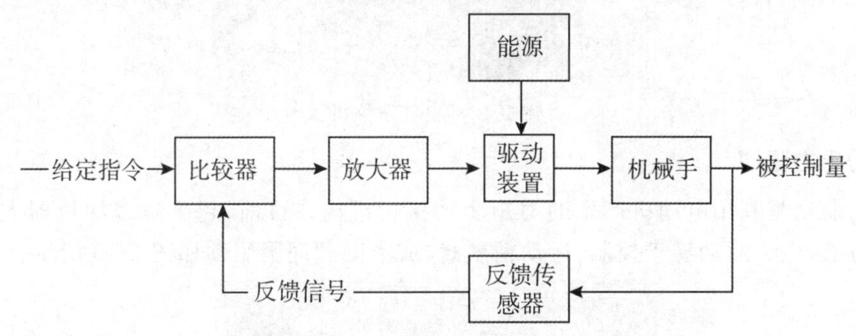

图 2-10　伺服控制机器人结构示意

三、按驱动方式划分

根据能量转换方式的不同,工业机器人的驱动类型可以划分为液压驱动、气压驱动、电力驱动和新型驱动四种类型。

(一)液压驱动

液压驱动使用液体油液来驱动执行机构。与气压驱动机器人相比,液压驱动机器人具有大得多的负载能力,其结构紧凑,传动平稳,但液体容易泄露,不宜在高温或低温场合作业。液压动力源如图 2-11 所示。

图 2-11　液压动力源

(二)气压驱动

气压驱动机器人是以压缩空气来驱动执行机构的。这种驱动方式的优点是:空气来源方便、动作迅速、结构简单。缺点是:工作的稳定性与定位精度不高、抓力较小,所以常用于负载较小的场合。空气压缩机如图 2-12 所示。

图 2-12　空气压缩机

(三)电力驱动

电力驱动是利用电动机产生的力矩驱动执行机构。目前,越来越多的机器人采用电力驱动方式,电力驱动易于控制,运动精度高,成本低。伺服驱动如图 2-13 所示。

图 2-13　伺服驱动

(四)新型驱动

伴随着机器人技术的发展,出现了利用新的工作原理制造的新型驱动器,如静电驱动器、压电驱动器、形状记忆合金驱动器、人工肌肉及光驱动器等。光驱动器如图 2-14 所示。

图 2-14　光驱动器

第四节　工业机器人坐标系

一、坐标系的分类

坐标系主要包括：空间直角坐标系、右手坐标系、柱面坐标系、球面坐标系，如图 2-15 所示。

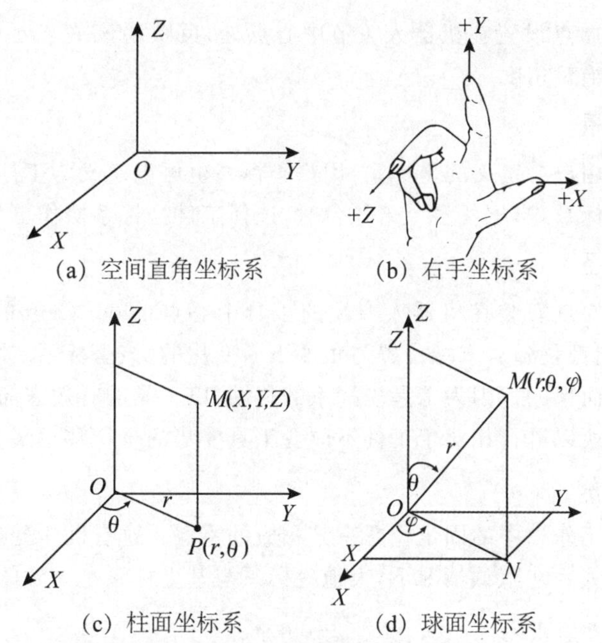

(a) 空间直角坐标系　(b) 右手坐标系

(c) 柱面坐标系　(d) 球面坐标系

图 2-15　各类型坐标系

二、工业机器人坐标系

工业机器人的坐标系主要包括：基坐标系、关节坐标系、工件坐标系、工具坐标系、大地坐标系及用户坐标系，如图 2-16 所示。

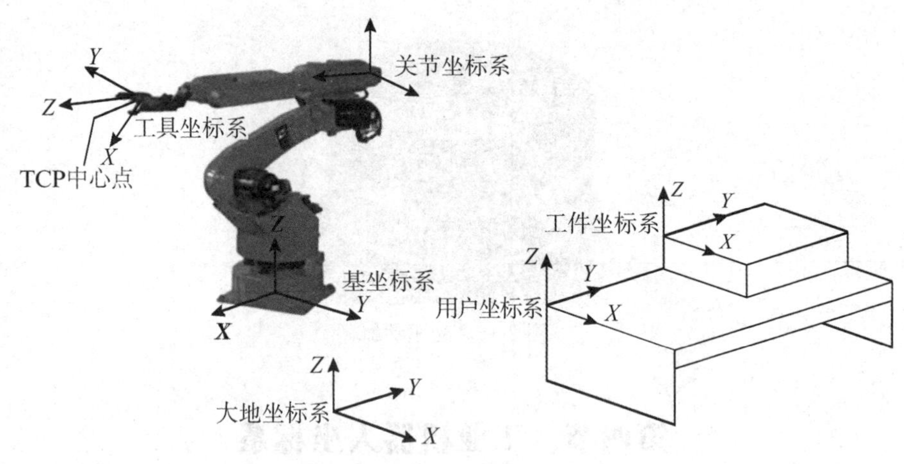

图 2-16　工业机器人坐标系

（一）基坐标系

基坐标系是机器人其他坐标系的参照基础，是机器人示教与编程时经常使用的坐标系之一，它的位置没有硬性的规定，一般定义在机器人安装面与第一转动轴的交点处。

（二）关节坐标系

关节坐标系的原点设置在机器人关节中心点处，反映了该关节处每个轴相对该关节坐标系原点位置的绝对角度。

（三）工件坐标系

工件坐标系是用户自定义的坐标系，用户坐标系也可以定义为工件坐标系，可根据需要定义多个工件坐标系，当配备多个工作台时，选择工件坐标系操作更为简单。

（四）工具坐标系

工具坐标系是原点安装在机器人末端的工具中心点（Tool Center Point，TCP）处的坐标系，原点及方向都是随着末端位置与角度不断变化的，该坐标系实际是将基坐标系通过旋转及位移变化而来的。因为工具坐标系的移动，以工具的有效方向为基准，与机器人的位置、姿势无关，所以进行相对于工件不改变工具姿势的平行移动最为适宜。

（五）大地坐标系

在工作单元或工作站中的固定位置有其相应的零点。这有助于处理若干个机器人或有外轴移动的机器人。在默认情况下，大地坐标系与基坐标系是一致的。

（六）用户坐标系

用户坐标系可用于表示固定装置、工作台等设备。机器人驱动器就在相关坐标系链中提供了一个额外级别，有助于处理持有工件或其他坐标系的处理设备。

第五节　工业机器人的结构

一、串联机器人结构

垂直串联结构是工业机器人最常见的结构形态，六轴工业机器人是典型的垂直串联关节机器人，由关节和连杆依次串联而成的，而每一关节都由一台伺服电机驱动，因此，如将机器人分解，它便是由若干台伺服电机经减速器减速后，驱动运动部件的机械运动机构的叠加和组合。

(一)本体基本形式

常用的小规格、轻量六轴垂直串联机器人的机械结构如图 2-17 所示，由基座、机身、臂部(大臂、小臂)、腕部和手部构成。基座作为最底层支撑部件，负责整体的安装连接，具体可有不同的结构形式。手腕摆动、手回转的电机均安装于上臂前端，故称之为前驱结构。

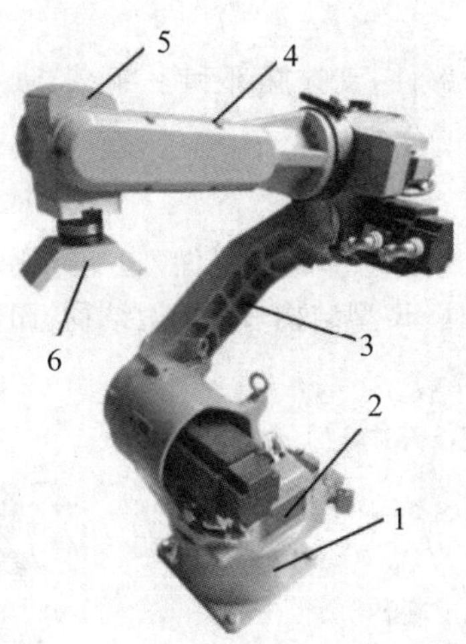

图 2-17　六轴垂直串联机器人本体结构

1—基座；2—机身；3—大臂；4—小臂；5—腕部；6—手部

(二)本体其他结构形式

为了保证机器人作业的灵活性和运动稳定性，应尽可能减小上臂的体积和质量，大中型垂直串联机器人常采用如图 2-18(a)所示的手腕驱动电机后置式结构，简称后驱。

用于零件搬运、码垛的大型重载机器人，由于负载质量和惯性大，驱动系统必须有足够大的输出转矩，故需要配套大规格的伺服驱动电机和减速器；此外，为了保证机器人运动稳定，还必须降低整体重心、增加结构稳定性，并保证构件有足够的刚性，因此，通常需要采用平行四边形连杆驱动结构。如图 2-18(b)所示。

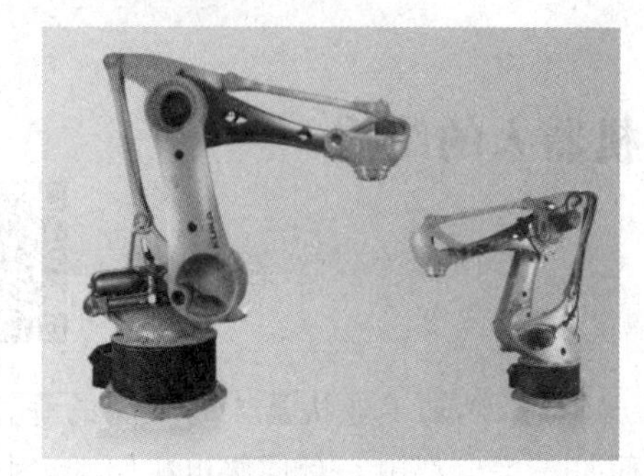

(a)后驱机器人

(b)连杆驱动机器人

图 2-18　本体其他结构形式

(三)机身的结构及功能

机身是连接、支撑手臂及行走机构的部件,臂部的驱动装置或传动装置安装在机身上,具有升降、回转及俯仰三个自由度。关节机器人主体结构的三个自由度均为回转运动,构成机器人的回转运动、俯仰运动和偏转运动。通常仅把回转运动归结为关节机器人的机身。

(四)臂部的结构及功能

臂部是连接机身和腕部的部件,支撑腕部和手部,带动手部及腕部在空间运动,结构类型多、受力复杂。

(五)腕部的结构及功能

如图 2-19 所示,腕部是臂部和手部的连接件,起支撑手部和改变手部姿态的作用,关节机器人的腕部结构有三种,即 3R 型结构、RBR 型结构、BBR 型结构。

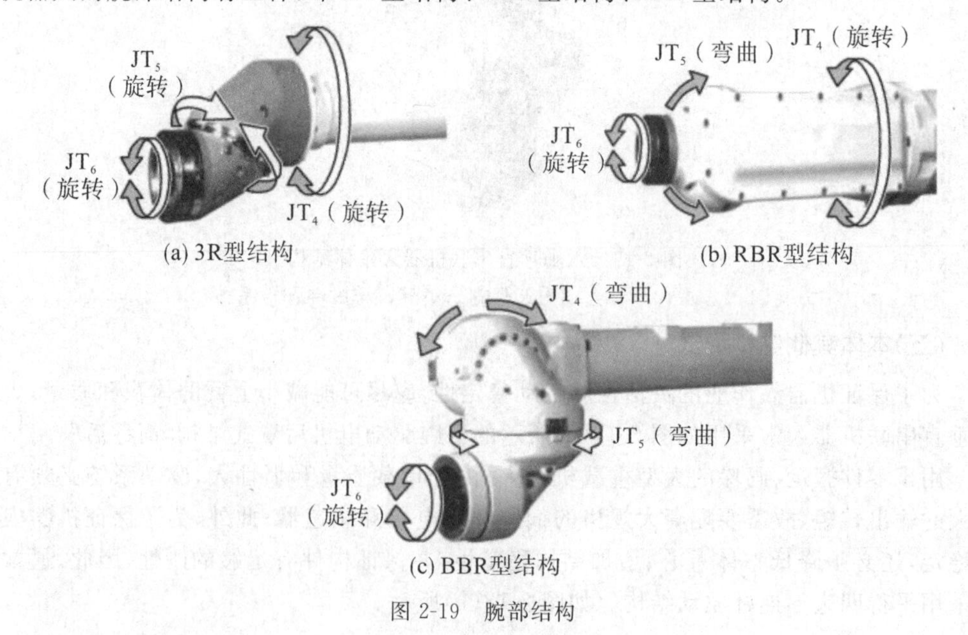

图 2-19　腕部结构

1. 腕部的自由度

为了使手部能处于空间任意方向,要求腕部能实现对空间三个坐标轴 X、Y、Z 的旋转

运动，如图 2-20 所示，这便是腕部运动的三个自由度，即偏转 Y(Yaw)、俯仰 P(Pitch)和翻转 R(Roll)。

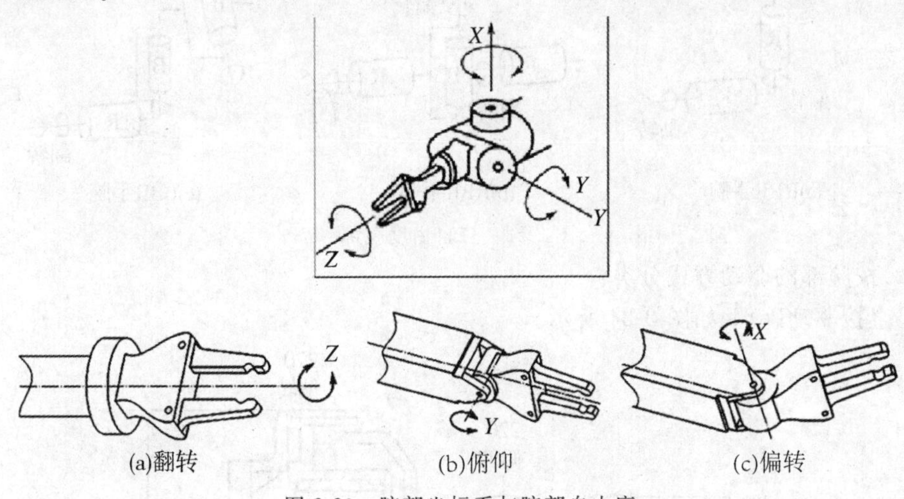

图 2-20　腕部坐标系与腕部自由度

2. 腕部的分类

(1)按自由度分类：

①单自由度腕部，如图 2-21 所示。

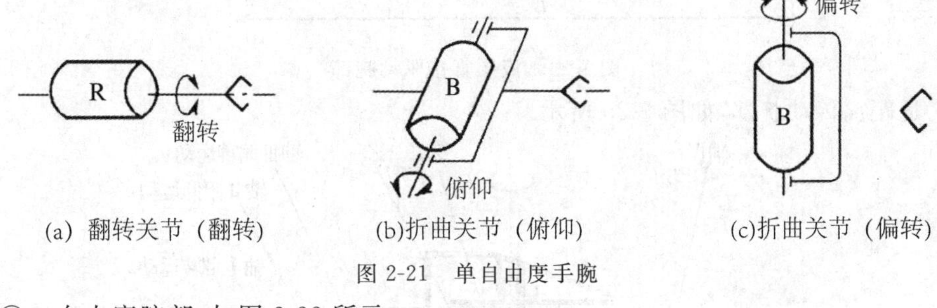

图 2-21　单自由度手腕

②二自由度腕部，如图 2-22 所示。

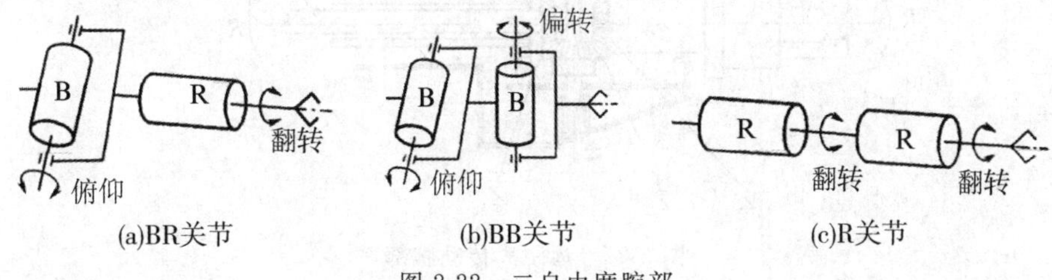

图 2-22　二自由度腕部

③三自由度腕部，由 R 关节和 B 关节的组合构成的三自由度手腕可以有多种形式，实现翻转、俯仰和偏转功能，如图 2-23 所示。

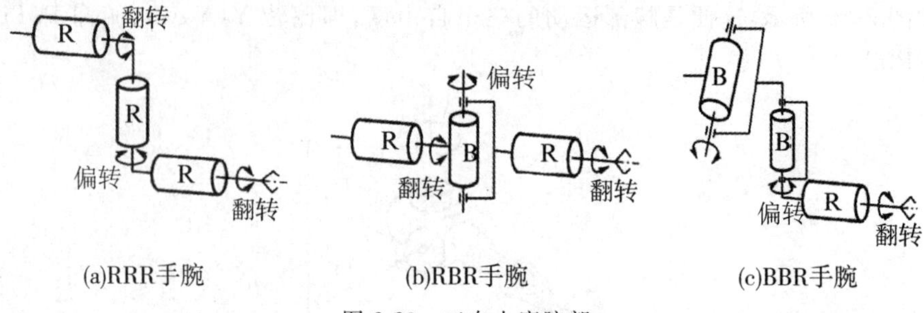

图 2-23　三自由度腕部

(2)按腕部的驱动方式分类：

①直接驱动腕部，如图 2-24 所示。

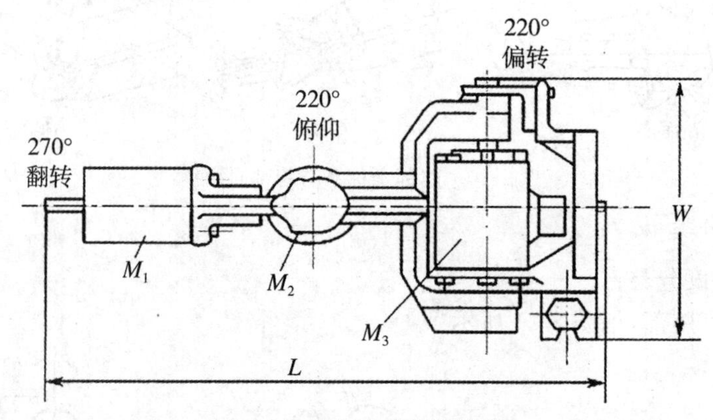

图 2-24　液压直接驱动腕部

②远距离传动腕部，如图 2-25 所示。

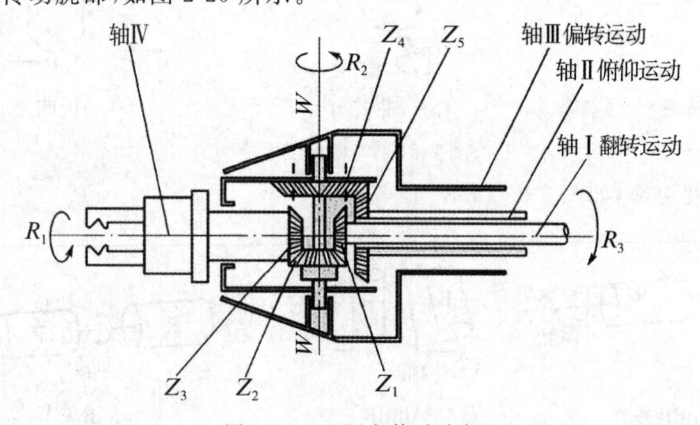

图 2-25　远距离传动腕部

二、平面关节机器人结构

平面关节结构特点：从机械结构上看，SCARA 机器人类似于水平放置的垂直串联机器人，其手臂轴为沿水平方向串联延伸、轴线相互平行的摆动关节。如图 2-26 所示的驱动摆动臂回转的伺服电机可前置在关节部位(前驱)，也可统一后置在基座部位(后驱)。

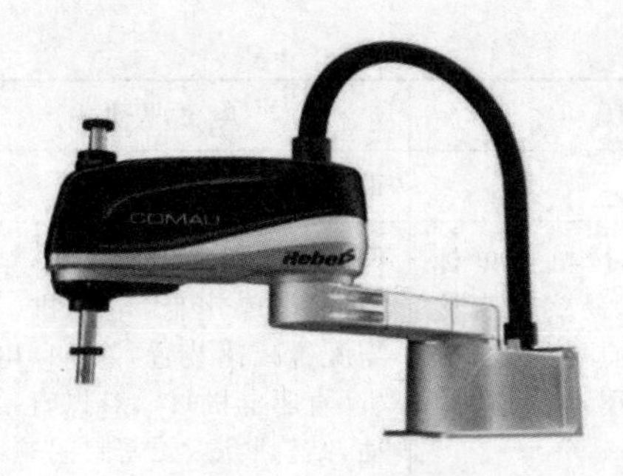

(a)执行器升降(前驱)

(b)手臂升降(后驱)

图 2-26　SCARA 结构形式

三、并联机器人结构

从机械结构上讲,当前实用型的结构 Delta 机器人,分为回转驱动型和直线驱动型,如图 2-27 所示。

(a)回转驱动型

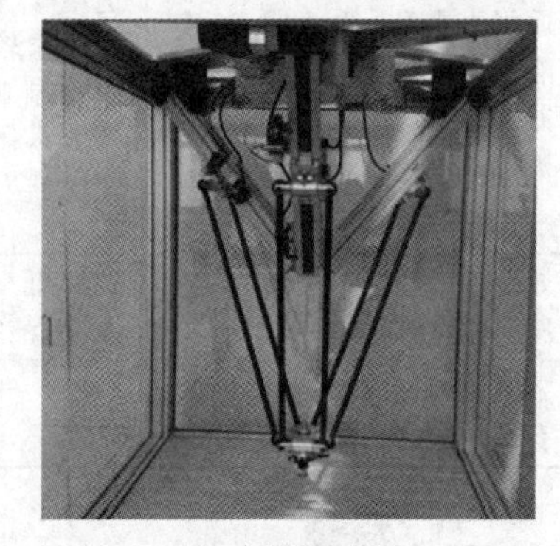

(b)直线驱动型

图 2-27　Delta 机器人的结构

第六节　工业机器人驱动装置

工业机器人根据驱动能量转换方式的不同,可将驱动器划分为液压驱动、气压驱动、电气驱动及新型驱动装置。各种不同的驱动器,满足不同机器人的工作要求,表 2-5 为常用的三种常用驱动系统的性能对比。

表 2-5　三种驱动系统的比较分析

项目	液压驱动	气动驱动	电气驱动
输出功率	很大,压力范围为 50～140N/cm^2	大,压力范围为 48～60N/cm^2,最大可达 100N/cm^2	范围较大,介于前两者之间
控制性能	利用液体的不可压缩性,控制精度较高,输出功率大,可无级调速,反应灵敏,可实现连续轨迹控制	气体压缩性大,精度低,阻尼效果差,低速不易控制,难以实现高速、高精度的连续轨迹控制	控制精度高,功率较大,能精确定位,反应灵敏,可实现高速、高精度的连续轨迹控制,伺服特性好,控制系统复杂

续表

项目	液压驱动	气动驱动	电气驱动
响应速度	很高	较高	很高
结构性能及体积	结构适当,执行机构可标准化、模拟化,易实现直接驱动。功率/质量比大,体积小,结构紧凑,密封问题较大	结构适当,执行机构可标准化、模拟化,易实现直接驱动。功率/质量比大,体积小,结构紧凑,密封问题较小	伺服电动机易于标准化,结构性能好,噪声低,电动机一般需配置减速装置,除DD电动机(直驱电机)外,难以直接驱动,结构紧凑,无密封问题
安全性	防爆性能较好,用液压油作传动介质,在一定条件下有火灾危险	防爆性能好,高于1000kPa(10个大气压)时应注意设备的抗压性	设备自身无爆炸和火灾危险,直流有刷电动机换向时有火花,对环境的防爆性能较差
对环境的影响	液压系统易漏油,对环境有污染	排气时有噪声	无
在工业机器人中应用范围	适用于重载、低速驱动,电液伺服系统适用于喷涂机器人、点焊机器人和托运机器人	适用于中小负载驱动、精度要求较低的有限点位程序控制机器人,如冲压机器人本体的气动平衡及装配机器人气动夹具	适用于中小负载、要求具有较高的位置控制精度和轨迹控制精度、速度较高的机器人,如AC伺服喷涂机器人、点焊机器人、弧焊机器人、装配机器人等
效率与成本	效率中等(0.3～0.6);液压元件成本较高	效率低(0.15～0.2)气源方便,结构简单,成本低	效率较高(0.5左右),成本高
维修及使用	方便,但油液对环境温度有一定要求	方便	较复杂

一、工业机器人减速机

目前应用于工业机器人的减速器产品主要有谐波减速器和RV减速器,是工业机器人关键的机械核心部件,表2-6为两种减速器的对比。

表2-6 谐波减速器和RV减速器对比

种类	技术特点	应用位置	缺点
谐波减速器	承载能力强,传动精度高,传动比大,传动平稳,安装调整方便	小臂、腕部或手部等轻负载部位	对材质要求高,制造工艺复杂,产业化生产不足
RV减速器	传动比大,结构刚性好,输出转矩高,疲劳强度高	机座、大臂、肩部等重负载部位	结构复杂,维护修理困难

二、工业机器人伺服电机

伺服电机按其使用的电源性质不同,可分为直流伺服电机和交流伺服电机两大类。在实际生产应用中,大部分情况下使用的是交流伺服电机,其特点是起动转矩大、运行范围大、无自转现象。伺服电机组成示意图如图2-28所示。

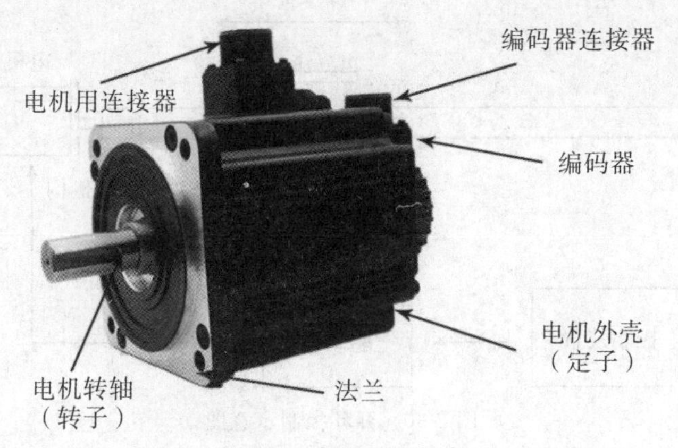

图 2-28 伺服电机组成

三、工业机器人伺服控制系统

（一）伺服系统的组成

从自动控制理论的角度来分析，伺服控制系统一般包括控制器、执行环节、检测环节、比较环节等部分，组成原理框图如图 2-29 所示。

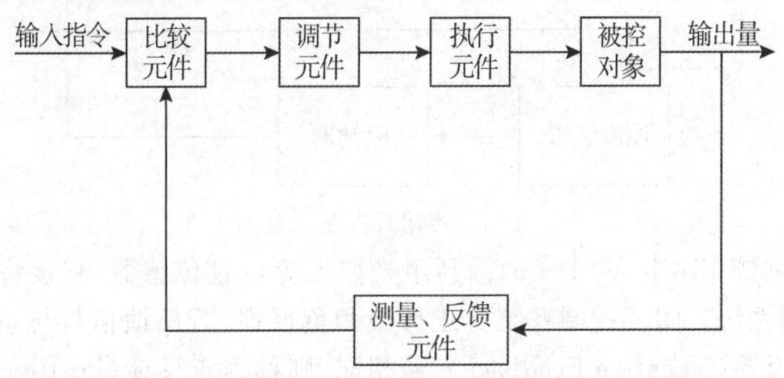

图 2-29 伺服系统组成原理框图

对于机器人来说，一般由主控制器向伺服驱动器输入指令，伺服驱动器在接受反馈量的同时发送脉冲控制伺服电机进行运转，伺服电机的运转进而带动负载（也就是机器人各个轴）的运动；在运转时，一般是由光电编码器反馈电机的实时脉冲量。

（二）伺服系统的分类

伺服系统根据有无反馈可分为开环控制、半闭环控制和闭环控制。下面对这三种控制方式做简单介绍。

（1）开环控制（Open Loop）。由控制器输出指令，来驱动电机按指令值位移并且停在所指定的位置，常用的执行元件是步进电机。图 2-30 为开环控制示意图。

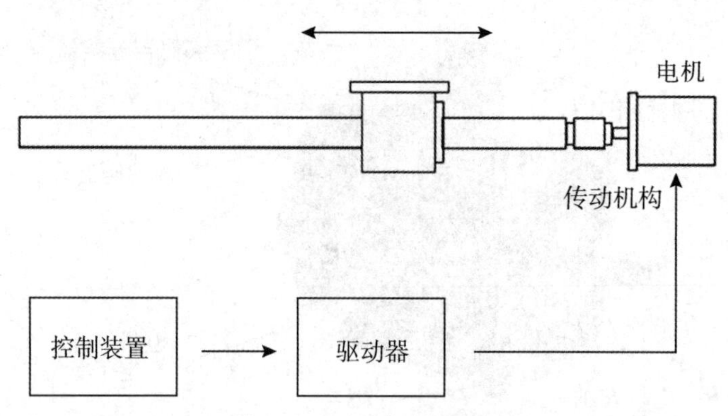

图 2-30　开环控制示意图

(2)半闭环控制(Semi-Closed Loop)。将位置或速度传感器安装于电机轴上以取得位置反馈信号及速度反馈信号。图 2-31 为半闭环控制示意图。

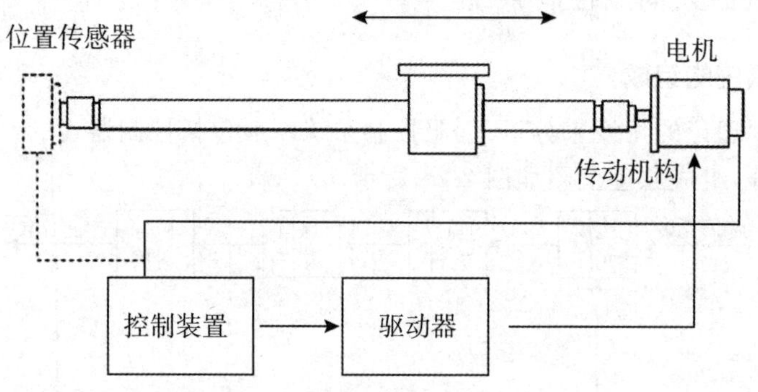

图 2-31　半闭环控制示意图

(3)闭环控制(Full-Closed Loop)。利用光栅尺等位置传感器,直接将物体的位移量同步返回到控制系统。闭环控制系统有正反馈和负反馈,若反馈信号与系统给定值信号相反,则称为负反馈(Negative Feedback),若相同,则称为正反馈(Positive Feedback),一般闭环控制系统均采用负反馈。图 2-32 为闭环控制示意图。

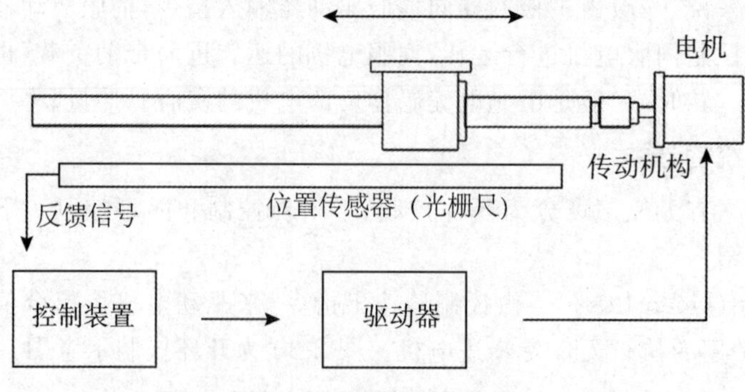

图 2-32　闭环控制示意图

第七节　工业机器人末端执行器

一、末端执行器定义

机器人的末端执行器是一个安装在移动设备或者机器人手臂上，使其能够拿起一个对象，并且具有处理、传输、夹持、放置和释放对象到一个准确的离散位置等功能的机构。

末端执行器也叫机器人的手部，它是安装在工业机器人手腕上直接抓握工件或执行作业的部件，如图 2-33 所示。包括从气动手爪之类的工业装置到弧焊和喷涂等应用的特殊工具。

图 2-33　机器人抓取

二、末端执行器特点

手部与手腕相连处可拆卸。手部与手腕有机械接口，也可能有电、气、液接头，当工业机器人作业对象不同时，可以方便地拆卸和更换手部。

手部的通用性比较差。工业机器人手部通常是专用的装置，比如：一种手爪往往只能抓握一种或几种在形状、尺寸、重量等方面相近似的工件；一种工具只能执行一种作业任务。

手部是一个独立的部件。假如把手腕归属于手臂，那么工业机器人机械系统的三大件就是机身、手臂和手部（末端执行器）。手部对于整个工业机器人来说是决定完成作业好坏、作业柔性好坏的关键部件之一。具有复杂感知能力的智能化手爪的出现，增加了工业机器人作业的灵活性和可靠性。

（一）末端执行器分类

由于机器人的用途不同，因此要求末端执行器的结构和性能也不相同。

按其功能划分，末端执行器可分成两大类，即手爪类和工具类。当机器人进行物件的搬运和零件的装配时，一般采用手爪类末端执行器，其特点是可以握持或抓取物体。

按其智能化程度，可以分为普通式及智能化末端执行机构。普通式即不具备传感器的末端执行机构；智能化即具备一种或多种传感器，如由力传感器、触觉传感器、滑觉传感器等传感器集成为智能化末端执行机构。

(二)手爪类末端执行器

1. 夹持类手爪

夹持类手爪与人手相似,是工业机器人常用的一种手部形式。一般由手指(手爪)、驱动装置、传动机构和承接支架组成,如图 2-34 所示,能通过手爪的开闭动作实现对物体的夹持。

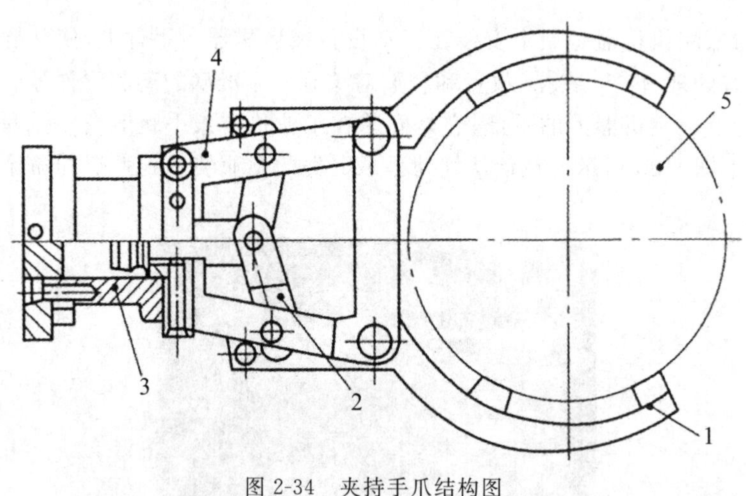

图 2-34　夹持手爪结构图

1—手指;2—传动机构;3—驱动装置;4—支架;5—工件

2. 吸附式手爪

吸附式手爪依靠吸附力取料,根据吸附力的不同分为气吸附和磁吸附两种形式。吸附式手爪适用于抓取大平面(单面接触无法抓取)、易碎(玻璃、磁盘)、微小(不易抓取)的物体。常见的吸附式手爪结构如图 2-35 所示。

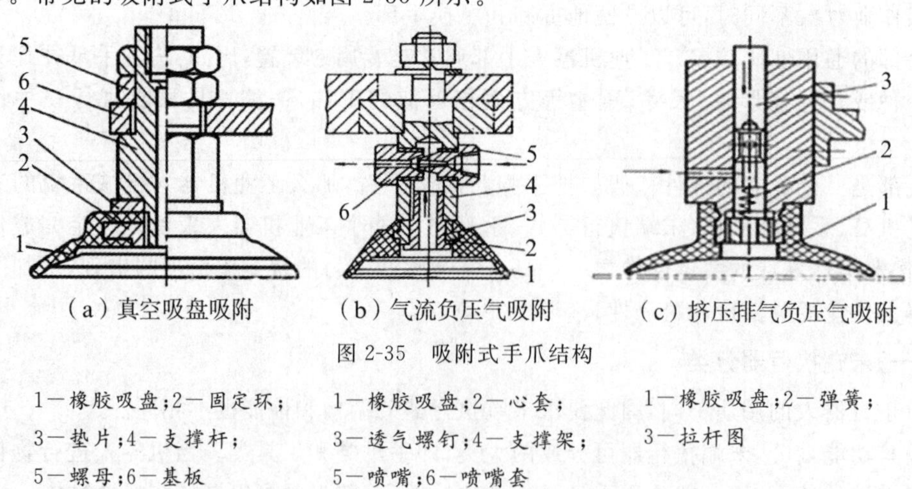

(a)真空吸盘吸附　(b)气流负压气吸附　(c)挤压排气负压气吸附

图 2-35　吸附式手爪结构

1—橡胶吸盘;2—固定环;3—垫片;4—支撑杆;5—螺母;6—基板

1—橡胶吸盘;2—心套;3—透气螺钉;4—支撑架;5—喷嘴;6—喷嘴套

1—橡胶吸盘;2—弹簧;3—拉杆图

3. 磁吸附式手爪

磁吸附利用永久磁铁或电磁铁通电后产生的磁力进行吸取工件,常见的磁力吸盘分为永磁吸盘、电磁吸盘、电永磁吸盘。电磁铁工作原理如图 2-36 所示。

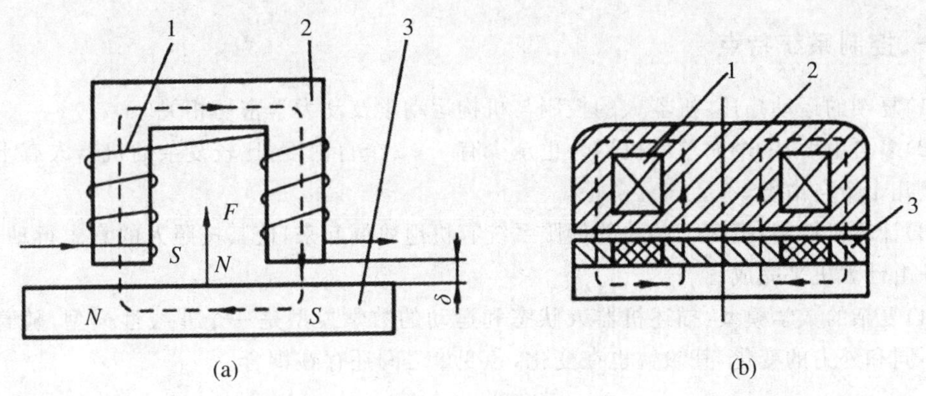

图 2-36　电磁铁工作原理

1—线圈;2—铁芯;3—衔铁

4. 仿人式手爪

仿人式末端执行器是针对特殊外形工件进行抓取的一类手爪,主要包括柔性手和多指灵巧手,如图 2-37 所示。

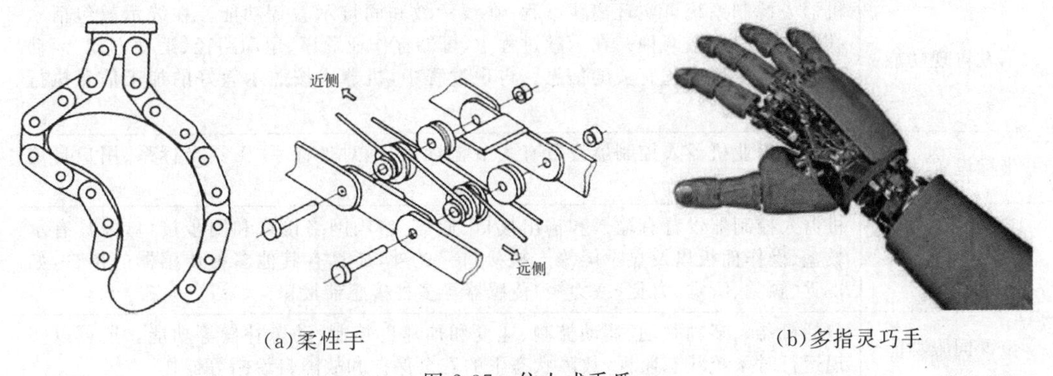

(a)柔性手　　(b)多指灵巧手

图 2-37　仿人式手爪

第八节　工业机器人系统构成

工业机器人控制系统作为机器人重要组成部分之一,主要作用是根据操作人员的指令操作和控制机器人的执行机构使其完成作业任务的动作要求。整个机器人系统的性能主要取决于控制系统的性能。构成机器人控制系统的要素主要有计算机硬件系统及操作控制软件、输入/输出设备及装置、驱动系统、传感系统。图 2-38 所示为各要素间的关系。

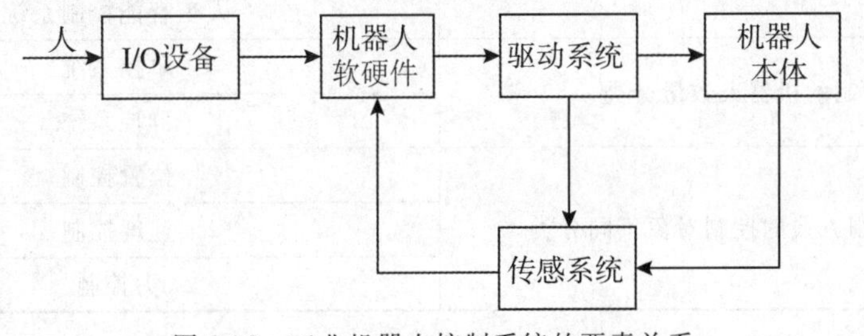

图 2-38　工业机器人控制系统的要素关系

一、控制系统特点

(1)复杂的运动描述:机器人的控制与机构运动学及动力学密切相关。

(2)多自由度:一个简单的机器人也至少有 3～5 个自由度,比较复杂的机器人有十几个甚至几十个自由度。

(3)计算机控制:把多个独立的伺服系统有机地协调起来,使其按照人的意志行动,这个任务由计算机来完成。

(4)复杂的数学模型:描述机器人状态和运动的数学模型是一个非线性模型,随着状态的不同和外力的变化,其参数也在变化,各变量之间还存在耦合。

二、控制系统基本功能

控制系统的基本功能如表 2-7 所示。

表 2-7　控制系统的基本功能

基本功能	描述
示教再现功能	机器人控制系统可实现离线编程、在线示教和间接示教等功能。在线示教包括示教器和导引示教两种。在示教过程中,可储存作业顺序、运动路径、运动方式、运动速度和与生产工艺有关的信息。再现过程中,机器人按照示教好的加工信息执行特定的作业
坐标设置功能	一般的工业机器人控制器设置有关节坐标系、绝对坐标系、工具坐标系、用户自定义坐标系四种
与外围设备联系功能	机器人控制器设置有输入和输出接口、通信接口、网络接口和同步接口,并具有示教盒、操作面板以及显示屏等人机接口。此外,还具有其他多种传感器的接口,如视觉、触觉、听觉、力觉(或力矩)传感器等多种传感器接口
位置伺服功能	包括机器人多轴联动、运动控制、速度和加速度控制、动态补偿等功能。还可以实现运行时系统状态监视、故障状态下的安全保护和故障自诊断等操作

(一)控制方式

工业机器人控制方式到现在为止还没有一个统一的标准,一般有表 2-8 所示的几种分类:

表 2-8　控制方式的常见分类

<table>
<tr><td rowspan="2">按运动坐标控制方式分类</td><td>关节空间运动控制</td></tr>
<tr><td>直角坐标空间运动控制</td></tr>
<tr><td rowspan="3">按控制系统对工作环境变化的适应程度分类</td><td>程序控制系统</td></tr>
<tr><td>适应性控制系统</td></tr>
<tr><td>人工智能控制系统</td></tr>
<tr><td rowspan="2">按控制的机器人数量分类</td><td>单控系统</td></tr>
<tr><td>群控系统</td></tr>
<tr><td rowspan="3">按运动控制方式的控制对象不同分类</td><td>位置控制</td></tr>
<tr><td>速度控制</td></tr>
<tr><td>力控制</td></tr>
</table>

1.按运动坐标控制方式分类

工业机器人中运动坐标的控制实质上就是对机器人运动轨迹的规划和生成,也就是常说的运动规划,所以轨迹规划又可以按照对机器人运动参数计算时所根据空间坐标系的不同分为关节空间的轨迹规划和笛卡尔空间的轨迹规划。

(1)关节空间轨迹规划。关节空间的轨迹规划主要考虑的是各个关节处运动参数的规划。所以,要对关节变量的时间函数及其二阶时间导数进行规划,使得机器人在运动过程中每个关节都是连续稳定运动的。这样可以保证在运动过程中快速无冲击地到达目标点,使路径规划的计算简单化。同时在关节空间规划时不会出现奇异解问题。只需把给定点关节角度值拟合为一个光滑的函数即可。图 2-39 为轨迹插值曲线示意图。可以看出轨迹 3 曲线位移曲线光滑,是最合适插值法。

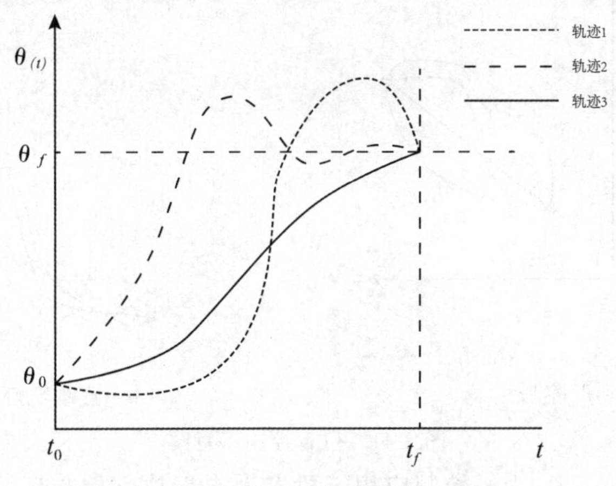

图 2-39 关节空间插值曲线示意图

(2)笛卡尔空间轨迹规划。笛卡尔空间轨迹规划主要考虑对工业机器人末端执行器位姿的轨迹规划,同时根据末端执行器的位姿关于时间的函数对时间求导就可确定末端执行器的速度和加速度。

在笛卡尔空间中,根据工业机器人插补算法插补,得到笛卡尔坐标系下的中间点,再运用运动学逆运算进行转换,得到工业机器人各个关节在此中间点的角度值,然后根据这些角度控制各个关节的转动,进而使得工业机器人按照规定轨迹运动。这个过程可以表现为图 2-40 所示的流程图。

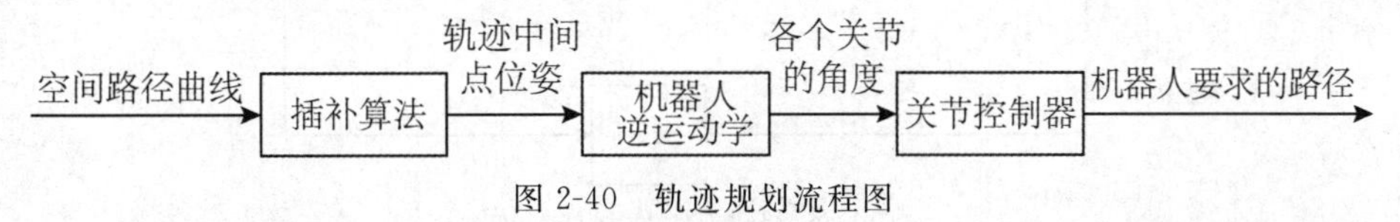

图 2-40 轨迹规划流程图

笛卡尔空间轨迹规划与关节空间轨迹规划相比,缺点是在机器人控制的实时性上不如直接使用机器人驱动关节角度来做轨迹规划来得容易,但是可以确定末端执行器的运动路径及其运动过程中的位姿变化,因此用户在控制机器人时需要选择相对合适的轨迹规划空间。

2. 按运动控制方式的被控对象分类

运动控制按被控对象的不同可分为位置控制、速度控制、加速度控制、力控制、力矩控制、力和位置混合控制等，而实现机器人的位置控制是工业机器人的基本控制任务。

(1)位置控制。工业机器人的很多作业的实质是控制机器人末端执行器的位姿，以实现对其运动轨迹的控制，主要分为点到点(point to point，PTP)运动和连续轨迹运动(continuous-path，CP)。点位作业机器人如点焊、上下料，只需要描述它的起始状态和目标状态。连续轨迹控制则是针对弧焊、喷漆等机器人，此类运动不仅要有起止点信息，而且要有路径约束。点到点的运动是连续轨迹运动的基础，连续轨迹控制可以看作在目标轨迹中取一定数目的路径点，然后把各个点映射到关节空间做插值运算。图 2-41 所示为位置控制示意图。

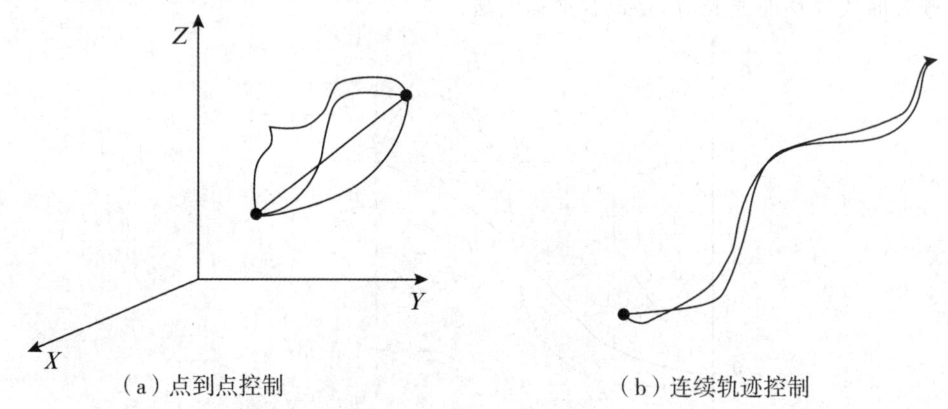

(a) 点到点控制　　(b) 连续轨迹控制

图 2-41　位置控制示意图

(2)力/力矩控制。力/力矩控制应用于机器人末端执行器与环境或作业对象的表面有接触的情况，如对应用于装配、加工、抛光等作业的机器人，工作过程中要求机器人手爪与作业对象接触的同时保持一定的压力。力/力矩控制是对位置控制的补充，这种方式的控制原理与位置伺服控制的原理也基本相同，不过输入量和反馈量不是位置信号，而是力/力矩信号。图 2-42 为关节的力/力矩控制示意图。

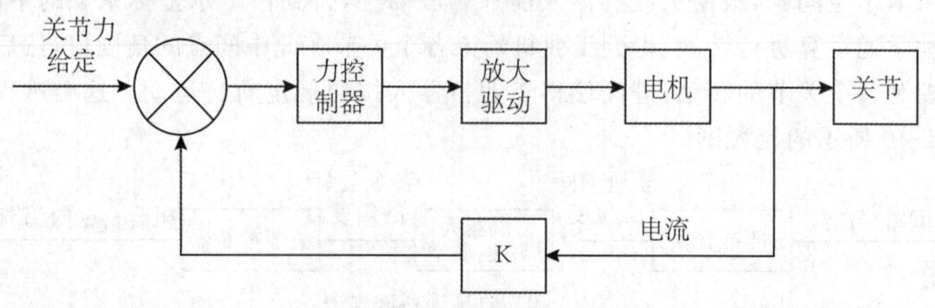

图 2-42　力/力矩控制示意图

(3)智能控制方式。实现智能控制的机器人可通过传感器获得周围环境的信息，并根据自身内部的知识库做出相应的决策。采用智能控制技术，可使机器人具有较强的环境适应性及自学习能力。智能控制技术的发展有赖于近年来神经网络、基因算法、遗传算法、专家系统等人工智能技术的迅速发展。

3. 控制系统结构

工业机器人控制系统有集中控制、主从控制和分布控制三种结构。

(1)集中控制方式。集中控制方式用一台计算机实现全部控制功能,结构简单、成本较低,但实时性差、难以扩展。在早期的机器人中常采用这种结构。集中控制方式框图如图 2-43 所示。

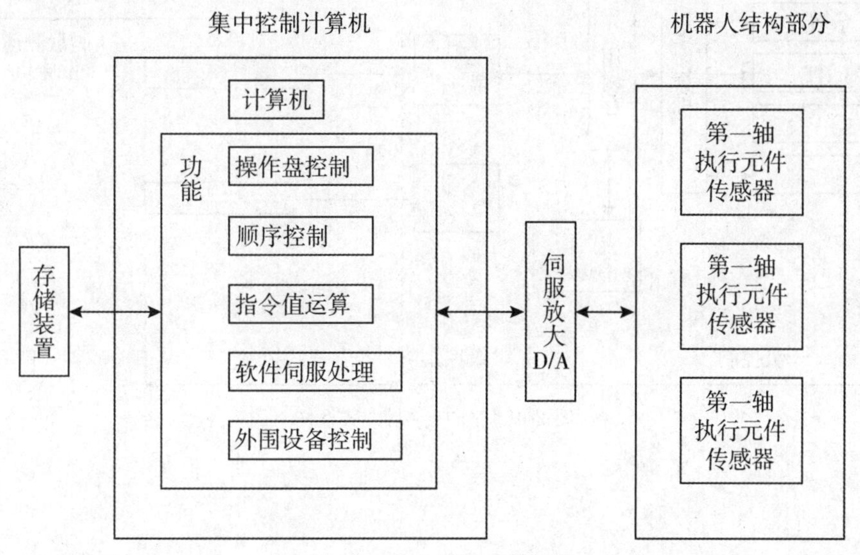

图 2-43 集中控制方式框图

(2)主从控制方式。主从控制方式采用主、从两级处理器实现系统的全部控制功能。主 CPU 实现管理、坐标变换、轨迹生成和系统自诊断等功能;从 CPU 实现所有关节的动作控制。图 2-44 为其构成框图。主从控制方式系统实时性较好,适于高精度、高速度控制,但其系统扩展性较差,维修困难。

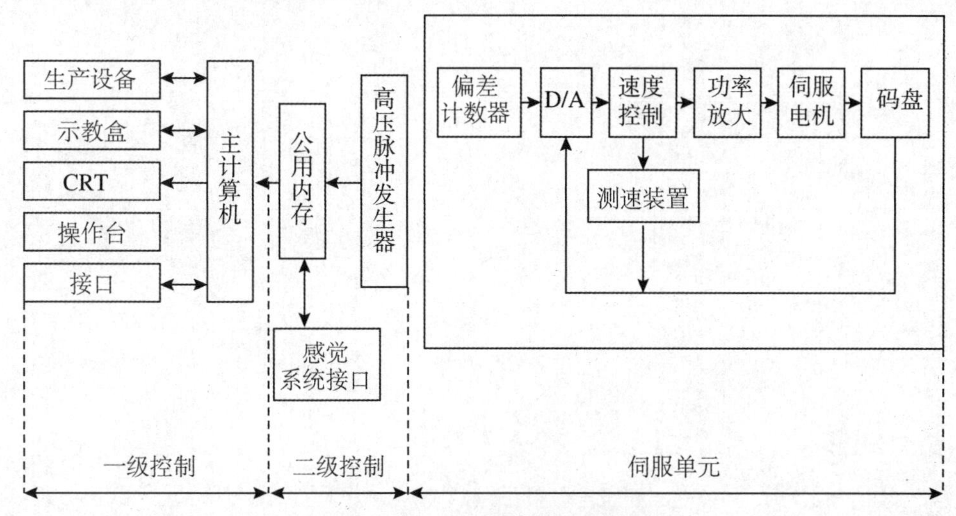

图 2-44 主从控制方式框图

(3)分布控制方式。分布控制方式按系统的性质和功能将系统控制分成几个模块,每一个模块各有不同的控制任务和控制策略,各模式之间可以是主从关系,也可以是平等关系。这种方式实时性好，易于实现高速、高精度控制，易于扩展，可实现智能控制，是目前流行的方式。图2-45为其控制框图。其主要思想是“分散控制，集中管理”。

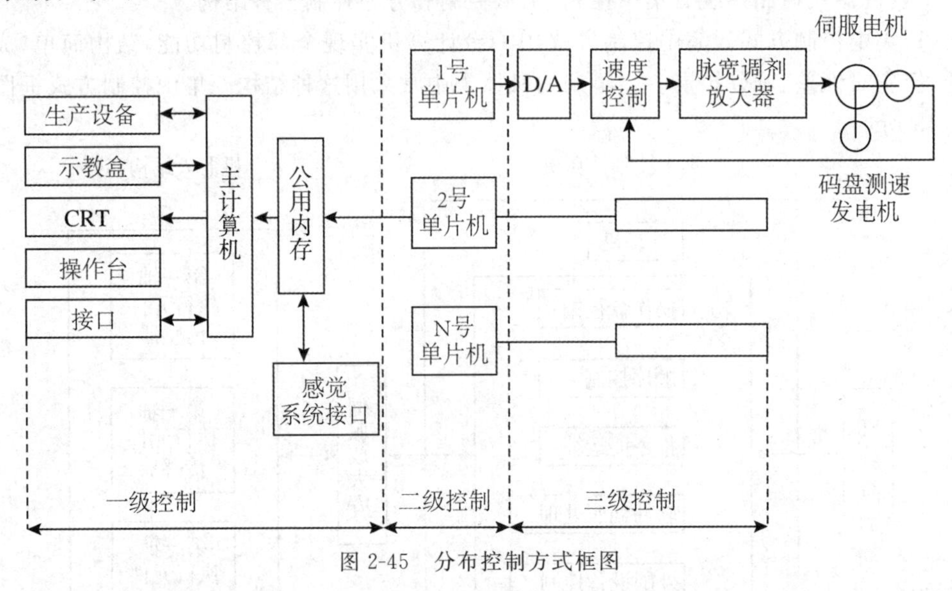

图 2-45　分布控制方式框图

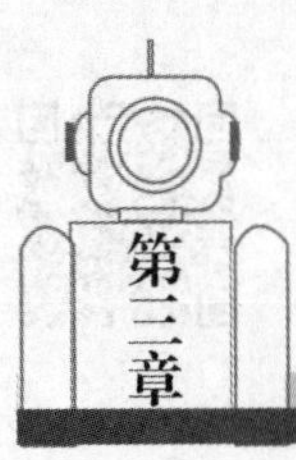

第三章 工业机器人安装

理论知识掌握要求

➢ 熟悉机械拆装注意事项。

➢ 掌握典型机器人工作站技术文件的识读方法。

➢ 熟悉工业机器人安装环境要求。

➢ 熟悉典型机器人工作站的电气连接规范。

技能操作要求

➢ 能正确选择工具对电气系统、工业机器人本体、控制柜等设备进行拆装。

➢ 能正确识读机械电气图纸及工艺文件，选择合适的机械电气零部件并识别安装位置。

➢ 能根据气动、液压原理图，正确选择并安装气动、液压零部件，并能准确连接管路。

➢ 能正确安装机器人工作站的末端夹具和外围设备。

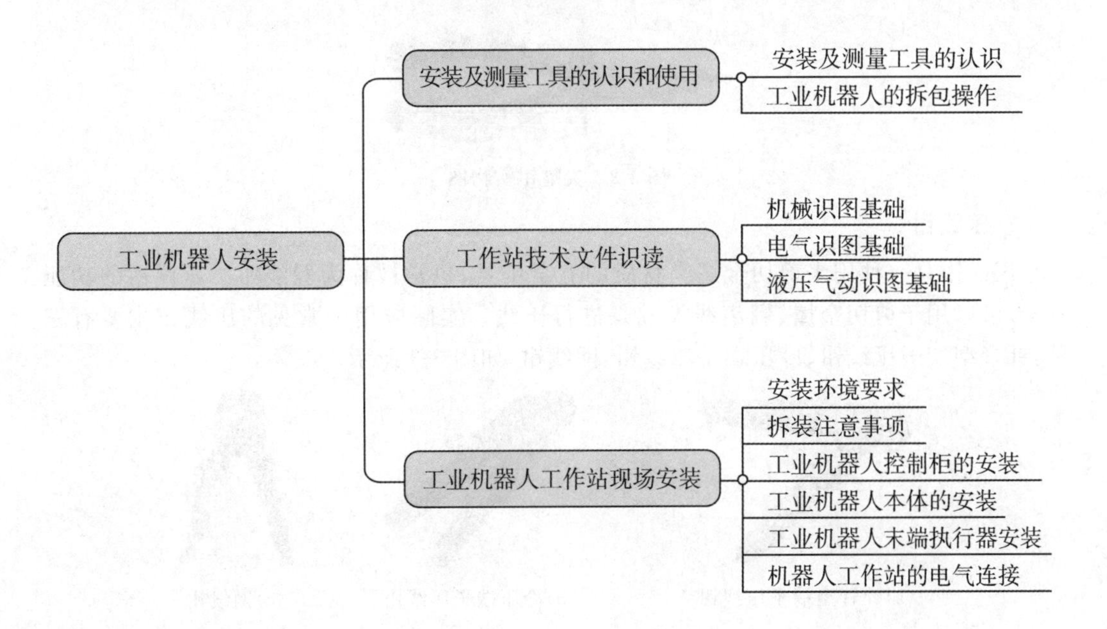

第一节　安装及测量工具的认识和使用

一、安装及测量工具的认识

(一)机械安装工具

机器人系统中大量使用内六角圆柱头螺钉、六角半沉头螺钉来安装固定。内六角扳手规格:1.5、2、2.5、3、4、5、6、8、10、12、14、17、19、22、27。如图 3-1 所示。

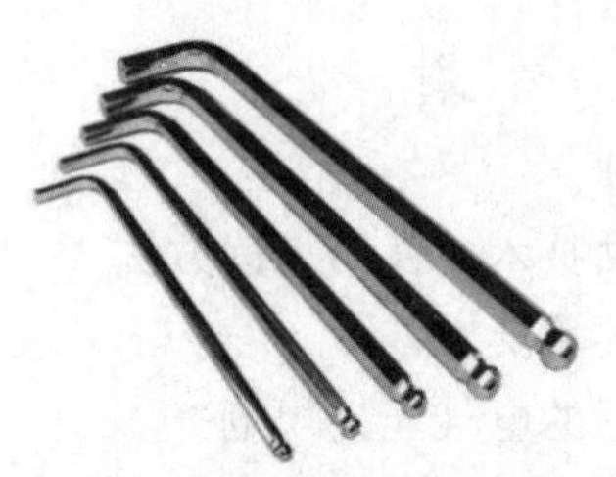

图 3-1　内六角扳手示意图

(二)电气安装工具

1. 尖嘴钳

尖嘴钳是一种常用的钳形工具,钳柄上套有额定电压 500V 的绝缘套管。尖嘴钳主要用来剪切线径较细的单股与多股线,以及给单股导线接头弯圈、剥塑料绝缘层等,能在较狭小的工作空间中操作,不带刃口者只能用于夹捏工作,带刃口者能剪切细小零件,它是电工装配及修理工作常用的工具之一。如图 3-2 所示。

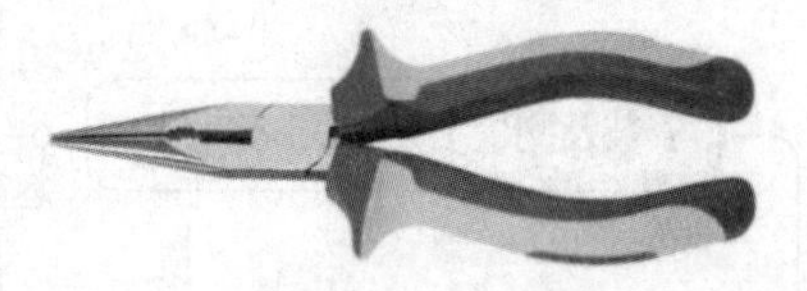

图 3-2　尖嘴钳实物图

2. 压线钳

压线钳是一种用来剪切金属类材质的五金工具,也常被称为驳线钳。压线钳的功能齐全,可以用于剪切金属、剥离线类或是进行压线。实际应用中常见的压线钳主要有三种:针管型端子压线钳、冷压端子压线钳、网线钳,如图 3-3 所示。

(a)针管型端子压线钳

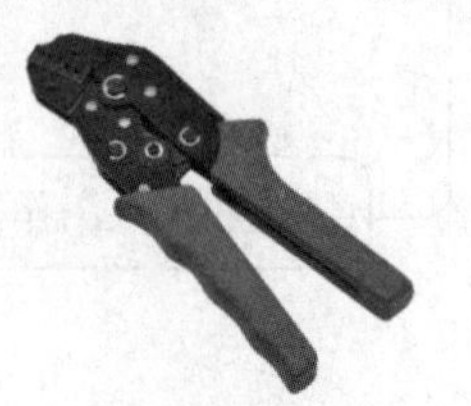

(b)冷压端子压线钳

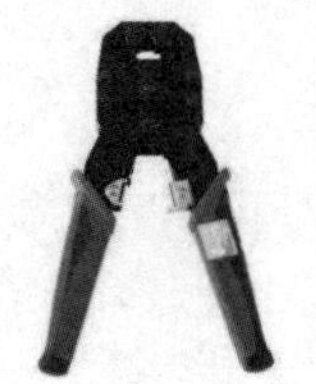

(c)网线钳

图 3-3　压线钳实物图

3. 机械测量工具

游标卡尺一般用于厚度及深度的测量，精度可精确到0.1mm。如图3-4所示。

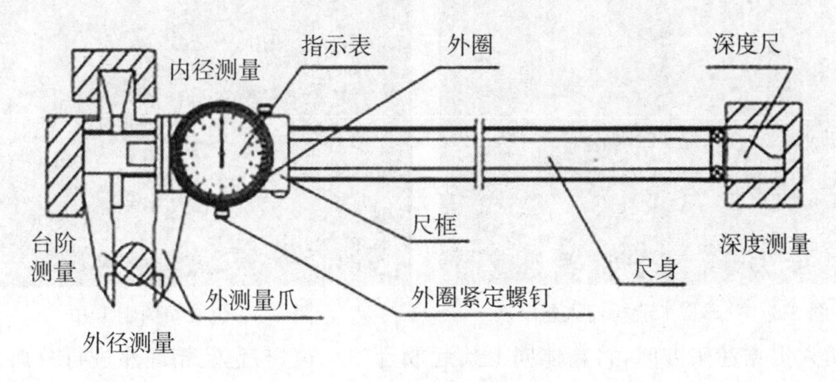

图3-4 游标卡尺功能示意图

4. 电气测量工具

数字万用表可用来测量直流和交流电压、直流和交流电流、电阻、电容、频率、电池、二极管等。整机电路设计以大规模集成电路双积分A/D转换器为核心，并配以全过程过载保护电路，使之成为一台性能优越的工具仪表，是电工的必备工具之一。图3-5为数字万用表实物图。

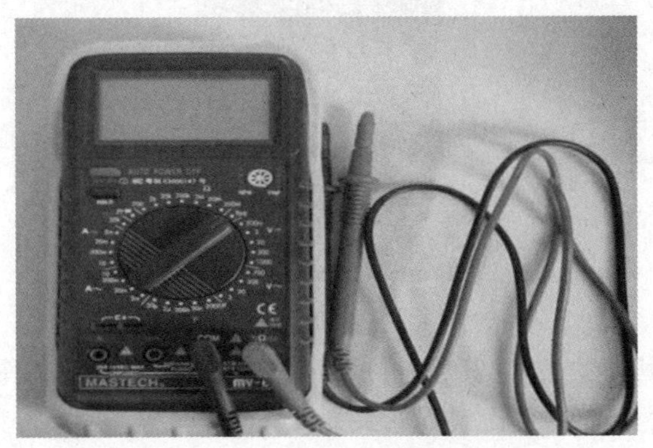

图3-5 万用表实物图

二、工业机器人的拆包操作

工业机器人是一种精密、贵重的操作设备，一般工业机器人厂家会使用木箱对其进行运输。在工业机器人初次运抵操作现场时，我们一般按照以下步骤进行拆包检验。

(1)机器人到达现场后，第一时间检查外观是否有破损，是否有进水等异常情况。如果有问题请马上联系厂家及物流公司进行处理。图3-6为发那科工业机器人包装箱。

(2)使用合适的工具拆卸箱子上的扎带或绑带。包装箱固定卡扣如图3-7所示。

图 3-6　发那科工业机器人包装箱

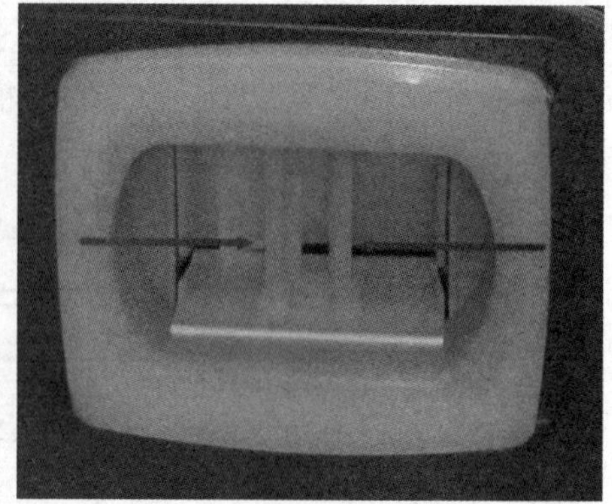

图 3-7　包装箱固定卡扣

(3)两人根据箭头方向,将箱体向上抬起放置到一边,与包装箱底座进行分离。

(4)保证箱体的完整以便日后重复使用。

(5)拆掉纸箱后,使用合适的工具拆卸箱子上的扎带或绑带。发那科包装箱绑带如图 3-8 所示。

图 3-8　发那科包装箱绑带

(6)开箱后可见其内物品,以发那科机器人 Mate200iD 为例(见图 3-9),包括 4 个主要物品:机器人本体、示教器、线缆配件及控制柜。

图 3-9　包装箱内物品

(7)根据发货清单,清点发货物品(见图 3-10),查看机器人和控制柜的产品型号以及功能配置是否符合要求。

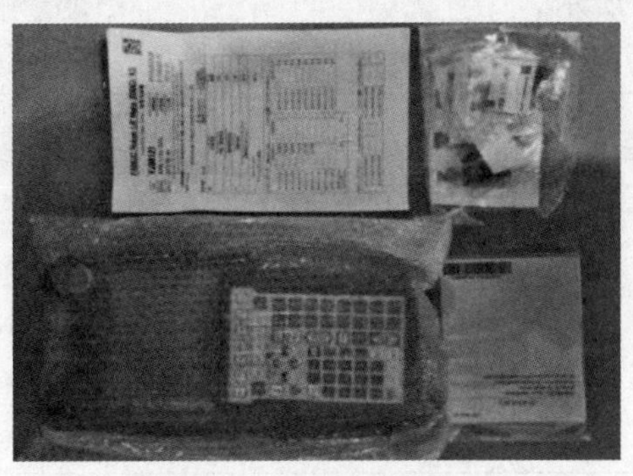

图 3-10 配件及清单

第二节 工作站技术文件识读

一、机械识图基础

(一)剖面符号

国家标准规定,剖切面与机件接触部分,即断面上应画上剖面符号,机件材料不同,其剖面符号画法也不同,其中金属材料的剖面符号为与水平成 45°的等距平行细实线,同一零件的所有剖面图形上,剖面线方向及间隔要一致。如图 3-11 所示。

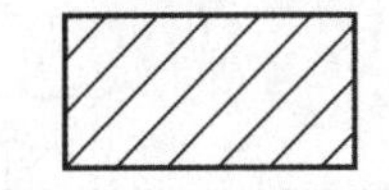

图 3-11 剖面符号

(二)尺寸标注常用的符号和缩写词

尺寸标注常用的符号和缩写词如表 3-1 所示。

表 3-1 尺寸标注常用的符号和缩写词

名称	符号或缩写词	名称	符号或缩写词
直径	ϕ	45°倒角	C
半径	R	深度	↧
公制螺纹	M	柱形沉孔或锪平	⌴

(三)常见孔的标注

常见孔标注如表 3-2 所示。

表 3-2 常见孔标注

零件孔结构类型		标注方法		
光孔	一般孔	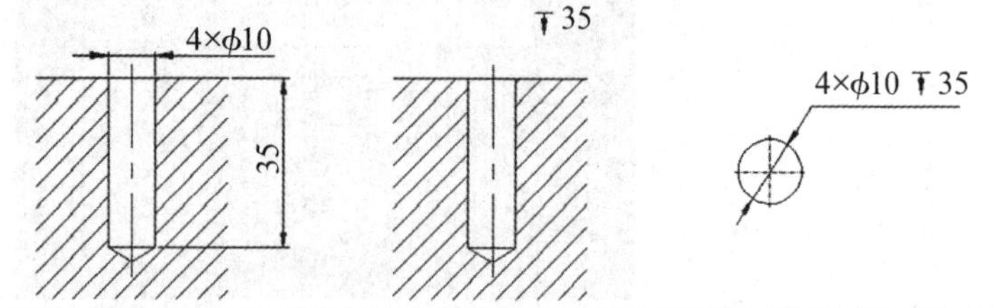 4×ϕ10 35	↧35	4×ϕ10 ↧35
	精加工孔	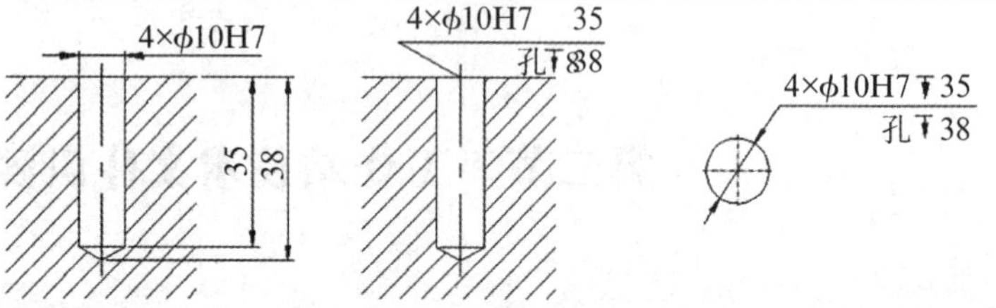 4×ϕ10H7 35 38	4×ϕ10H7 35 孔↧38	4×ϕ10H7 ↧35 孔↧38
沉孔	锥形沉孔	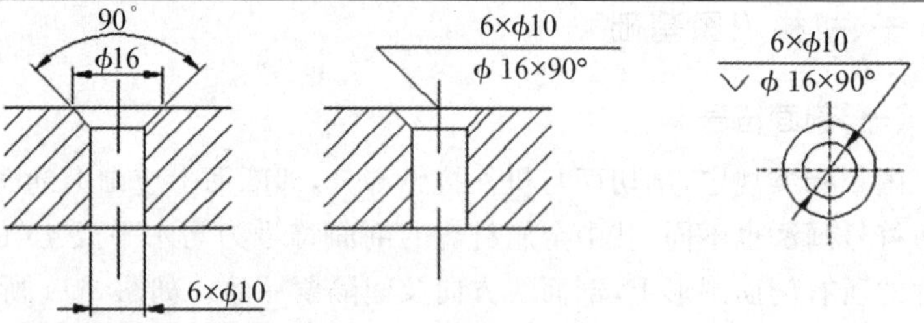 90° ϕ16 6×ϕ10	6×ϕ10 ϕ 16×90°	6×ϕ10 ⌵ ϕ 16×90°
	柱形沉孔	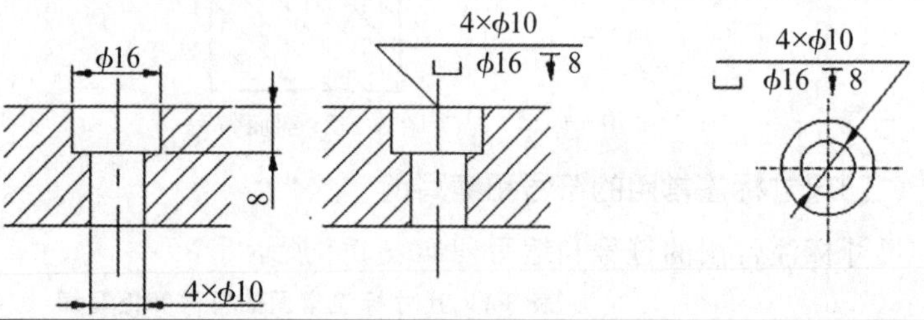 ϕ16 8 4×ϕ10	4×ϕ10 ⌴ ϕ16 ↧8	4×ϕ10 ⌴ ϕ16 ↧8
螺孔	通孔	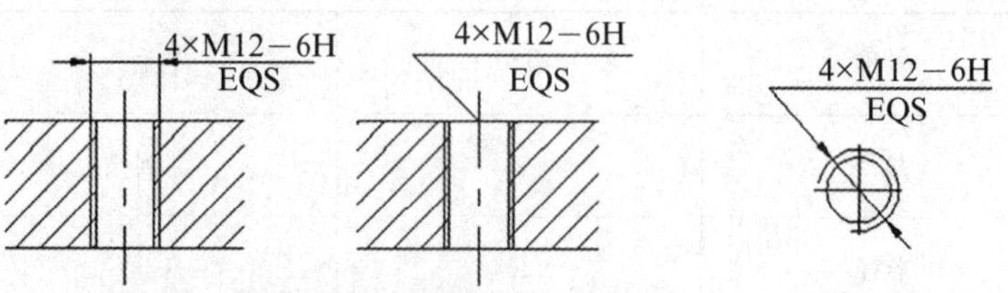 4×M12−6H EQS	4×M12−6H EQS	4×M12−6H EQS
	不通孔	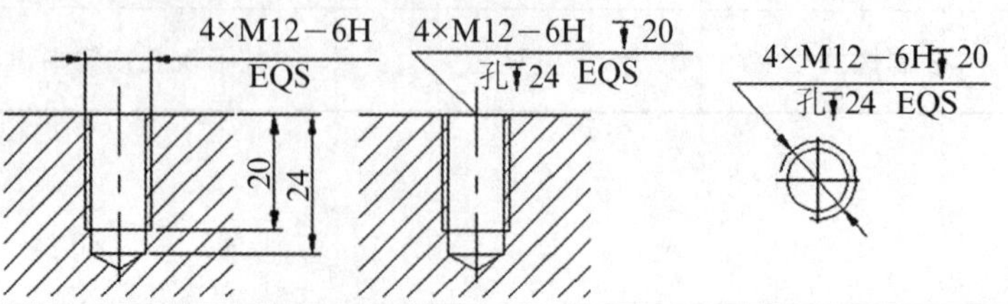 4×M12−6H EQS 20 24	4×M12−6H ↧20 孔↧24 EQS	4×M12−6H↧20 孔↧24 EQS

(四)表面粗糙度符号

表面粗糙度符号如表 3-3 所示。

表 3-3　粗糙度符号说明

符号	意义及说明
	基本符号,表示表面可用任何方法获得,当不加注粗糙度参数值或说明时,仅适用简化代号标注
	基本符号加一短划,表示表面使用去除材料方法获得,如车、钻、磨、剪切、抛光、腐蚀、电火花加工、气割等
	基本符号加一小圆圈,表示表面用不去除材料方法获得,例如铸、锻、冲压变形、热轧、冷轧、粉末冶金等,或者说是用于保持原供应状况的表面
	在上述三个符号的长边上均可加一横线,用于标注有关参数和说明
	在上述三个符号上均可加一小圈,表示所有表面具有相同的表面粗糙度要求

(五)视图

1. 基本视图

主视图:由前向后投影,如图 3-12(c)所示。俯视图:由上向下投影,如图 3-12(f)所示。左视图:由左向右投影,如图 3-12(d)所示。右视图:由右向左投影,如图 3-12(b)所示。仰视图:由下向上投影,如图 3-12(a)所示。后视图:由后向前投影图,如图 3-12(e)所示。

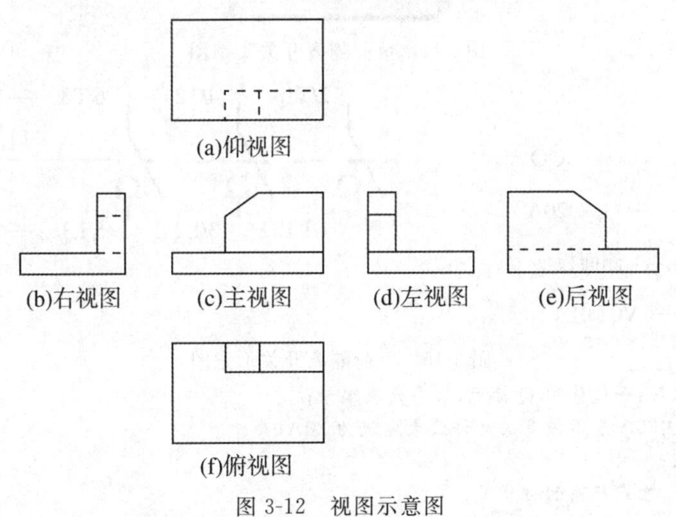
(a)仰视图
(b)右视图　(c)主视图　(d)左视图　(e)后视图
(f)俯视图

图 3-12　视图示意图

2. 向视图

向视图是可自由配置的基本视图,需标注。标注方法如下:

箭头——投影方向;

字母——大写拉丁字母;

字母名称——与字母相同。如图 3-13 所示。

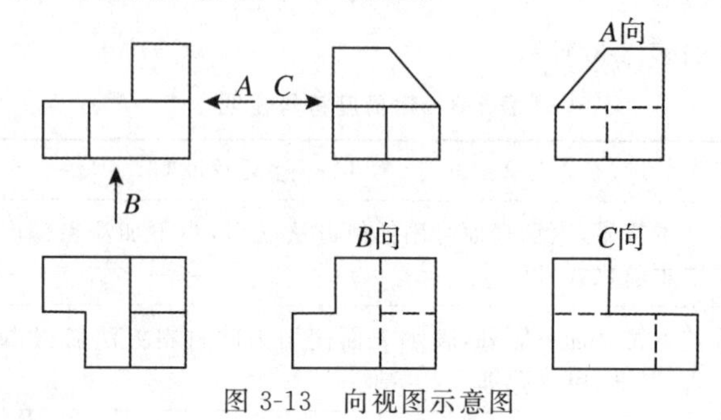

图 3-13 向视图示意图

二、电气识图基础

(一)负荷隔离开关

负荷隔离开关是一种将停电部分与带电部分隔离,并造成一个明显的断开点,以隔离故障设备或进行停电检修时使用的设备。负荷隔离开关实物和示意图如图 3-14、3-15 所示。

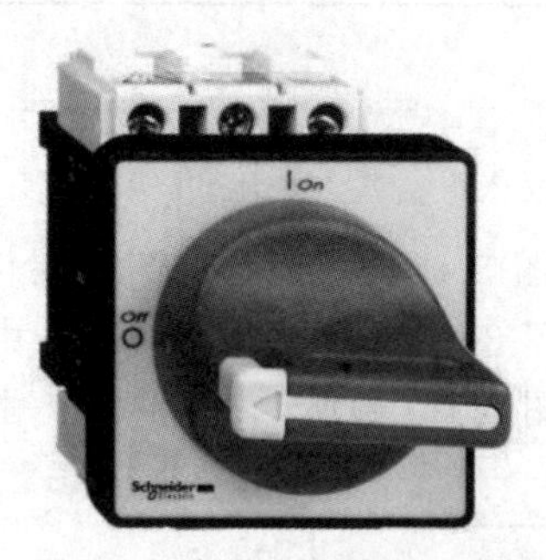

图3-14 负荷隔离开关实物图

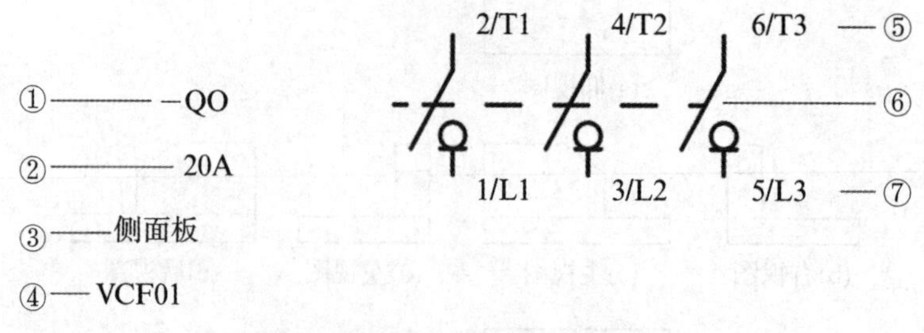

图 3-15 负荷隔离开关示意图

①一设备标识符:一般使用 Q 标示,数字代表编号;

②一技术参数:20A 表示该开关允许最大电流为 20A;

③一装配地点;

④一部件编号:生产厂商的订货号;

⑤一输出连接点代号;

⑥一标示符号;

⑦一输入连接点代号。

(二)断路器

断路器是指能够关合、承载和开断正常回路条件下电流并能在规定的时间内关合、承载

和开断异常回路条件下电流的开关装置。断路器实物和示意图如图 3-16、3-17 所示。

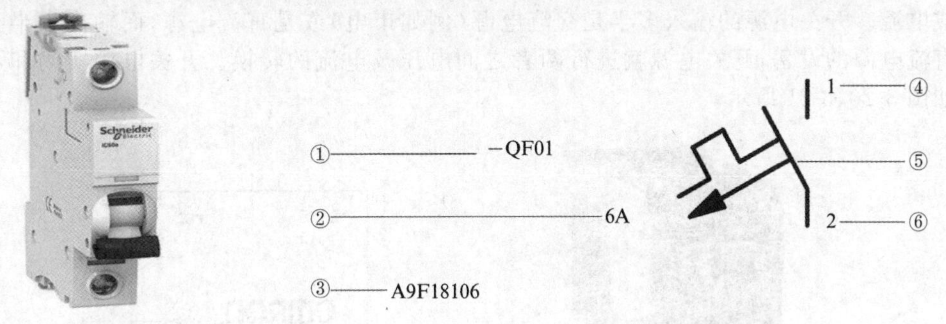

图 3-16 断路器实物图　　图 3-17 断路器示意图

①—设备标识符:一般使用 QF 标示,数字代表编号;

②—技术参数:6A 表示该开关允许最大电流为 6A;

③—部件编号:生产厂商的订货号;

④—输入连接点代号;

⑤—标示符号;

⑥—输出连接点代号。

(三)伺服驱动器

伺服驱动技术为数控机床、工业机器人及其他产业机械控制的关键技术之一。伺服驱动器按照其控制对象由外到内分为位置环、速度环和电流环,相应的伺服驱动器也就可以工作在位置控制模式、速度控制模式和力矩控制模式上。伺服驱动实物和示意图如图 3-18、3-19 所示。

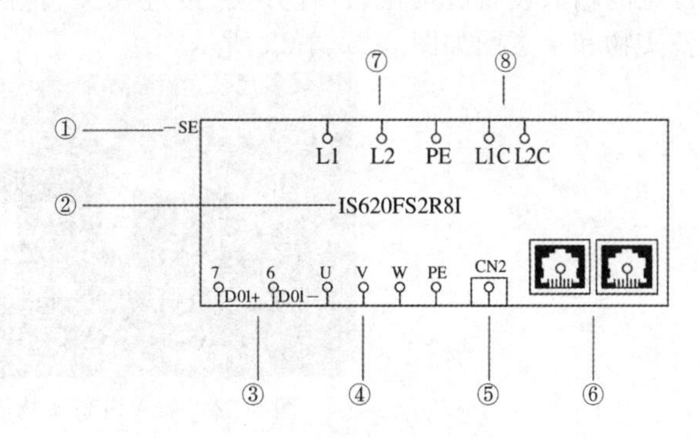

图 3-18 伺服驱动实物图　　图 3-19 伺服驱动示意图

①—设备标识符:一般使用 SE 标示;

②—部件编号:生产厂商的订货号;

③—抱闸输出:用于控制伺服电机的抱闸;

④—动力线输出:接伺服电机动力线;

⑤—编码器接口:接伺服电机编码器;

⑥—网络接口:用于和控制设备通信;

⑦—动力电源输入:提供伺服驱动器的动力电源;

⑧—控制电源输入:提供伺服驱动器的控制电源。

(四)开关电源

开关电源,又称交换式电源、开关变换器,是一种高频化电能转换装置,是电源供应器的一种。其功能是将一个位准的电压，透过不同形式的架构转换为用户端所需求的电压或电流。开关电源的输入多半是交流电源（例如市电）或是直流电源，而输出多半是需要直流电源的设备，开关电源就进行两者之间电压及电流的转换。开关电源实物和示意图如图 3-20、3-21 所示。

图 3-20　开关电源实物图

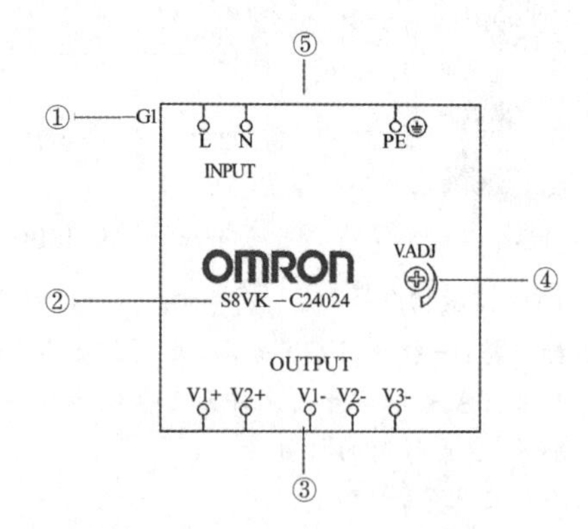

图 3-21　开关电源示意图

①一设备标识符：一般使用 G 标示，数字代表编号；
②一部件编号：生产厂商的订货号；
③一直流输出：提供用电设备所需电源；
④一调整旋钮：调节输出电压的范围；
⑤一交流输入：提供开关电源所需的电源。

（五）输入设备

常见的输入设备有按钮、行程开关、接进开关、转换开关、拨码器、各种传感器等。输入设备实物和示意图如图 3-22、3-23 所示。

图 3-22　输入设备实物图

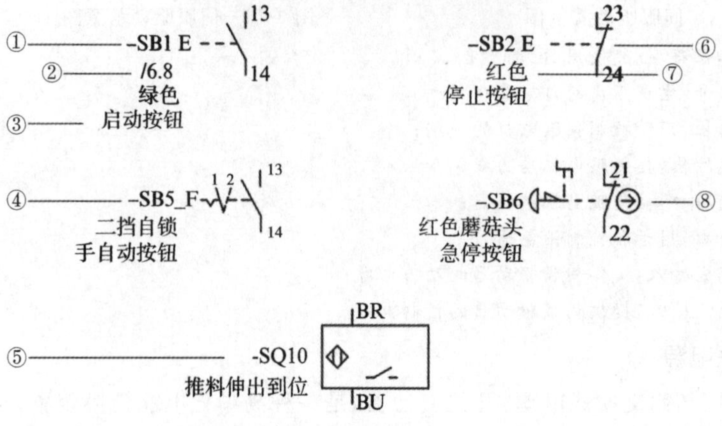

①　-SB1 E　13　14
②　/6.8
绿色
③　启动按钮

-SB2 E　23　⑥
红色　24　⑦
停止按钮

④　-SB5_F　1 2　13　14
二挡自锁
手自动按钮

-SB6　21　22　⑧
红色蘑菇头
急停按钮

⑤　-SQ10　BR　BU
推料伸出到位

图 3-23　输入设备示意图

①一常开触点:常态下,按钮为断开状态;

②一关联参考:相同编号的设备处于的位置(/6,8 表示第六页第八区)

③一功能文本:表示该按钮的作用为启动按钮;

④一二挡自锁旋钮:表示该按钮有两个位置,且可以自锁;

⑤一磁性开关:检测气缸的位置;

⑥一常闭触点:常态下,按钮为闭合状态;

⑦一技术参数:表示该按钮为红色按钮;

⑧一急停按钮:红色蘑菇头形状,拍下自锁,旋转释放。

(六)输出设备

常见的输出设备有指示灯、电磁阀、直流电机等。输出设备实物和示意图如图 3-24、3-25 所示。

图 3-24 输出设备实物图

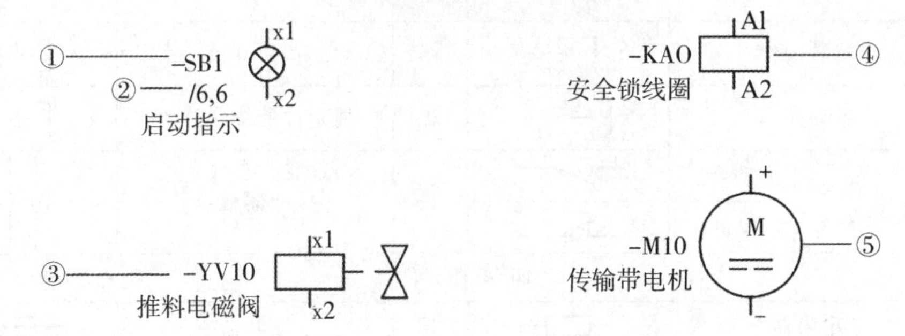

图 3-25 输出设备示意图

①一指示灯:表示 SB1 为带灯按钮;

②一关联参考:相同编号的设备处于的位置(/6,6 表示第六页第六区)

③一电磁阀:控制气动阀进行动作;

④一线圈:得电安全锁释放,失电安全锁闭合;

⑤一直流电机:通电旋转,断电停止。

常用电气图形符号如表 3-4 所示。

表 3-4　常用电气图形符号

序号	名称	图形符号	序号	名称	图形符号
一、常用基本符号					
1	直流	—	6	中性点	N
2	交流	~	7	磁场	F
3	交直流		8	搭铁	⊥
4	正极	+	9	交流发动机输出接柱	B
5	负极	—	10	磁场二极管输出端	D*
二、导线端子和导线连接					
11	接点	●	14	导线的分支连接	
12	端子	○	15	导线的交叉连接	
13	导线的连接		16	屏蔽导线	
三、触点开关					
17	动合(常开)触点		23	凸轮控制	
18	动断(常闭)触点		24	联动开关	
19	先断后合的触点		25	手动开关的一般符号	
20	旋转操作		26	按钮开关	
21	推动操作		27	能定位的按钮开关	
22	行程开关触点　动合		29	接触器触点	
	行程开关触点　动断				
四、电器元件					
30	电阻器		37	熔断器	
31	可变电阻器		38	继电器吸引线圈	
32	电容器		39	触点常开的继电器	
33	二极管		40	触点常闭的继电器	
34	PNP 型三极管		41	直流电动机	M
35	集电极接管壳三极管(NPN)		42	三相异步电动机	M 3~
36	电感器、线圈、绕组、扼流圈		43	信号灯	

三、液压气动识图基础

常见气动图形符号如表 3-5 所示。

表 3-5 常见气动图形符号

名称	符号	说明	名称	符号	说明
工作管路		用来传输能量	控制管路		传输控制能量
排气管路		用来排气的管路	柔性管路		用来连接可移动零件
交叉管路		管路交叉、并未相互连接	快换接头		
接气口		具有螺纹连接的排气口	压力表		
空心三角形		气流或排气	双作用气缸		具有双向不可调缓冲
斜箭头		表示可调或逐渐变化	二位二通换向阀		常断型
箭头		方向	二位三通换向阀		常断型
		旋转方向			常开型
		阀内流动通路	二位四通换向阀		具有两个工作位置,一个排气口
压缩机		定排量,单方向旋转	二位五通换向阀		具有两个工作位置,两个排气口
气动马达		定排量,双方向旋转	三位五通换向阀		具有两个工作位置,两个排气口
摆动马达		回转驱动式气缸	截止阀		
单作用气缸		弹簧复位	单向阀		当入口压力高于出口压力时即打开
节流阀		流量可调节	减压阀		稳定系统压力
顺序阀		内部压力控制	冷却器		
过滤器		去除压缩空气中的污物	水分离器		去除压强空气中的水分
油雾器		加入适量的润滑油	消声器		

第三节　工业机器人工作站现场安装

一、安装环境要求

工业机器人安装环境要求主要包括：

(1)环境温度要求：工作温度0～45℃，运输储存温度－10～60℃；

(2)相对湿度要求：20%～80%RH；

(3)动力电源：单相AC200/220V(＋10%～－15%)；

(4)接地电阻：小于100Ω；

(5)机器人工作区域需有防护措施(安全围栏)；

(6)灰尘、泥土、油雾、水蒸气等必须保持在最小限度及以下；

(7)环境必须没有易燃、易腐蚀液体或气体；

(8)设备安装要求要远离撞击和震源；

(9)机器人附近不能有强的电子噪声源；

(10)震动等级必须低于0.5G($4.9m/s^2$)。

二、拆装注意事项

(一)机械装置拆卸的一般要求

机械装置的拆卸工作是为了进一步了解、检查机械设备内部的工作情况，对运动部件进行调整，对损坏的零件进行修理或更换。如果拆卸方法不当，或拆卸程序不正确，将使零部件受损，甚至可能无法修复。因此，为保证拆卸的质量，在拆卸机械设备前，必须制定合理的拆卸方案，对可能遇到的问题进行预测，做到有步骤地进行拆卸。机械装置的拆卸一般遵照下列规则和要求：

(1)遵循“恢复原机”的原则；

(2)熟悉机械装置的构造和工作原理；

(3)以部件总体为单元进行拆卸；

(4)记录拆卸过程。

(二)装配的一般要求

装配的主要环节如下：

(1)清理和清洗；

(2)连接；

(3)校正、调整与配作；

(4)平衡；

(5)验收试验。

机械产品装配完成后，应根据相关技术的标准和规定，对产品进行比较全面的检验和

试验工作(一般分出厂检验和型式试验)。由于各类产品检验和试验工作的内容、项目是不相同的,其验收试验工作的方法也是不相同的。

三、工业机器人控制柜的安装

控制柜包括运动控制器、伺服驱动单元、安全控制板、电力线缆出口、风扇、内部通用I/O点位接口等部分。控制柜对机器人进行控制,以完成特定的工作任务。

控制柜与示教器通过专用电缆(见图3-26)进行连接,如图3-27所示。电缆的一端接在示教器侧面的的接口处,可以热插拔。电缆的另一端接在控制柜上的示教器连接插槽内。

图3-26 示教器专用电缆

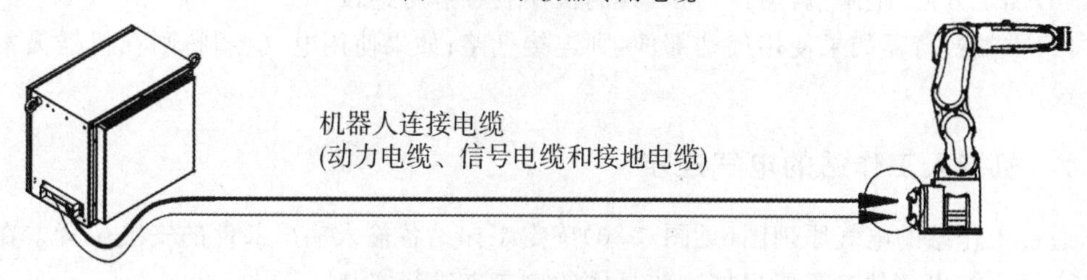

图3-27 动力电缆连接示意图

四、工业机器人本体的安装

通过工作站的机械装配图纸(见图3-28)可以确定工作站工业机器人单元在台面上的具体的位置,在安装工业机器人单元时需要根据这些具体的安装位置尺寸来进行单元模块的安装。

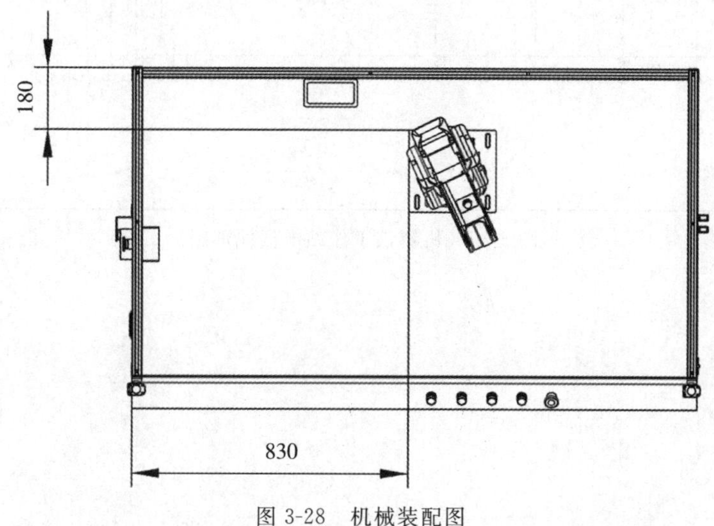

图3-28 机械装配图

五、工业机器人末端执行器安装

(1)准备安装末端执行器使用的工具、量具以及标准件。

(2)调整机器人末端法兰方向,用力矩扳手把机器人侧的工具快换装置安装到法兰盘上并进行固定,如图 3-29 所示。

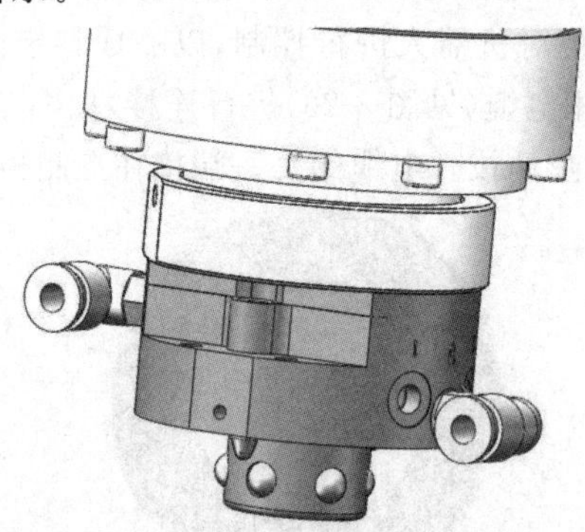

图 3-29　机器人工具快换装置安装

(3)确定方向,把末端执行器与工具侧快换装置进行连接。

(4)末端执行器如果使用气动部件,则连接气路;如果使用电气控制,则在机器人本体上走线。

六、机器人工作站的电气连接

通过工作站的电气原理图(见图 3-30)确定工作站各输入输出部件的安装位置。在安装各个输入输出部件时需要根据这些具体的接口来进行安装。

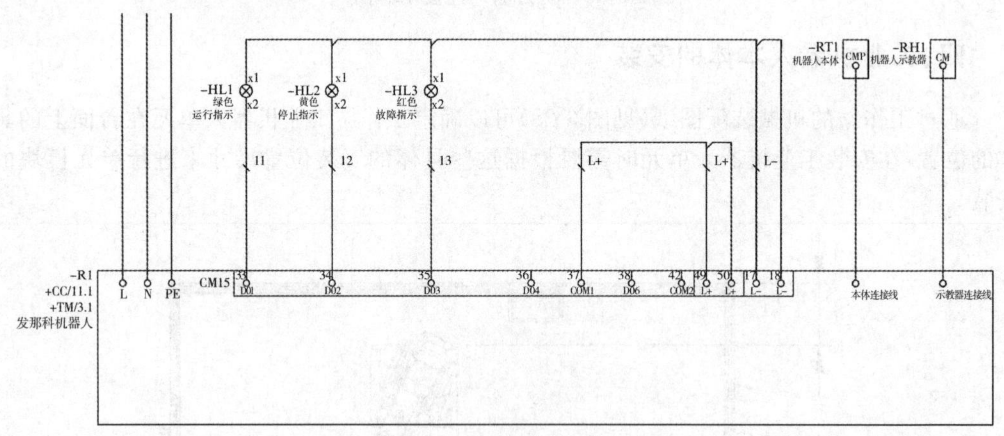

图 3-30　机器人工作站电气原理图

第四章 工业机器人操作与编程

理论知识掌握要求

- 掌握工业机器人控制系统的特点、基本功能。
- 掌握工业机器人控制方式及硬件结构。
- 熟悉工业机器人编程基本要求。
- 掌握工业机器人现场编程和离线编程。
- 掌握工业机器人程序及数据的导入。
- 掌握工业机器人程序及数据的备份。

技能操作要求

- 能正确手持工业机器人示教器。
- 能正确设定工业机器人示教器语言与参数。
- 能正确备份工业机器人程序数据。
- 能正确导入工业机器人程序数据。
- 能正确操作工业机器人单轴运动、线性运动。

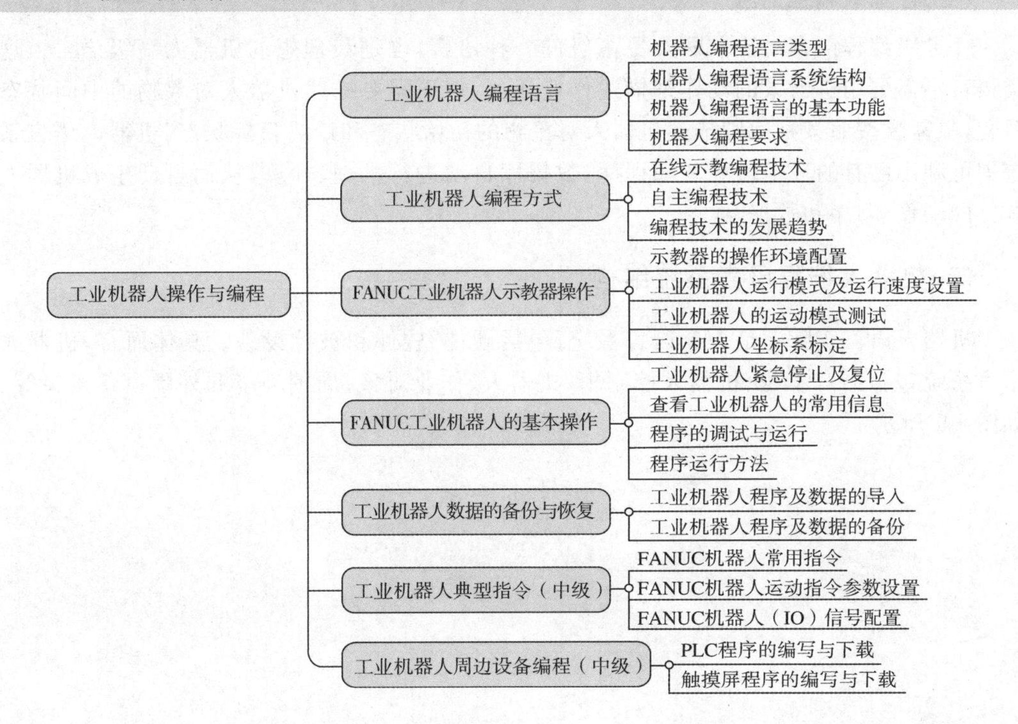

第一节　工业机器人编程语言

机器人要实现一定的动作和功能，除了依靠可靠的硬件支持之外，还有很大部分的工作是靠编程来完成的。伴随着机器人的发展，机器人的编程技术也得到了不断地完善，已成为机器人技术中重要的组成部分之一。

编程就是使用某种特定的语言来描述机器人的运动轨迹，使机器人按照指定的运动轨迹和作业指令来完成操作者期望的各项工作。

一、机器人编程语言类型

工业机器人编程语言按照作业描述水平的高低分为动作级、对象级和任务级三类。

(一)动作级编程语言

动作级编程语言是最低级的机器人语言。它以机器人的运动描述为主，通常一条指令对应机器人的一个动作，表示机器人从一个位姿运动到另一个位姿。

动作级编程语言又可以分为关节级编程和末端执行器级编程两种。

(二)对象级编程语言

对象级编程语言是描述操作对象即作业物体本身动作的语言。它不需要描述机器人手爪的运动，只要由编程人员用程序的形式给出对作业本身顺序过程的描述和环境模型的描述，即描述操作物与操作物之间的关系，通过编译程序，机器人即能知道如何动作。

(三)任务级编程语言

任务级编程语言是比前两类更高级的一种语言，也是最理想的机器人高级语言。这类语言不需要用机器人的动作来描述作业任务，也不需要描述机器人对象物的中间状态过程，只需要按照某种规则描述机器人对象物的初始状态和最终目标状态，机器人语言系统即可利用已有的环境信息和知识库、数据库自动进行推理、计算，从而自动生成机器人详细的动作、顺序和数据。

二、机器人编程语言系统结构

机器人语言实际上是一个语言系统，包括硬件、软件和被控设备。具体而言，机器人语言系统包括语言本身、机器人控制柜、机器人、作业对象、周围环境和外围设备接口等。如图 4-1 所示。

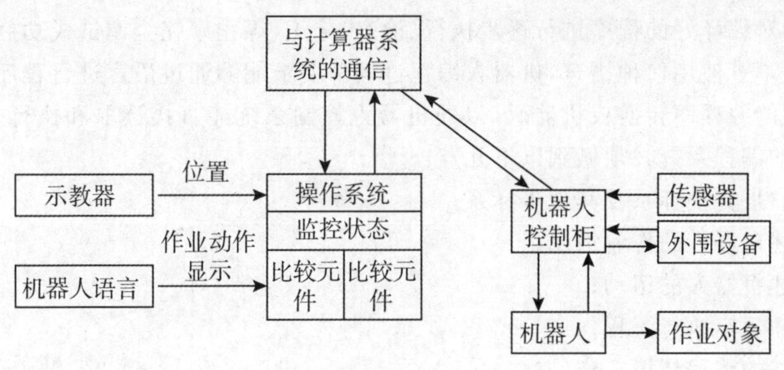

图 4-1　机器人语言系统

三、机器人编程语言的基本功能

机器人语言的基本功能包括运算、决策、通信等。这些基本功能都是通过机器人系统软件来实现的。

(一)运算功能

运算功能是机器人控制系统中最重要的功能之一。

(二)决策功能

机器人系统能根据传感器的输入信息做出决策,而不用执行任何运算。

(三)通信功能

机器人系统与操作员之间的通信能力,可使机器人从操作员处获取所需信息,提示操作者下一步需要做什么,并可使操作者知道机器人打算干什么。

(四)运动功能

机器人语言的一个最基本的功能就是能够描述机器人的运动。通过使用机器人语言中的运动语句,操作者可以建立轨迹规划程序和轨迹生成程序之间的联系。运动语句允许通过规定点和目标点,可以在关节空间或直角坐标空间说明定位目标,可以采用关节插补运动或直角坐标插补运动。

(五)工具指令功能

工具控制指令通常是由于闭合某个开关或继电器而触发的,而开关和继电器又可能把电源接通或断开,直接控制工具运动,或送出一个小功率信号给电子控制器,让后者去控制工具。

(六)传感数据处理功能

传感数据处理在许多机器人程序编制中都是十分重要而又复杂的,当采用触觉、听觉和视觉传感器时更是如此。例如,当应用视觉传感器获取视觉特征数据、辨识物体和进行机器人定位时,对视觉数据的处理工作量往往极大,而且极为费时。

四、机器人编程要求

目前工业机器人常用编程方法有示教编程和离线编程两种。一般在调试阶段,可以通过示教器对编译好的程序进行逐步执行、检查、修正，等程序完全调试成功后，即可正式投入使用。不管使用何种语言，机器人编程过程都要求能够通过语言进行程序的编译，能够把机器人的源程序转换成机器码，以便机器人控制系统能直接读取和执行。一般情况下，机器人的编程系统必须做到以下几点：

(1)建立世界坐标系及其他坐标系；

(2)描述机器人的作业情况；

(3)描述机器人的运动；

(4)用户规定执行流程；

(5)良好的编程环境。

第二节　工业机器人编程方式

当前工业机器人已经广泛应用于焊接、切割、装配、搬运、喷涂等领域，工作的难度、复杂程度日趋增加，而用户对产品的品质和加工效率的要求却越来越高。在这种形式下，机器人编程的方式、效率和质量就显得尤为重要。所以，降低编程的难度、工作量，提高编程效率，已经成为工业机器人编程技术发展的终极追求。

因此，针对提高机器人的工作效率，出现了多种编程方式，有在线示教编程、离线编程和自主编程。它们各有其优点，如在线编程能够直接针对工作站现场，最为符合现场环境，并且上手简单，适合初学者；离线编程适合在仿真环境下针对复杂路径进行规划与生成，节约时间，方便操作；自主编程技术融合各种传感技术自动生成轨迹程序，相对而言更加智能。

一、在线示教编程技术

在线示教编程通常是由操作人员通过示教器控制机械手工具末端达到指定位置和姿态，记录机器人位姿数据并编写机器人运动指令，完成机器人在正常加工轨迹规划、位姿等关节数据信息的采集和记录。如图 4-2 所示。

图 4-2　在线示教编程

二、自主编程技术

随着技术的发展,各种跟踪测量传感技术日益成熟,人们开始研究以焊缝的测量信息为反馈,由计算机控制焊接机器人进行路径规划的自主示教技术。

(一)基于激光结构光的自主编程

基于结构光的路径自主规划的原理是将结构光传感器安装在机器人的末端,形成“眼在手上”的工作方式。例如利用焊缝跟踪技术逐点测量焊缝的中心坐标,建立起焊缝轨迹数据库,在焊接时作为焊枪的路径,如图 4-3 所示。

图 4-3　基于激光结构光的自主编程

(二)基于双目视觉的自主编程

基于视觉反馈的自主编程是实现机器人路径自主规划的关键技术,其主要原理为:在一定条件下,由主控计算机通过双目视觉传感器识别工件图像,从而得出工件的三维尺寸数据,计算出空间轨迹和方位(即位姿),并引导机器人按照优化拣选要求自动生成机器人末端执行器的位姿参数,如图 4-4 所示。

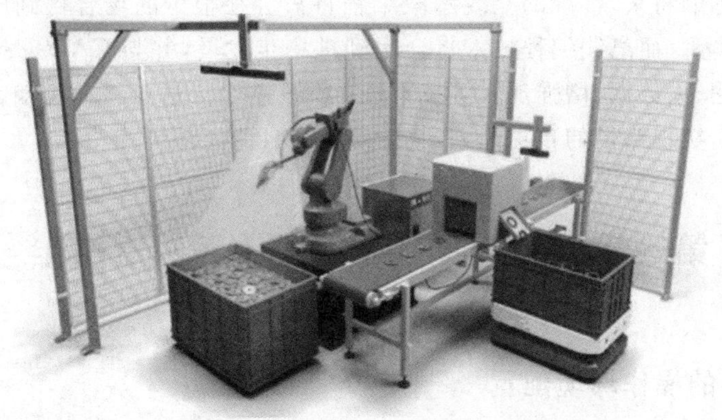

图 4-4　基于双目视觉的自主编程

(三)多传感器信息融合的自主编程

采用力控制器、视觉传感器以及位移传感器构成一个高精度自动路径生成系统。该系统集成了位移、力、视觉控制,引入视觉伺服,可以根据传感器的反馈信息来执行动作。该系统控制的机器人能够根据记号笔所绘制的线自动生成机器人路径。位移控制器用来使得机器人自动跟随曲线,力传感器用来保持 TCP 点位置恒定。如图 4-5 所示的机械臂能够根据视觉、力觉等多种传感器反馈的综合数据，进行自主轨迹规划，从而完成动作轨迹。

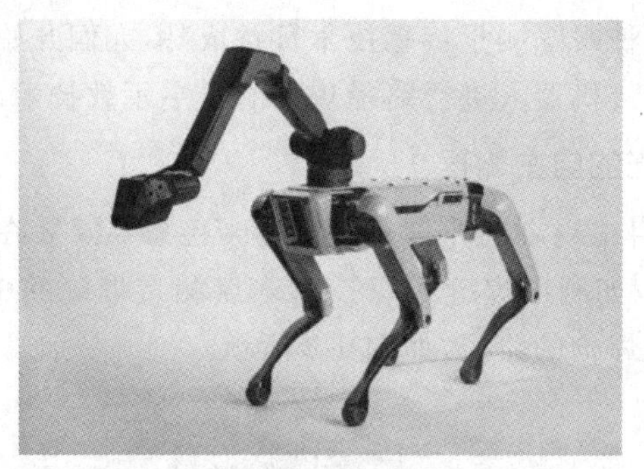

图 4-5　多传感器信息融合自主编程的机械臂

三、编程技术的发展趋势

随着视觉技术、传感技术、智能控制、网络和信息技术以及大数据技术的发展，未来的机器人编程技术将会发生根本的变革，主要表现在以下几个方面：

(1)编程将会变得简单、快速、可视、模拟和仿真。

(2)基于传感技术、信息技术和大数据技术，感知、辨识、重构环境和工件等的 CAD 模型，实现自动获取加工路径的几何信息。

(3)基于互联网技术实现编程的网络化、远程化、可视化。

(4)基于增强现实技术实现离线编程和真实场景的互动。

(5)根据离线编程技术和现场获取的几何信息实现自主规划加工路径、获取焊接参数并进行仿真确认。

总之，在不远的将来，传统的在线示教编程将只会在很少的场合得到应用，比如空间探索、水下、核电等。而离线编程技术将会得到进一步发展，并与 CAD/CAM、视觉技术、传感技术、互联网、大数据、增强现实等技术进行深度融合。通过自动感知、辨识和重构工件和加工路径等，实现路径的自主规划、自动纠偏和自适应环境等功能。

第三节　FANUC 工业机器人示教器操作

一、示教器的操作环境配置

示教器是主管应用工具软件与用户之间的接口装置，通过电缆与控制装置连接。示教器由液晶显示屏、LED、功能按键构成，除此以外一般还包括模式切换开关、安全开关、急停按钮等组成部分。发那科示教器布局与功能键如图 4-6 所示。

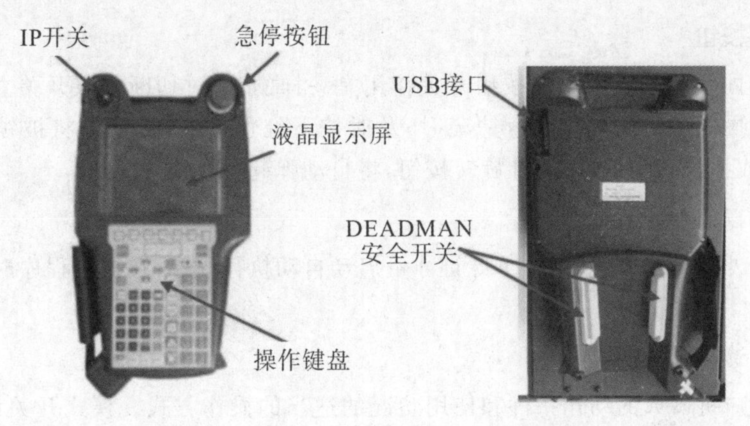

(a)示教盒正面示意图　　(b)示教盒反面示意图图

图 4-6　示教器实物图

示教器显示界面一般默认语言为英语，需要用户根据自己的需要设置用户语言。

(一)示教器语言的更改

(1)机器人手动模式下，按下【MENU】，进入主菜单栏；

(2)依次选择【SETUP】—【General】，进入语言选择界面，将光标移动至设置语言行；

(3)按下【F4】键，进入语言选择，选择【CHINESE】；

(4)按下【ENTER】键，机器人语言更改结束，当前语言设置为中文。

(二)工业机器人系统时间设定

(1)按下【MENU】，进入主菜单栏，选择【系统】—【时间】；

(2)按下【调整】，输入需要调整的时间，更新时间后按下【完成】，时间修改完成；

(3)同时按下【SHIFT】和【DISP】键，出现分屏界面；

(4)选择【双画面】，按下【ENTER】键，将画面切换成双画面。

二、工业机器人运行模式及运行速度设置

(一)运行模式设置

控制柜操作面板上附带有几个按钮、开关、连接器等，用来进行程序的启动、报警的解除、机器人运行模式切换等操作，如图 4-7 所示。

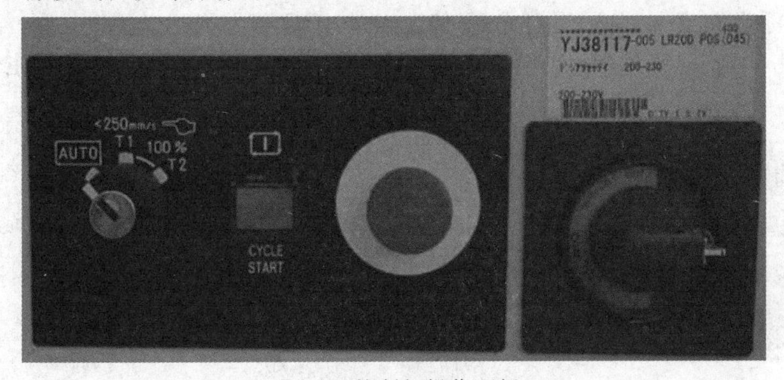

图 4-7　控制柜操作面板

1. 急停按钮

此开关同示教器上的急停按钮开关作用是一样的，通过切断伺服开关立刻停止机器人和外部轴操作。出现突发紧急情况时，及时按下红色按钮，机器人将被锁住而停止运动；待危险或报警解除后，顺时针旋转按钮，将自动弹起释放该开关。

2. 启动按钮

在采用外部自动模式时，按下此键才可启动自动执行程序，在执行程序时此开关绿灯亮起。

3. 模式选择开关

选择对应机器人的动作条件和使用状况的适当的操作方式。模式开关说明如表 4-1 所示。

表 4-1　模式开关说明

图片	说明
<250mm/s AUTO T1 100% T2	T1 模式：机器人运行速度最大不超过 250mm/s； T2 模式：机器人最大运行速度可达 2m/s； AUTO 模式：外部自动运行程序模式

T1 模式：机器人的运行速度最大不超过 250mm/s，属于低速运行模式，主要是考虑到操作安全，以免速度过快危及操作者的人身安全。因此，在平时示教编程时应采用 T1 模式。

T2 模式：机器人最大运行速度可达 2m/s，属于高速运行模式，不能熟练操作机器人的情况下不建议采用此模式。

AUTO 模式：外部自动运行程序模式，当需要批量生产时，需要采用此模式。

(二)运行速度设置

机器人的速度一般分为低速—中速—高速，机器人速度的大小一般由速度的百分比(1%～100%)决定，在机器人手动运行模式下，一般运行速度设定为 10%；第一次自动运行自动程序，一般将速度设定为 30%；待自动运行两遍程序确认无误后，方可增加机器人的运行速度。

示教器手动速度调整：示教模式下，修改点动 JOG 机器人运动速度。

(1)单击+%、-%键时，依次进行如下切换："VFINE"(微速)—"FINE"(低速)—"1%—2%—3%—4%—5%—10%—15%……100%"，如图 4-8 所示。

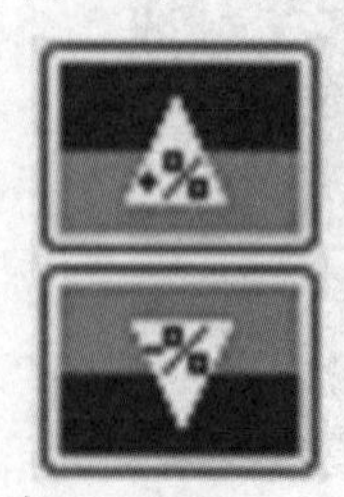

图 4-8　速度微调

(2)同时按下+%、-%+SHIFT 时,依次进行如下切换:“VFINE”(微速)—“FINE”(低速)—“5%—25%—50%—100%”,如图 4-9 所示。

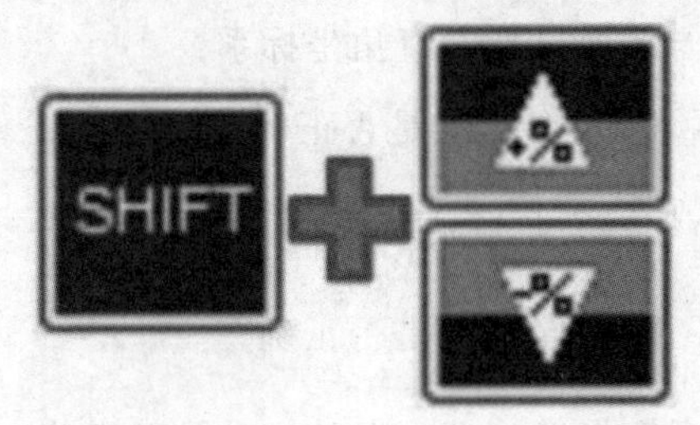

微速—低速—5%—25%—50%—100%

图 4-9　速度粗调

三、工业机器人的运动模式测试

(一)工业机器人的单轴运动模式测试

机器人在手动模式下,切换机器人关节坐标系:

(1)按下 -X(J1) +X(J1) 正、负方向按钮,观察机器人 1 轴正、负向运动是否正确;

(2)按下 -Y(J2) +Y(J2) 正、负方向按钮,观察机器人 2 轴正、负向运动是否正确;

(3)按下 -Z(J3) +Z(J3) 正、负方向按钮,观察机器人 3 轴正、负向运动是否正确;

(4)按下 -X(J4) +X(J4) 正、负方向按钮,观察机器人 4 轴正、负向运动是否正确;

(5)按下 -Y(J5) +Y(J5) 正、负方向按钮,观察机器人 5 轴正、负向运动是否正确;

(6)按下 -Z(J6) +Z(J6) 正、负方向按钮,观察机器人 6 轴正、负向运动是否正确。

运动方向如图 4-10 所示:

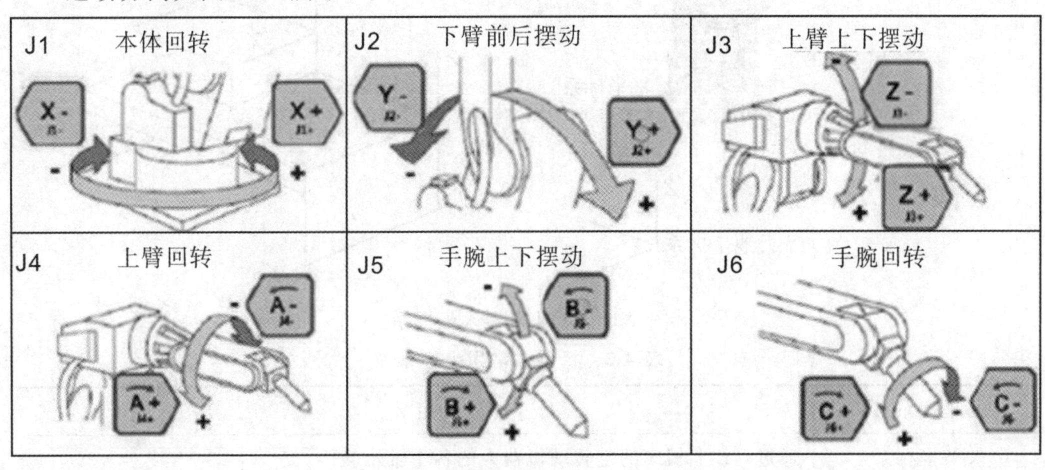

图 4-10　机器人单轴运动方向示意图

(二)工业机器人的线性与重定位运动

机器人的线性移动是指安装在机器人第六轴法兰盘上工具的 TCP 在空间中作线性移动。一般线性移动分为直线、关节及圆弧运动。

机器人重定位是指机器人选定的机器人工具 TCP 绕着对应工具坐标系进行旋转运动，运动时机器人工具 TCP 位置保持不变，姿态发生变化。

机器人线性与重定位运动方法：在手动模式下，切换机器人直角坐标系：

(1)按下 X 正、负方向按钮，观察 X 正、负向运动是否正确；

(2)按下 Y 正、负方向按钮，观察 Y 正、负向运动是否正确；

(3)按下 Z 正、负方向按钮，观察 Z 正、负向运动是否正确；

(4)按下 绕 X 方向旋转运动按钮，观察指针尖端位置的运动是否正确；

(5)按下 绕 Y 方向旋转运动按钮，观察指针尖端位置的运动是否正确；

(6)按下 绕 Z 方向旋转运动按钮，观察指针尖端位置的运动是否正确。

四、工业机器人坐标系标定

坐标系是为确定机器人的位置和姿势而在机器人或空间上进行定义的位置指标系统。机器人示教坐标系有关节坐标系、直角坐标系、工具坐标系和其他坐标系，如图 4-11 所示。常用四种示教坐标系的详细说明如表 4-2 所示。

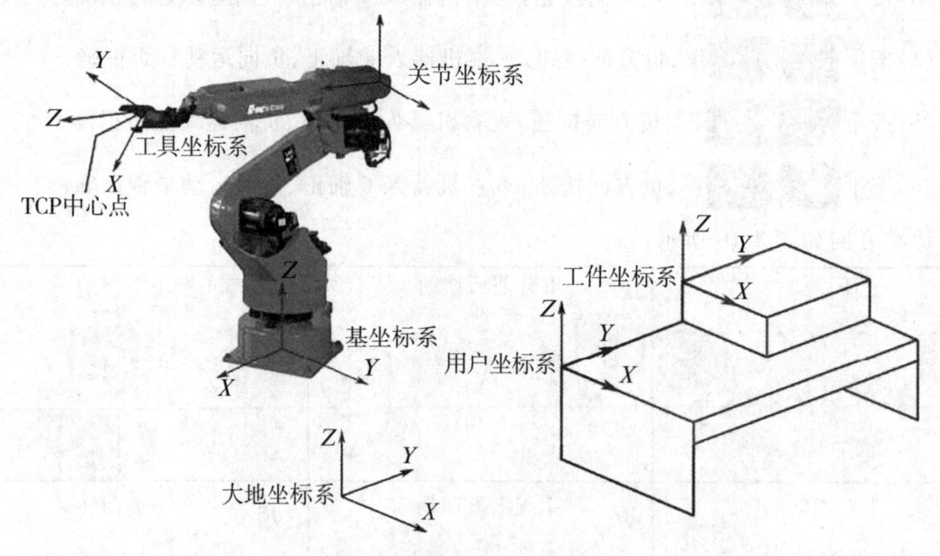

图 4-11　工业机器人坐标系

表 4-2　机器人常用坐标系

坐标系	定义
关节坐标系	通过 TP 上相应的键转动机器人的各个轴示教
直角坐标系	沿着笛卡尔坐标系的轴直线移动机器人，分两种坐标系： (1)全局坐标系(World)：机器人缺省的坐标系 (2)用户坐标系(User)：用户自定义的坐标系

续表

坐标系	定义
工具坐标系	沿着当前工具坐标系直线移动机器人,工具坐标系是匹配在工具方向上的笛卡尔坐标系
工件坐标系	沿着当前工件坐标系直线移动机器人,工件坐标系是匹配在工件方向上的笛卡尔坐标系

(一)工具坐标系的标定及测试

(1)手动控制机器人抓取指针工具,将机器人末端执行器末端移动到 TCP 点;

(2)按下【MENU】打开主菜单,依次选择【设置】—【坐标系】,打开机器人工具坐标系设置界面;

(3)按 F3【坐标】,选择【工具坐标系】,将光标移至工具坐标系 1,按 F2【详细】,进入工具坐标系详细设置画面;

(4)按 F2【方法】,选择三点法确定机器人坐标系;修改坐标系注释,将光标移至“注释”处,使用键盘方式,修改注释名,命名为“坐标系 1”;

(5)同时按下【SHIFT】+【F5】键,记录第一个接近点;

(6)将机器人末端执行器末端更换姿态移动到 TCP 点,同时按下【SHIFT】+【F5】键,记录第二个接近点;

(7)将机器人末端执行器末端更换姿态移动到 TCP 点,同时按下【SHIFT】+【F5】键,记录第三个接近点,对所有参照点都进行示教后,显示“设定完成”。工具坐标系即被设定。验证机器人工具坐标系准确性。

(二)FANUC 机器人工件坐标系标定方法

(1)根据装配工作站的生产工艺,确定工件的 X、Y、Z 方向;

(2)手动控制示教器,将机器人末端移动到 X/Y 平面一点;

(3)按下【MENU】打开主菜单,依次选择【系统】—【坐标系】,打开机器人坐标系设置界面,按 F3【坐标】,选择【用户坐标系】;

(4)将光标移至用户坐标系 1,按 F2【详细】,进入 Y 用户坐标系详细设置画面,按 F2【方法】,选择三点法确定机器人坐标系;

(5)修改坐标系注释,将光标移至“注释”处,使用键盘方式,修改注释名,命名为“USE1”,同时按下【SHIFT】+【F5】键,记录坐标原点;

(6)手动控制示教器,将机器人末端沿 X 方向移动到一点,同时按下【SHIFT】+【F5】键,记录机器人记录 X 轴方向点 2;

(7)手动控制示教器,将机器人末端沿 Y 方向移动到一点,同时按下【SHIFT】+【F5】键,记录 Y 轴方向点 3,工件坐标系即被设定。验证机器人工件坐标系准确性。

第四节 FANUC 工业机器人的基本操作

工业机器人系统可以配备各种各样的安全保护装置，例如安全门互锁开关、安全光幕和安全垫等。最常用的是安全门互锁开关，打开此装置可以暂停工业机器人。

工业机器人控制柜有 4 个独立的安全保护机制，分别为：

(1)常规模式安全保护停止 GS(General Stop)；

(2)自动模式安全保护停止 AS(Automatic Stop)；

(3)上级安全保护停止 SS(Superior Stop)；

(4)紧急停止 ES(Emergency Stop)。

一、工业机器人紧急停止及复位

(一)断电停止(相当于 IEC 60204－1 的类别 0 的停止)

这是断开伺服电源，使得机器人的动作在一瞬间停止的方法。由于在动作断开伺服电源，减速动作的轨迹得不到控制。

通过断电停止操作，执行如下处理：

一发出报警后，断开伺服电源。机器人的动作在一瞬间停止。

一暂停程序的执行。

对于动作中的机器人，通过急停按钮等频繁地进行断电停止操作时，会导致机器人故障。应避免日常情况下断电停止的系统配置。

(二)控制停止(相当于 IEC 60204－1 的类别 1 的停止)

这是在使机器人的动作减速停止后断开伺服电源，使机器人停止的方法。通过控制停止，执行如下处理：

一发出“SRVO－199 Controlled Stop”(伺服－199 控制停止)，减速停止机器人的动作，暂停程序的执行。

一减速停止后发出报警，断开伺服电源。

(三)保持(相当于 IEC 60204－1 的类别 2 的停止)

这是维持伺服电源，使得机器人的动作减速后停止。

通过保持，执行如下处理：

一使机器人的动作减速停止，暂停程序的执行。

工业机器人紧急停止方法如下：

(1)程序自动运行时按下工作站急停按钮，使机器人停止并发出报警信息；

(2)旋出急停按钮，示教器紧急停止依然存在，按下【RESET】键，示教器急停解除。

二、查看工业机器人的常用信息

机器人监控界面可以显示机器人运行状态、机器人电动机状态、机器人程序状态等状

态信息。

查看方法：

(1)依次按键操作:【MENU】—【状态】,选择“轴”,进入轴状态显示界面;

(2)在轴状态界面,按下【诊断】,进入轴诊断界面;

(3)在诊断界面,可以选择“减速机”“主体”运行信息;

(4)选择减速机,查看机器人减速机扭矩、碰撞检测等运行信息,并做好记录。

三、程序的调试与运行

机器人程序运行前注意事项:

(一)清理工作

清除设备内部及周围与操作无关的杂物,清除走道的垃圾杂物,保证通行畅通、安全。

(二)检查工作

(1)检查设备基础地脚或连接螺栓是否已经拧紧;

(2)检查工艺测点所配仪表是否已进行校核,安装位置是否合理;

(3)运动设备周围是否已安装安全罩或放置安全警告标志;

(4)设备的各个润滑点是否已按要求加足润滑剂(油);

(5)压缩空气管道是否畅通,有无泄漏,水压、气压是否正常;

(6)通过点动检查设备转向是否符合要求,电路接线是否正确。

(三)确认事项

待清理和检查工作已逐项逐条完成之后,确认电气控制系统接线是否正确,特别是电机动力线接线是否正确无误;确认工艺线各测点的报警有效,仪器仪表、开关完整无损;检修工具已准备就绪。此后则可进行空载试运行。在试运行过程中,现场调试人员必须坚守岗位,密切注意机械设备的运转情况,及时发现并解决问题,并对所发现问题及解决方法必须都做好记录。

四、程序运行方法

(1)按下【SELECT】显示程序界面,选择码垛运行程序,手动运行搬运码垛程序,查看机器人运行轨迹及运行状态;

(2)手动确认机器人运行轨迹无误后,将示教器模式旋钮旋转为自动模式,控制柜钥匙开关切换成 AUTO 模式,运行模式切换为自动模式,按下运行按钮,机器人自动运行搬运码垛程序;

(3)程序自动运行时按下工作站急停按钮,机器人停止并发出报警信息;

(4)旋出急停按钮,示教器紧急停止依然存在,按下【RESET】键,示教器紧急停止报警消除。

第五节　工业机器人数据的备份与恢复

工业机器人数据存储设备有MC存储卡、USB、PC计算机;相同品牌,相同型号的机器人为了程序的快捷性输入,会进行机器人数据的导入与备份。

机器人控制柜主要使用的文件类型有:

(1)程序文件(*.TP):程序文件被自动存储于控制器的CMOS(SRAM)中,通过TP上的【SELECT】键可以显示程序文件的目录。程序文件后缀是.TP。

(2)默认的逻辑文件(*.DF):默认的逻辑文件包括在程序编辑界面中。是功能键(F1—F4)所对应的默认逻辑结构的设置。默认的逻辑文件后缀是.DF。

(3)系统文件(*.SV):系统文件用来保存系统设置,系统文件的后缀是.SV。

SYSVARS.SV:用来保存坐标、参考点、关节运动范围、抱闸控制等相关变量的设置。

SYSSERVO.SV:用来保存伺服参数。

SYSMAST.SV:用来保存Mastering数据。

SYSMACRO.SV:用来保存宏命令设置。

SYSMEVAR.SV:用来保存坐标参考点的设置。

SYSFRAME.SV:用来保存用户坐标系和工具坐标系的设置。

(4)I/O配置文件(*.I/O):I/O配置文件的后缀是.I/O,用来保存I/O配置。

DIOCFGSV.IO:用来保存I/O配置数据。

(5)数据文件(*.VR):数据文件的后缀是.VR,用来保存诸如寄存器数据。

NUNREG.VR:用来保存寄存器数据。

POSREG.VR:用来保存位置寄存器数据。

PALREG.VR:用来保存码垛寄存器数据。

一、工业机器人程序及数据的导入

工业机器人导入实施方法:

(1)将U盘插入示教器USB中,依次按键操作:【MENU】—【文件】,进入文件界面;

(2)按F2【目录】,在显示屏上方出现存储设备中有的文件种类目录;按F5【工具】,选择【切换设备】,进入存储设备选择画面;

(3)在存储设备选择画面,选择【TP上的USB】;在UT1文件显示界面,显示当前U盘文件,将光标移至所有文件一行,按下F3【加载】;

(4)出现确认选择画面,选择F4【是】,文件自动加载,还原完成后,按FCNT键,选择冷开机启动,并拔出U盘,查看程序及数据导入是否成功。

二、工业机器人程序及数据的备份

工业机器人备份实施方法:

(1)依次按键操作:【MENU】—【文件】,进入文件界面;按F2【目录】,在显示屏上方出

现存储设备中有的文件种类目录；

(2)按 F5【工具】,选择【切换设备】,进入存储设备选择画面；在存储设备选择画面，选择【TP 上的 USB(UT1)】；

(3)在 MC 文件显示界面，显示文件，将光标移至所有文件一行，按下 F4【备份】,出现备份文件类型选择画面，选择【以上所有】;按下【ENTER】按键，再次按下 F4【是】,文件开始备份；

(4)文件备份完毕后，拔下 U 盘，查看 U 盘中的文件类型。

第六节　工业机器人典型指令(中级)

一、FANUC 机器人常用指令

(一)运动类型

(1)关节动作 J。关节动作是将机器人移动到指定位置的基本移动方法。机器人沿着所有轴同时加速，在示教速度下移动，同时减速后停止，移动轨迹通常为非线性。在对结束点进行示教时记述动作类型。关节移动速度的指定，从％(相对最大移动速度的百分比)、sec、msec 中选择。移动中的工具姿势不受到控制。关节动作示意如图 4-12 所示。

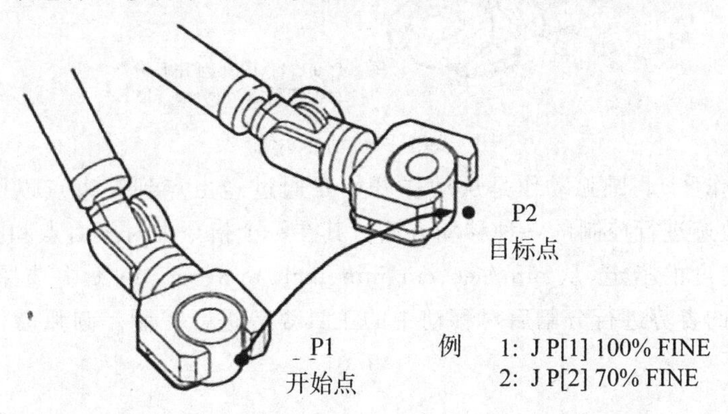

图 4-12　关节动作示意

(2)直线动作 L。直线动作是以线性方式对从动作开始点到结束点的工具中心点移动轨迹进行控制的一种移动方法。在对结束点进行示教时记述动作类型。直线移动速度的指定，从 mm/secs cm/min、inch/min、sec、msec 中选择。将开始点和目标点的姿势进行分割后对移动中的工具姿势进行控制。直线动作示意如图 4-13 所示。

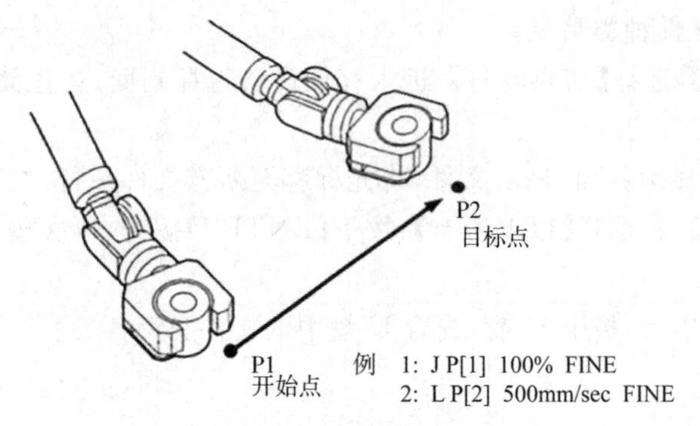

图 4-13 直线动作示意

(3)回转运动。回转动作是使用直线动作，使工具的姿势从开始点到结束点以工具中心点为中心回转的一种移动方法。将开始点和目标点的姿势进行分割后对移动中的工具姿势进行控制。此时，移动速度以 deg/sec 予以指定。移动轨迹(工具中心点移动的情况下)通过线性的方式进行控制。回转动作示意如图 4-14 所示。

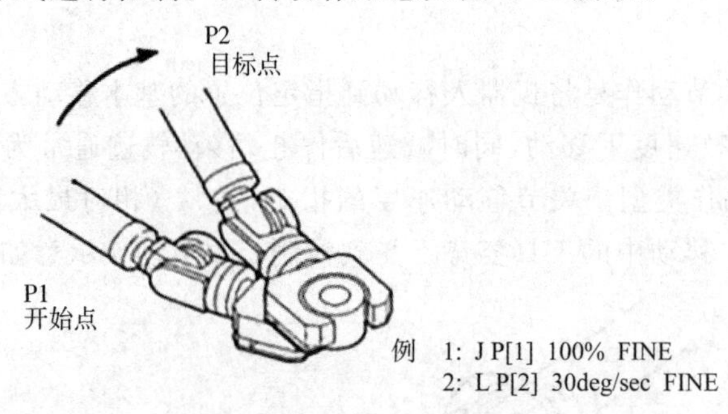

图 4-14 回转动作示意

(4)圆弧动作(C)。圆弧动作是从动作开始点通过经由点到结束点以圆弧方式对工具中心点移动轨迹进行控制的一种移动方法。其在一个指令中对经由点和目标点进行示教。圆弧移动速度的指定，从 mm/sec、cm/min、inch/min、sec、msec 中选择。将开始点、经由点、目标点的姿势进行分割后对移动中的工具姿势进行控制。圆弧动作示意如图 4-15 所示。

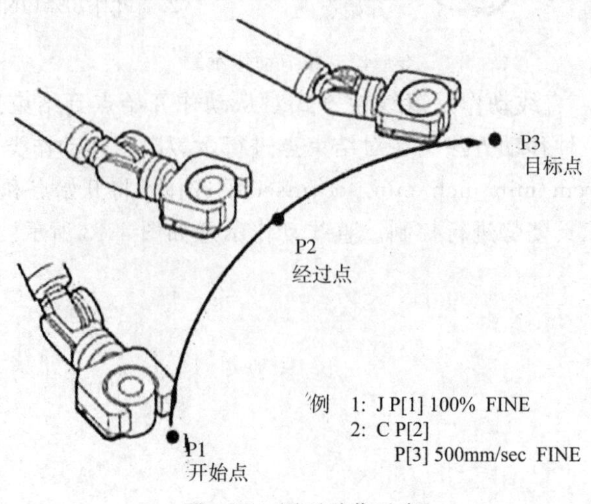

图 4-15 圆弧动作示意

(二)位置数据类型

P[]:一般位置

如1:J P[1] 100% FINE

PR[]:位置寄存器

如1:J PR[1] 100% FINE

位置寄存器指令,是进行位置寄存器的算术运算的指令。位置寄存器指令可进行代入、加算、减算处理,用与寄存器指令相同的方式记述。

位置寄存器,是用来存储位置信息(x,y,z,w,p,r)的变量。标准情况下提供有100个位置寄存器。如:

PR[I]=(值)

PR[I]=(值)指令,将位置资料代入位置寄存器。如图4-16所示。

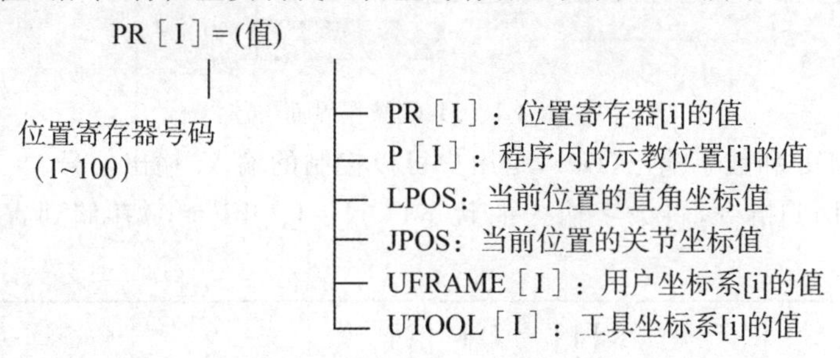

图4-16 寄存器PR[I]界面1

PR[I]=(值)+(值)

PR[I]=(值)-(值)

PR[I]=(值)+(值)指令,代入2个值的和。

PR[I]=(值)-(值)指令,代入2个值的差。如图4-17所示。

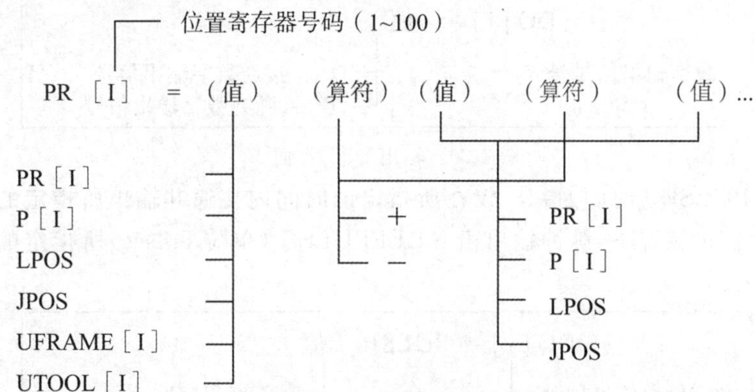

图4-17 寄存器PR[I]界面2

(三)I/O 控制指令

I/O 控制指令用来改变信号输出状态和接收输入信号。FANUC 机器人 I/O 控制指令分为:数字 I/O 指令、机器人 I/O 指令、模拟 I/O 指令、组 I/O 指令等。如图 4-18 所示。

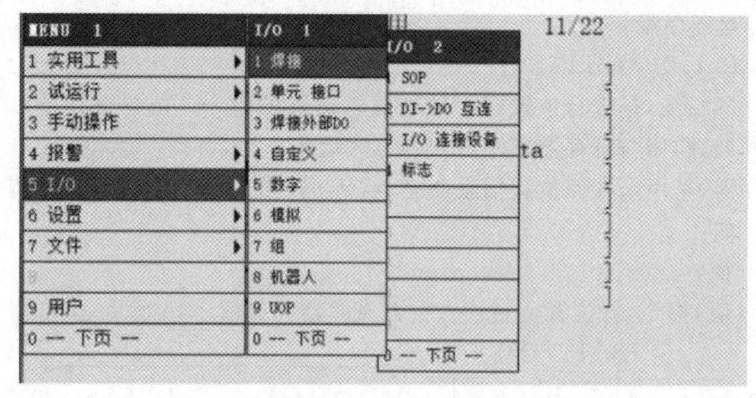

图 4-18　I/O 操作界面

数字输入(DI)和数字输出(D0),是用户可以控制的输入/输出信号。

R [i] =DI [i]指令,将数字输入的状态(ON=1、OFF=0)存储到寄存器中。如图 4-19所示。

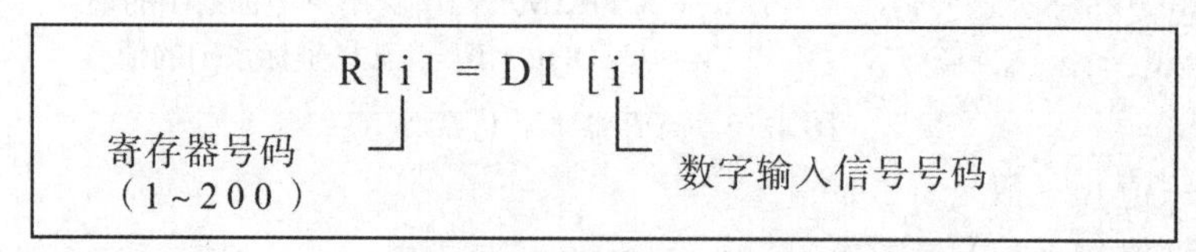

图 4-19　输出 RI[i]界面

DO [i] =ON/OFF 指令,接通或断开所指定的数字输出信号。如图 4-20 所示。

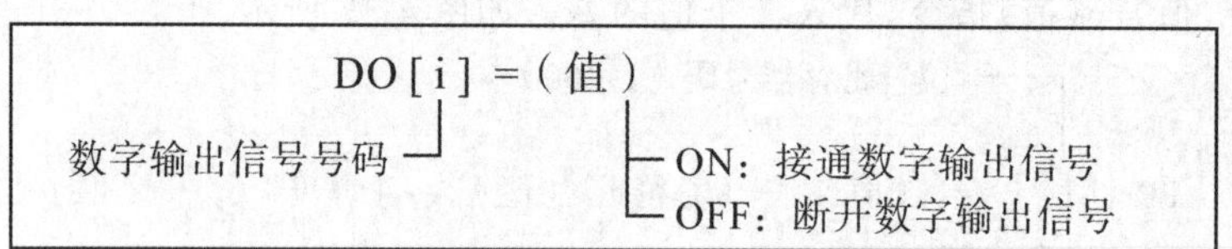

图 4-20　输出 DI[i]界面 1

DO[i]=PULSE,[时间]指令,仅在所指定的时间内接通并输出所指定的数字输出。在没有指定时间的情况下,脉冲输出由 $DEFPULSE (单位 0. lsec)所指定的时间输出。如图 4-21 所示。

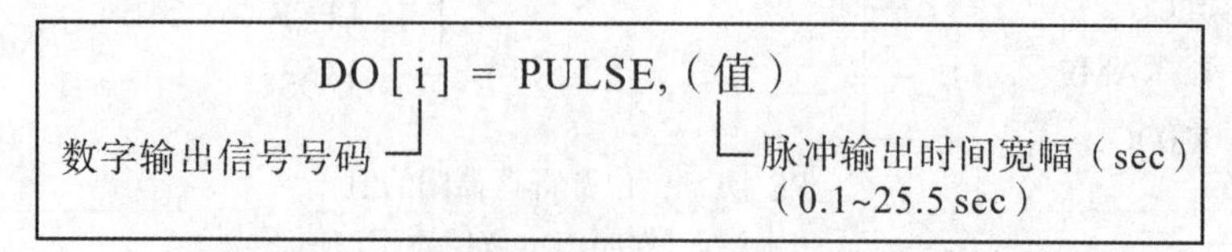

图 4-21　输出 DI[i]界面 2

DO [i] =R [i],根据所指定的寄存器的值,接通或断开所指定的数字输出信号。若寄存器的值为 0 就断开,若是 0 以外的值就接通。

二、FANUC 机器人运动指令参数设置

在程序执行中，移动速度受到速度倍率的限制。速度倍率值的范围为 1%～100%。在移动速度中指定的单位，根据动作指令所示教的动作类型而不同。

1. JP [1] 50%FINE

动作类型为关节动作的情况下，按如下方式指定。

• 在 1%～100%的范围内指定最大相对移动速度的比率。

• 单位为 sec 时，在 0.1～3200sec 范围内指定移动所需时间。移动时间较为重要的情况下进行指定。此外，有的情况下不能按照指定时间进行动作。

• 单位为 msec 时，在 1～32000msec 范围内指定移动所需时间。

2. LP [1] 100mm/sec FINE

动作类型为直线动作、圆弧动作或者 C 圆弧动作的情况下，按如下方式指定。

• 单位为 mm/sec 时，在 1～2000mm/sec 范围内指定。

• 单位为 cm/min 时，在 1～12000cm/sec 范围内指定。

• 单位为 inch/min 时，在 0.1～4724.4inch/min 范围内指定。

• 单位为 sec 时，在 0.1～3200sec 范围内指定移动所需时间。

• 单位为 msec 时，在 1～32000msec 范围内指定移动所需时间。

3. LP [1] 50deg/sec FINE

移动方法为在工具中心点附近的回转移动的情况下，按如下方式指定。

• 单位为 deg/sec 时，在 1～272deg/sec 范围内指定。

• 单位为 sec 时，在 0.1～3200sec 范围内指定移动所需时间。

• 单位为 msec 时，在 1～32000msec 范围内指定移动所需时间。

第七节　工业机器人周边设备编程(中级)

一、FANUC 机器人 I/O 信号配置

数字 I/O (DI/DO)，是从外围设备通过处理 I/O 印刷电路板(或 I/O 单元)的输入输出信号线来进行数据交换的标准数字信号。正确地说其属于通用数字信号。数字信号的值有 ON(通)和 OFF(断)共两种类型。

(1)按下【MENU】(菜单)键，显示出画面菜单。

(2)选择“5 I/O”。

(3)按下 F1“类型”，显示出画面的切换菜单。

(4)选择“数字”。

I/O 一览画面如图 4-22 所示。

数字 I/O 一览画面

I/O数字 输出　　　　　　　　关节30%

#	模拟	状态	
DO [1]	U	关	[ ]
DO [1]	U	关	[ ]
DO [1]	U	关	[ ]
DO [1]	U	关	[ ]
DO [1]	U	关	[ ]
DO [1]	U	关	[ ]
DO [1]	U	关	[ ]
DO [1]	U	关	[ ]
DO [1]	U	关	[ ]

[类型]　分配　IN/OUT　开　关

图 4-22　I/O 一览画面

(5)要进行输入画面和输出画面的切换,按下 F3“IN/OUT”。

(6)要进行 I/O 的分配,按下 F2“分配”,如要返回到一览画面,按下 F2“一览”。如图 4-23 所示。

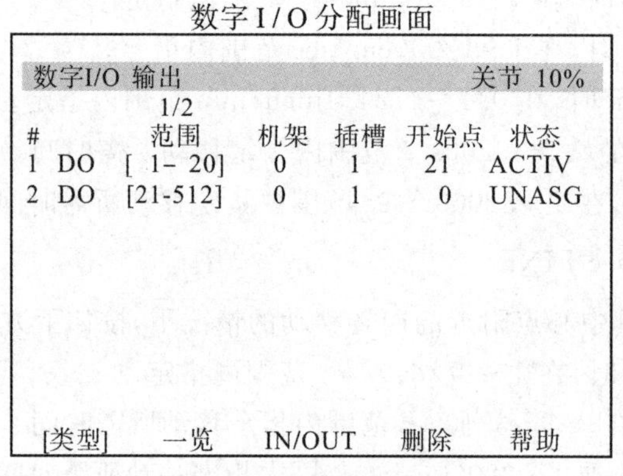

图 4-23　I/O 分配画面

(7)将光标移至范围,输入进行分配的信号范围,根据所输入的范围,自动分配行,在机架和插槽中,输入 I/O 板的值,输入正确时,状态显示为 ACTIV。

(8)重启机器人,完成配置。

二、PLC 程序的编写与下载

(1)运行编程软件 InoProShop,新建一个用户工程,选择 CPU 和编程语言。如图4-24所示。

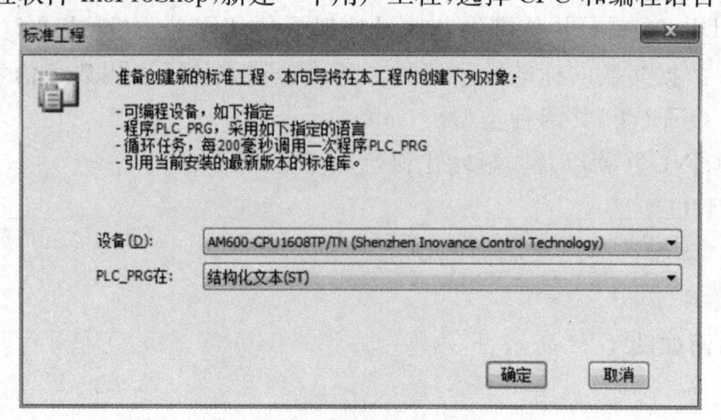

图 4-24　新建工程界面

(2)双击 PLC_PRG (PRG),定义变量,选择右侧的指令,编写程序。如图 4-25 所示。

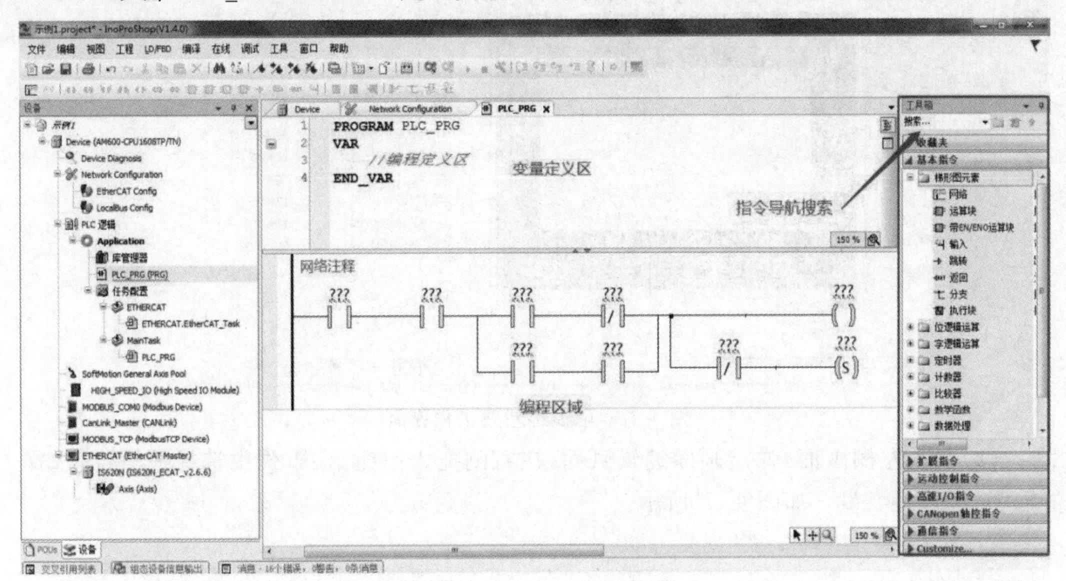

图 4-25　PLC 程序编辑界面

(3)单击“登录到”按钮,下载程序到 PLC 中。如图 4-26 所示。

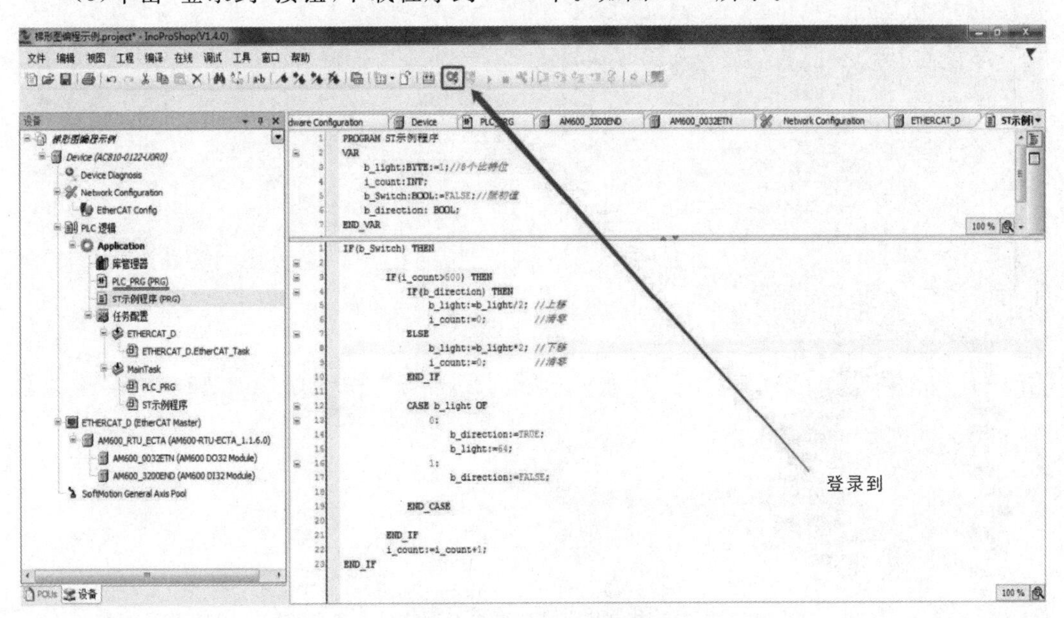

图 4-26　PLC 程序下载界面

三、触摸屏程序的编写与下载

(1)运行编程软件 InoTouchPad,新建一个用户工程,选择设备类型,输入工程名。如图 4-27 所示。

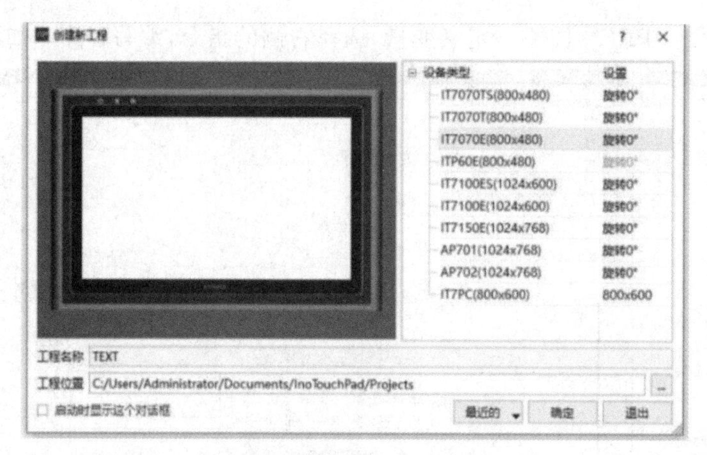

图 4-27　触摸屏新建工程界面

(2)双击左侧画面,弹出画面编辑页面,在右侧拖入按钮,在事件中选择编辑位,选择“SetBit”,连接变量。如图 4-28 所示。

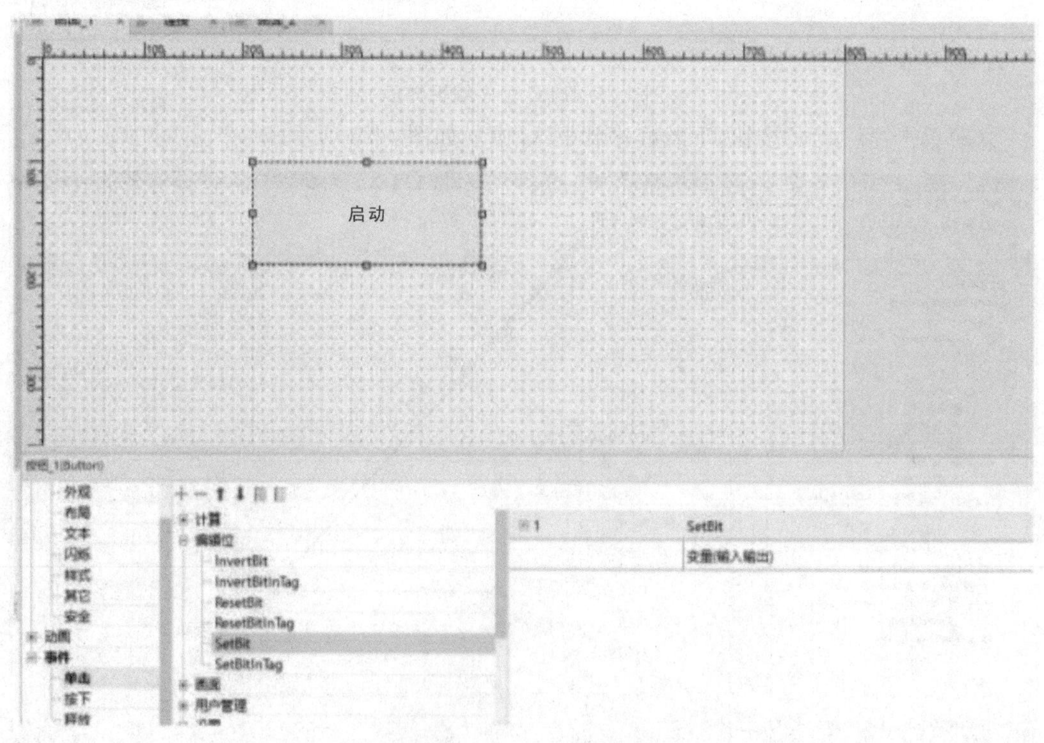

图 4-28　画面编辑界面

(3)编写完成后,选择“下载”,将工程下载到触摸屏中。如图 4-29 所示。

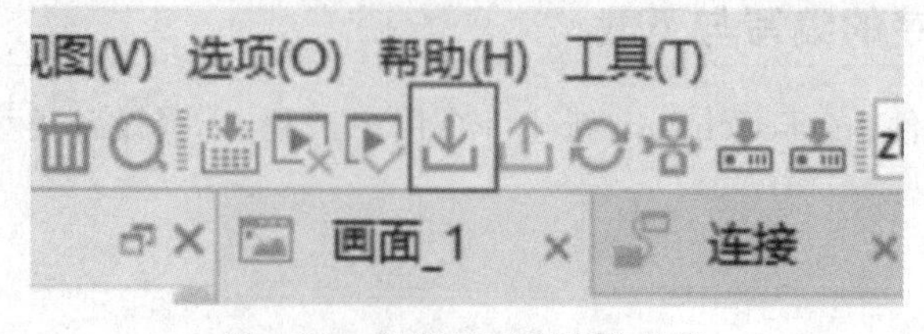

图 4-29　触摸屏程序下载界面

工业机器人工作站认识

理论知识掌握要求

- 掌握工业机器人搬运码垛工作站系统的构成。
- 熟悉搬运码垛工作站机械图纸。
- 熟悉搬运码垛工作站电气图纸。
- 熟悉搬运码垛工作站气动图纸。
- 熟悉机器人末端执行器的功能及作用。

操作要求

- 能安装供料模块。
- 能安装皮带机模块。
- 能安装码垛台。
- 能安装机器人末端执行器。
- 能安装皮带机电机控制回路。
- 能安装位置传感器。
- 能安装推料气缸气动回路。
- 能安装末端执行器控制回路。

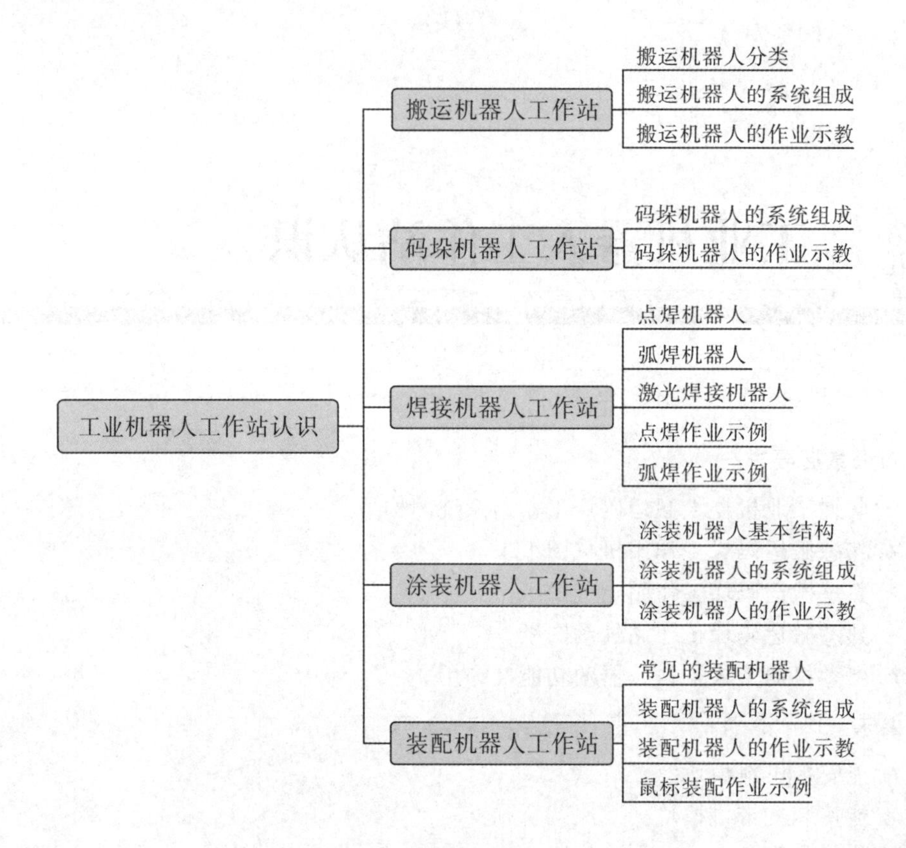

第一节　搬运机器人工作站

搬运机器人具有通用性强、工作稳定的优点，且操作简便、功能丰富，正逐渐向第三代智能机器人发展，其主要优点有：①动作稳定和提高搬运准确性；②提高生产效率，解放繁重体力劳动，实现“无人”或“少人”生产；③改善工人劳作条件，摆脱有毒、有害环境；④柔性高、适应性强，可实现多形状、不规则物料的搬运；⑤定位准确，保证批量一致性；⑥降低制造成本，提高生产效益。

一、搬运机器人分类

从结构形式上看，搬运机器人可分为龙门式搬运机器人、悬臂式搬运机器人、侧壁式搬运机器人、摆臂式搬运机器人和关节式搬运机器人。

(一)龙门式搬运机器人

其坐标系主要由 X 轴、Y 轴和 Z 轴组成。多采用模块化结构，可依据负载位置、大小等选择对应直线运动单元及组合结构形式，可实现大物料、重吨位搬运，采用直角坐标系，编程方便快捷，广泛运用于生产线转运及机床上下料等大批量生产过程。如图 5-1 所示。

(二)悬臂式搬运机器人

其坐标系主要由 X 轴、Y 轴和 Z 轴组成。也可随不同的应用采取相应的结构形式。广泛运用于卧式机床、立式机床及特定机床内部和冲压机热处理机床等的自动上下料。如图 5-2 所示。

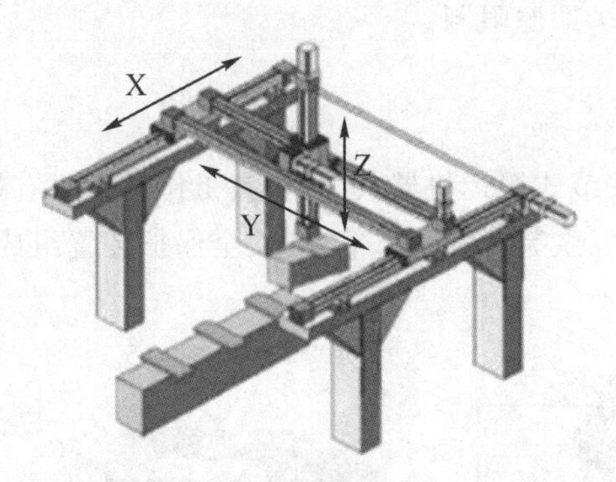

图 5-1　龙门式搬运机器人

图 5-2　悬臂式搬运机器人

(三)侧壁式搬运机器人

其坐标系主要由 X 轴、Y 轴和 Z 轴组成。也可随不同的应用采取相应的结构形式。主要运用于立体库类,如档案自动存取、全自动银行保管箱存取系统等。如图 5-3 所示。

(四)摆臂式搬运机器人

其坐标系主要由 X 轴、Y 轴和 Z 轴组成。Z 轴主要是升降,也称为主轴。Y 轴的移动主要通过外加滑轨,X 轴末端连接控制器,其绕 X 轴的转动,实现 4 轴联动。广泛应用于国内外生产厂家,是关节式机器人的理想替代品,但其负载程度相对于关节式机器人小。如图 5-4 所示。

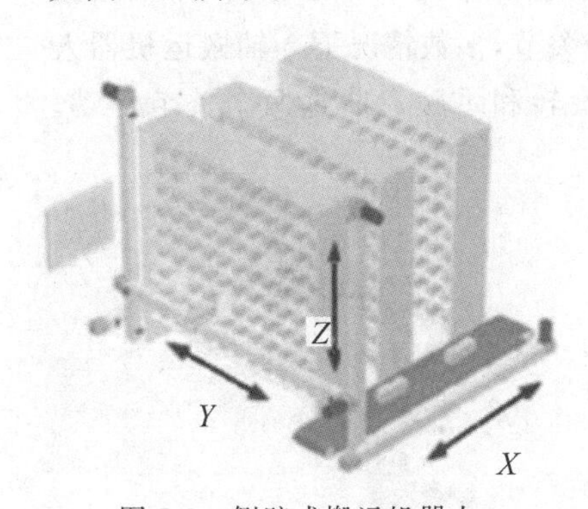

图 5-3　侧壁式搬运机器人

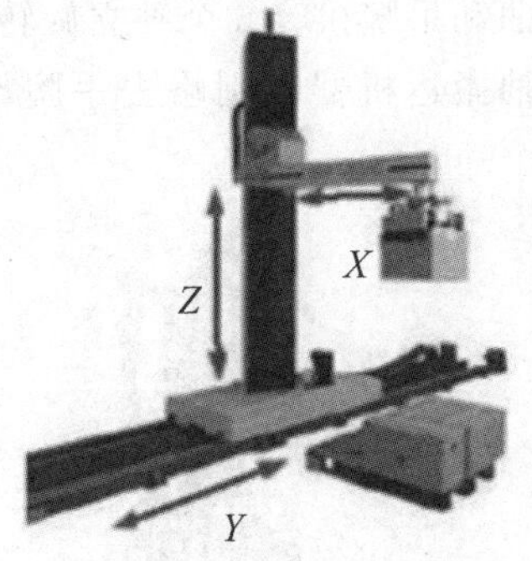

图 5-4　摆臂式搬运机器人

图 5-5　关节式搬运机器人

(五)关节式搬运机器人

关节式搬运机器人是当今工业生产中常见的机型之一,拥有 5～6 个轴,行为动作类似于人的手臂。具有结构紧凑、占地空间小、相对工作空间大、自由度高等特点,适合于几乎任何轨迹或角度的工作。如图 5-5 所示。

龙门式、悬臂式、侧壁式和摆臂式搬运机器人均在直角式坐标系下作业,其适应范围相对较窄、针对性较强,适合定制专用机来满足特定需求。

直角式(桁架式)搬运机器人和关节式机器人在实际运用中都有如下特性:

(1)能够实时调节动作节拍、移动速率、末端执行器的动作状态。

(2)可更换不同末端执行器以适应不同的物料形状,方便、快捷。

(3)能够与传送带、移动滑轨等辅助设备集成,实现柔性化生产。

(4)占地面积相对小、动作空间大,减少厂源限制。

二、搬运机器人的系统组成

搬运机器人是一个完整的系统。以关节式搬运机器人为例,其工作站主要有操作机、控制系统、搬运系统(气体发生装置、真空发生装置和手爪等)和安全保护装置组成。如图5-6所示。

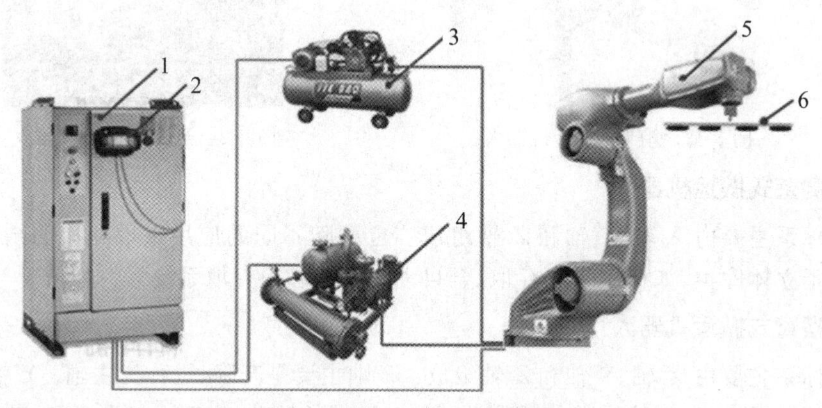

图 5-6 搬运机器人系统组成

1—机器人控制柜;2—示教器;3—气体发生装置;4—真空发生装置;5—操作机;6—端拾器(手爪)

关节式搬运机器人常见的本体有 4～6 轴。6 轴搬运机器人本体部分具有回转、抬臂、前伸、手腕旋转、手腕弯曲和手腕扭转 6 个独立旋转关节,多数情况下 5 轴搬运机器人略去手腕旋转这一关节,4 轴搬运机器人则略去手腕旋转和手腕弯曲这两个关节运动。如图 5-7 所示。

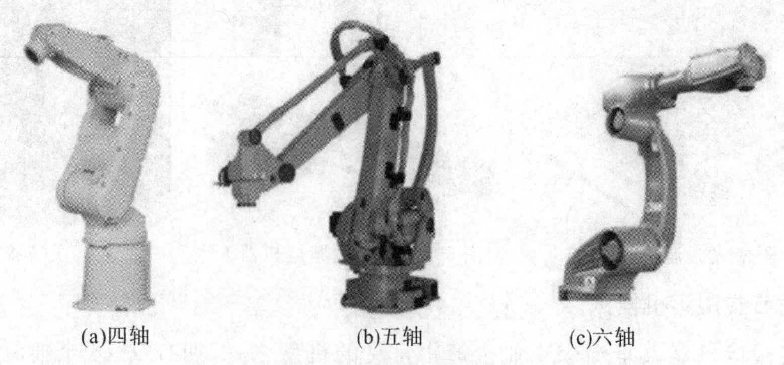

(a)四轴　　(b)五轴　　(c)六轴

图 5-7 搬运机器人运动轴

常见的搬运机器人末端执行器有吸附式、夹钳式和仿人式等。

1. 吸附式

吸附式末端执行器依据吸力不同可分为气吸附和磁吸附。

(1)气吸附,主要是利用吸盘内压力和大气压之间压力差进行工作,依据压力差分为真空吸盘吸附、气流负压气吸附、挤压排气负压气吸附等。

①真空吸盘吸附,通过连接真空发生装置和气体发生装置实现抓取和释放工件的操作,工作时,真空发生装置将吸盘与工件之间的空气吸走使其达到真空状态,此时,吸盘内的大气压小于吸盘外大气压,工件在外部压力的作用下被抓取。如图5-8所示。

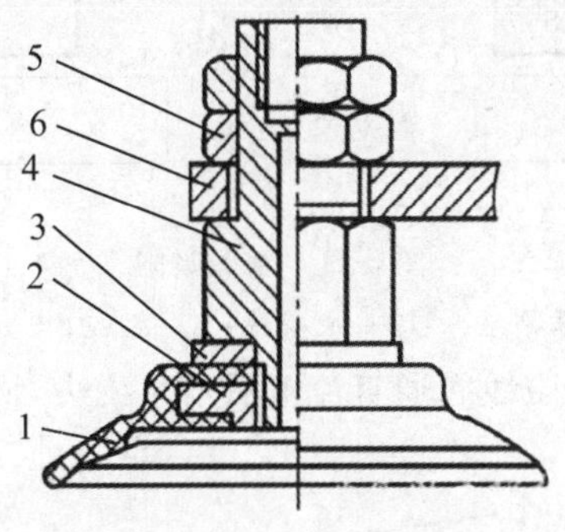

图5-8　真空吸盘吸附

1—橡胶吸盘;2—固定环;3—垫片;4—支撑杆;5—螺母;6—基板

②气流负压气吸附,是利用流体力学原理,通过压缩空气(高压)高速流动带走吸盘内气体(低压)使吸盘内形成负压,同样利用吸盘内外压力差完成取件动作,切断压缩空气随即消除吸盘内负压,完成释放工件动作。如图5-9所示。

③挤压排气负压气吸附,是利用吸盘变形和拉杆移动改变吸盘内外部压力完成工件吸取和释放动作。如图5-10所示。

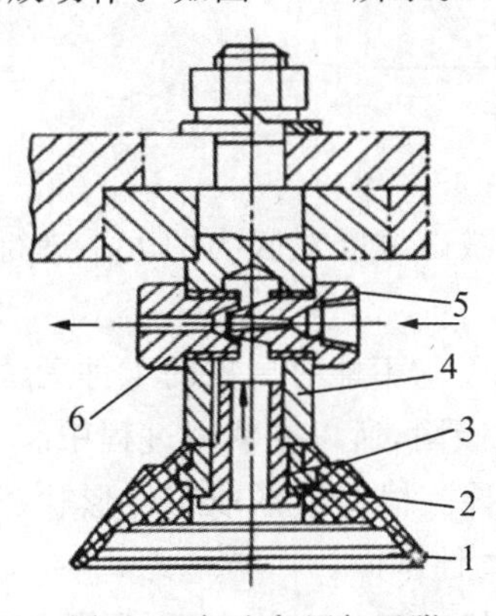

图5-9　气流负压气吸附

1—橡胶吸盘;2—心套;3—透气螺钉;4—支撑架;5—喷嘴;6—喷嘴套

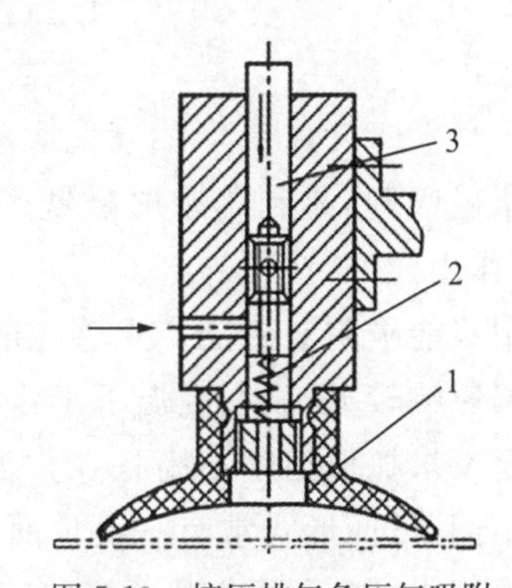

图5-10　挤压排气负压气吸附

1—橡胶吸盘;2—弹簧;3—拉杆

(2)磁吸附,利用磁力进行吸取工件,常见的磁吸附分为永磁吸附、电磁吸附、电永磁吸附等。

①永磁吸附,利用磁力线通路的连续性及磁场叠加性而工作,永磁吸盘的磁路为多个磁系,通过磁系之间的相互运动来控制工作磁极面上的磁场强度进而实现工件的吸附和释放动作。如图5-11所示。

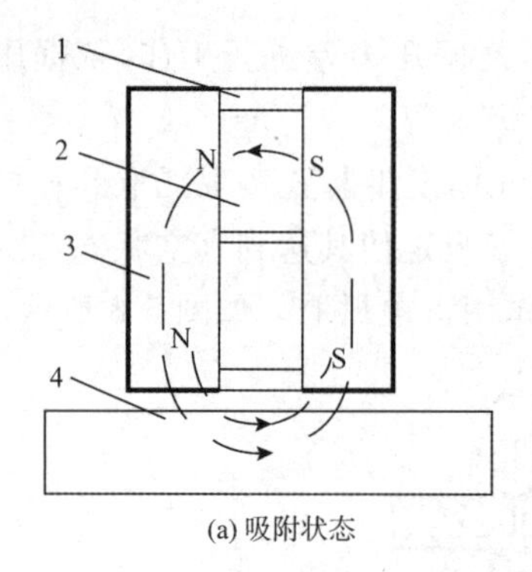

(a) 吸附状态

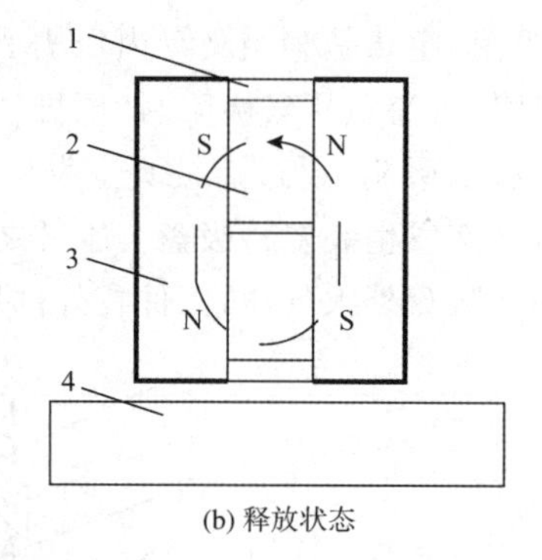

(b) 释放状态

图 5-11　永磁吸附

1—非导磁体；2—永磁铁；3—磁轭；4—工件

②电磁吸附，利用内部激磁线圈通直流电后产生磁力，而吸附导磁性工件。如图 5-12 所示。

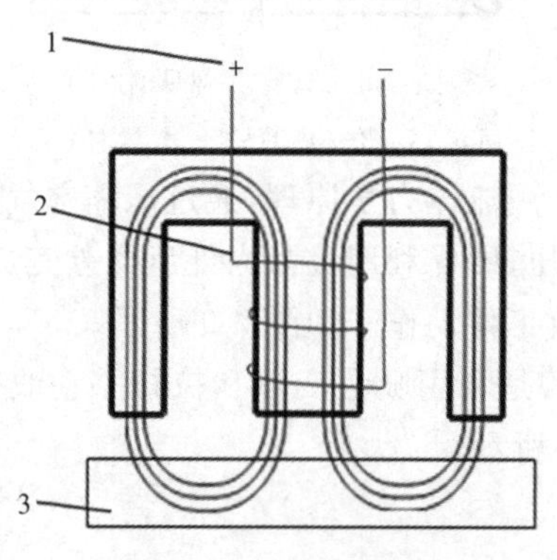

图 5-12　电磁吸附

1—直流电源；2—激磁线圈；3—工件

③电永磁吸附，是利用永磁磁铁产生磁力，利用激磁线圈对吸力的大小进行控制，起到“开、关”作用。

磁吸附只能吸附对磁能产生感应的物体，故对于要求不能有剩磁的工件无法使用，且磁力受高温影响较大，故在高温下工作亦不能选择磁吸附，所以在使用过程中有一定局限性。常适合要求抓取精度不高且在常温下工作的工件。根据被抓取工件形状、大小及抓取部位的不同，爪面形式常有平滑爪面、齿形爪面和柔性爪面。

①平滑爪面，指爪面光滑平整，多数用来加持已加工好的工件表面，保证加工表面无损伤。

②齿形爪面，指爪面刻有齿纹，主要目的是增加与加持工件的摩擦力，确保加持稳固可靠，常用于加持表面粗糙的毛坯或半成品工件。

③柔性爪面，内镶有橡胶、泡沫、石棉等物质，起到增加摩擦、保护已加工工件表面、隔热等作用。多用于加持已加工工件、炽热工件、脆性或薄壁工件等。

2. 夹钳式

通过手爪的开启闭合实现对工件的夹取，由手爪、驱动机构、传动机构、连接和支承元件组成。多用于负载重、高温、表面质量不高等吸附式末端执行器无法进行工作的场合。

常见手爪前端形状分为 V 型爪、平面型爪、尖型爪等。

(1)V 型爪,常用于圆柱形工件,其夹持稳固可靠,误差相对较小。如图 5-13(a)所示。

(2)平面型爪,多数用于夹持方形工件(至少有两个平行面如方形包装盒等)、厚板形或者短小棒料。如图 5-13(b)所示。

(3)尖型爪,常用于夹持复杂场合小型工件,避免与周围障碍物相碰撞,也可加持炽热工件,避免搬运机器人本体受到热损伤。如图 5-13(c)所示。

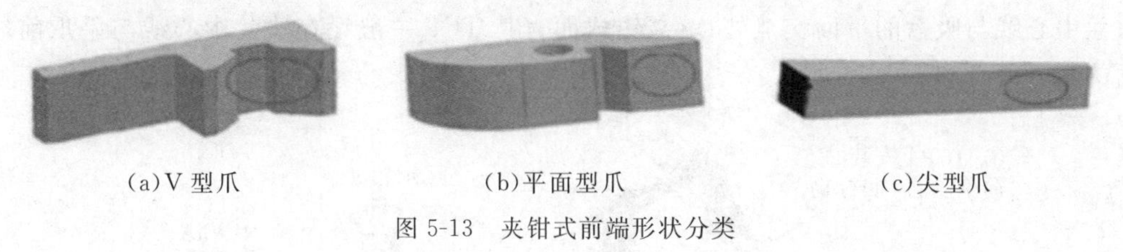

(a)V 型爪　　(b)平面型爪　　(c)尖型爪

图 5-13　夹钳式前端形状分类

3. 仿人式

仿人式末端执行器是针对特殊外形工件进行抓取的一类手爪,其主要包括柔性手和多指灵巧手。

(1)柔性手。柔性手的抓取借助于多关节柔性手腕,每个手指有多个关节链组成,由摩擦轮和牵引丝组成,工作时通过一根牵引线收紧,另一根牵引线放松实现抓取,用于抓取不规则、圆形等轻便工件。

(2)多指灵巧手。包括多根手指,每根手指都包含 3 个回转自由度且为独立控制,实现精确操作,广泛应用于核工业、航天工业等高精度作业。如图 5-14 所示。

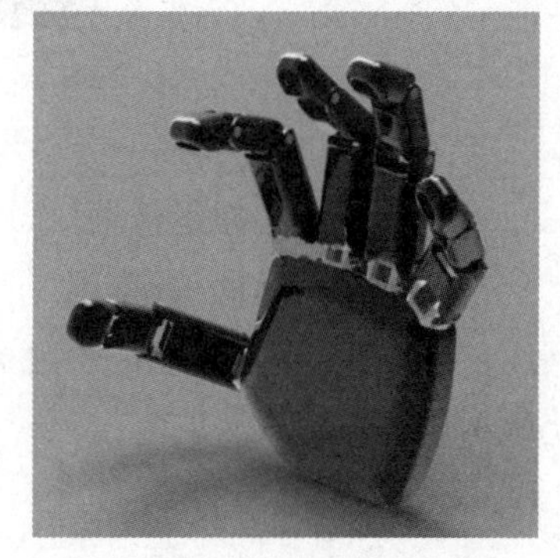

图 5-14　仿人式末端执行器

搬运机器人夹钳式、仿人式手爪需要连接相应外部信号控制装置及传感系统,以控制搬运机器人手爪实时的动作状态及力的大小,其手爪驱动方式多为气动、电动和液压驱动,对于轻型和中型的零件采用气动的手爪,对于重型的零件采用液压手爪,对于精度要求高或复杂的场合采用伺候的手爪。

依据手爪开启闭合状态的传动装置可分为回转型和移动型。如图 5-15 所示。

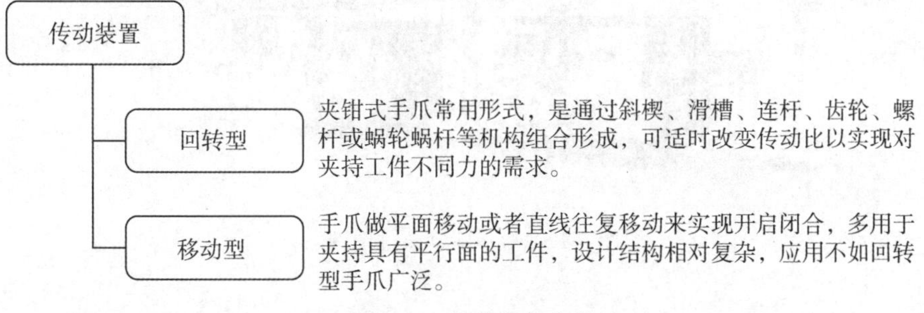

图 5-15　传动装置分类

三、搬运机器人的作业示教

搬运机器人主要适应对象为大批量、重复性强或是工件重量较大以及工作环境具有高温、粉尘等条件恶劣的情况。

特点:定位精确、生产质量稳定、工作节拍可调、运行平稳可靠、维修方便。

【TCP 点确定】末端执行器不同而设置在不同位置,就吸附式而言其 TCP 一般设在法兰中心线与吸盘的平面交点处;就夹钳式而言其 TCP 一般设在法兰中心线与手爪前端面的交点处。如图 5-16 所示。

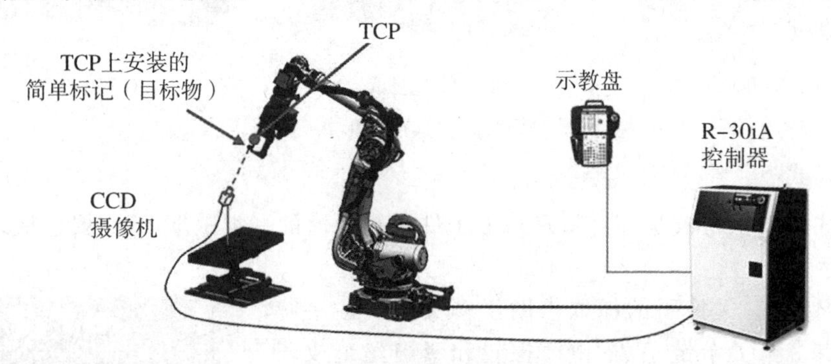

图 5-16 TCP 确定示意

(一)冷加工搬运作业

以机加工件搬运(见图 5-17)为例,选择龙门式(5 轴),末端执行器为气吸附,采用在线示教方式为机器人输入搬运作业程序。冷加工搬运机器人作业示教流程如图 5-18 所示。

图 5-17 搬运运动轨迹图例

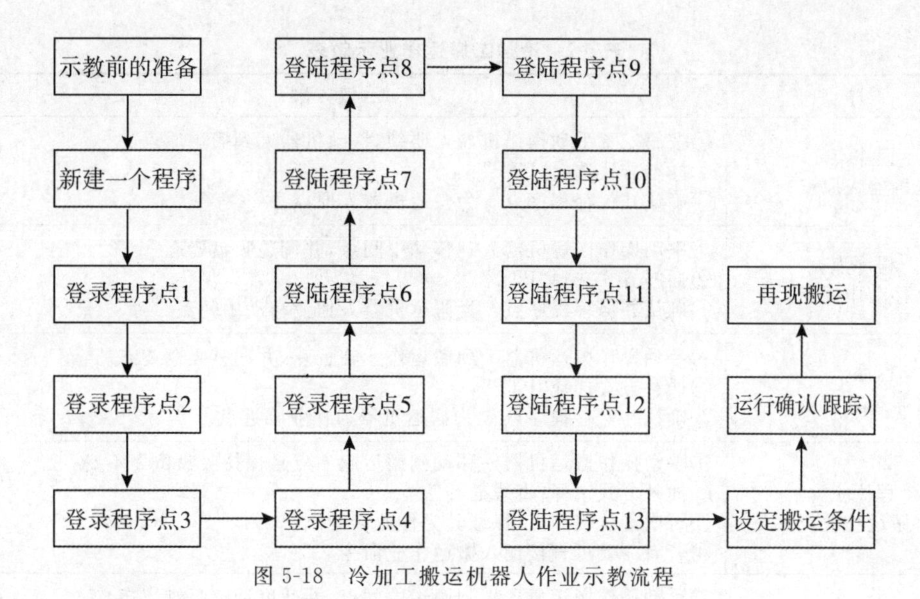

图 5-18　冷加工搬运机器人作业示教流程

1. 示教前的准备

(1)确认自己和机器人之间保持安全距离。

(2)机器人原点确认。

2. 新建作业程序

点按示教器的相关菜单或按钮,新建一个作业程序,如"Handle_cold"。

3. 程序点的登录

在示教模式下,手动操作移动龙门搬运机器人轨迹,设定程序点 1 至程序点 13,各程序点说明见表 5-1。程序点 1 和程序点 13 需设置在同一点,可方便编写程序,此外程序点 1 至程序点 13 需处于与工件、夹具互不干涉位置。具体示教表如表 5-2 所示。

表 5-1　程序点说明表

程序点	说明	吸盘动作	程序点	说明	吸盘动作
程序点 1	机器人原点		程序点 8	搬运中间点	吸取
程序点 2	移动中间点		程序点 9	搬运中间点	吸取
程序点 3	搬运临近点		程序点 10	搬运作业点	吸取
程序点 4	搬运作业点	吸取	程序点 11	搬运规避点	
程序点 5	搬运中间点	吸取	程序点 12	搬运中间点	
程序点 6	搬运中间点	吸取	程序点 13	机器人原点	
程序点 7	搬运中间点	吸取			

表 5-2　冷加工搬运作业示教表

程序点	示教方法
程序点 1 （机器人原点）	①按第三章手动操作机器人要领，移动机器人到搬运原点。 ②插补方式选择“PTP”。 ③确认并保存程序点 1 为搬运机器人原点。
程序点 2 （移动中间点）	①手动操作搬运机器人到移动中间点，并调整吸盘姿态。 ②插补方式选择“PTP”。 ③确认并保存程序点 2 为搬运机器人作业移动中间点。
程序点 3 （搬运临近点）	①手动操作搬运机器人到搬运作业临近点，并调整吸盘姿态。 ②插补方式选择“PTP”。 ③确认并保存程序点 3 为搬运机器人作业临近点。
程序点 4 （搬运作业点）	①手动操作搬运机器人移动到搬运起始点且保持吸盘位姿不变。 ②插补方式选择“直线插补”。 ③再次确认程序点，保证其为作业起始点。 ④若有需要可直接输入搬运作业命令。
程序点 5 （搬运中间点）	①手动操作搬运机器人到搬运中间点，并适度调整吸盘姿态。 ②插补方式选择“PTP”。 ③确认并保存程序点 6～9 为搬运机器人作业中间点。
程序点 6～9 （搬运中间点）	①手动操作搬运机器人到搬运中间点，并适度调整吸盘姿态。 ②插补方式选择“PTP”。 ③确认并保存程序点 6～9 为搬运机器人作业中间点。
程序点 10 （搬运作业点）	①手动操作搬运机器人移动到搬运终止点且调整吸盘位姿以适合安放工件。 ②插补方式选择“直线插补”。 ③再次确认程序点，保证其为作业终止点。 ④若有需要可直接输入搬运作业命令。
程序点 11 （搬运规避点）	①手动操作搬运机器人到搬运作业规避点。 ②插补方式选择“直线插补”。 ③确认并保存程序点 11 为搬运机器人作业规避点。
程序点 12 （移动中间点）	①手动操作搬运机器人到移动中间点，并调整吸盘姿态。 ②插补方式选择“PTP”。 ③确认并保存程序点 12 为搬运机器人作业移动中间点。
程序点 13 （机器人原点）	①手动操作搬运机器人到机器人原点。 ②插补方式选择“PTP”。 ③确认并保存程序点 13 为搬运机器人原点。

4.设定作业条件

(1)在作业开始命令中设定搬运开始规范及搬运开始动作次序。

(2)在搬运结束命令中设定搬运结束规范及搬运结束动作次序。

(3)手动调节相应大小的负压。依据实际情况，在编辑模式下合理选择配置搬运工艺参数。

5.检查试运行

(1)打开要测试的程序文件。

(2)移动光标到程序开头位置。

(3)按住示教器上的【跟踪功能键】,实现搬运机器人单步或连续运转。

6.再现搬运

(1)打开要再现的作业程序,并将光标移动到程序的开始位置,将示教器上的【模式开关】设定到“再现/自动”状态。

(2)按示教器上【伺服 ON 按钮】,接通伺服电源。

(3)按【启动按钮】,搬运机器人开始运行。

(二)热加工搬运作业

以模锻工件搬运为例,选择关节式(6 轴),末端执行器为夹钳式,采用在线示教方式为机器人输入搬运作业程序,此程序由编号 1 至 10 的 10 个程序点组成。其轨迹与作业示教流程如图 5-19、15-20 所示。

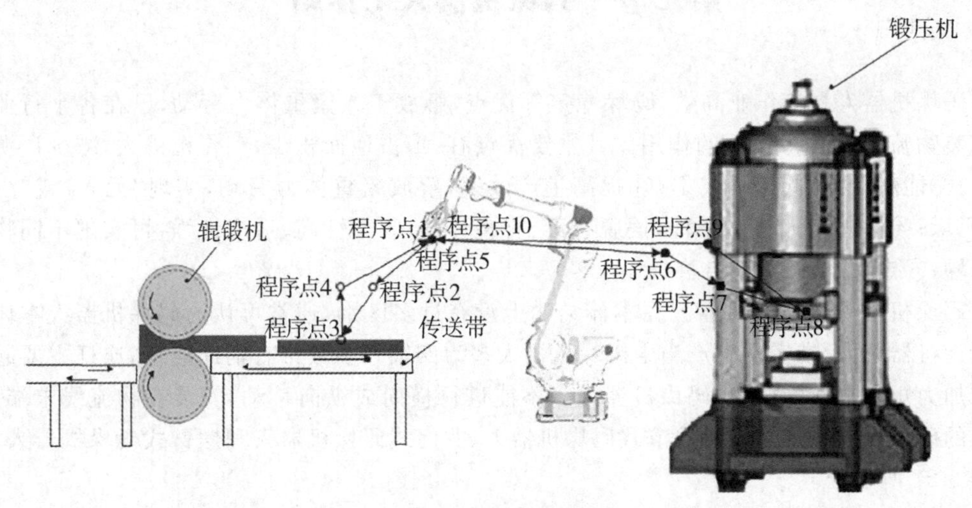

图 5-19　热加工搬运机器人轨迹图例

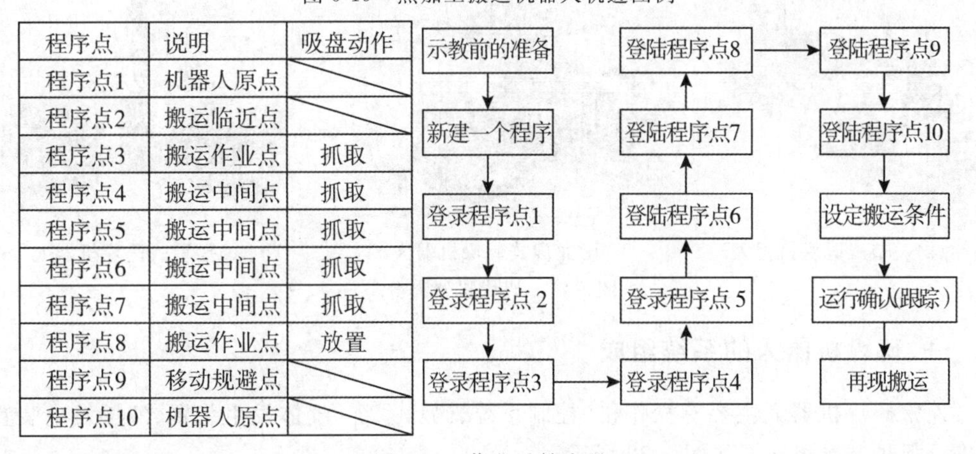

程序点	说明	吸盘动作
程序点1	机器人原点	
程序点2	搬运临近点	
程序点3	搬运作业点	抓取
程序点4	搬运中间点	抓取
程序点5	搬运中间点	抓取
程序点6	搬运中间点	抓取
程序点7	搬运中间点	抓取
程序点8	搬运作业点	放置
程序点9	移动规避点	
程序点10	机器人原点	

图 5-20　作业示教流程

1.示教前的准备

(1)确认自己和机器人之间保持安全距离。

(2)机器人原点确认。通过机器人机械臂各关节处的标记或调用原点程序复位机器人。

2. 新建作业程序

点按示教器的相关菜单或按钮，新建一个作业程序，如“Handle_hot”。

3. 程序点的登录

在示教模式下，手动操作移动搬运机器人轨迹设定程序点1至程序点10，程序点1和程序点10需设置在同一点，可方便编写程序，此外程序点1至程序点10需处于与工件、夹具互不干涉位置。

剩余步骤略。

第二节　码垛机器人工作站

码垛机器人具有作业高效、码垛稳定等优点，解放工人繁重体力劳动，已在各个行业的包装物流线中发挥强大的作用。其主要优点有：①占地面积少，动作范围大，减少厂源浪费；②能耗低，降低运行成本；③提高生产效率，解放繁重体力劳动，实现“无人”或“少人”码垛；④改善工人劳作条件，摆脱有毒、有害环境；⑤柔性高、适应性强，可实现不同物料码垛；⑥定位准确，稳定性高。

码垛机器人与搬运机器人在本体结构上没有过多区别，通常可认为码垛机器人本体较搬运机器人大，在实际生产当中码垛机器人多为四轴且多数带有辅助连杆，连杆主要起到增加力矩和平衡的作用，码垛机器人多不能进行横向或纵向移动，安装在物流线末端，常见的码垛机器人结构多为关节式码垛机器人、龙门式码垛机器人和摆臂式码垛机器人。如图 5-21 所示。

(a)关节式码垛机器人

(b)龙门式码垛机器人

(c)摆臂式码垛机器人

图 5-21　码垛机器人分类

一、码垛机器人的系统组成

通常码垛机器人主要有操作机、控制系统、码垛系统（气体发生装置、液压发生装置）和安全保护装置组成。如图 5-22 所示。

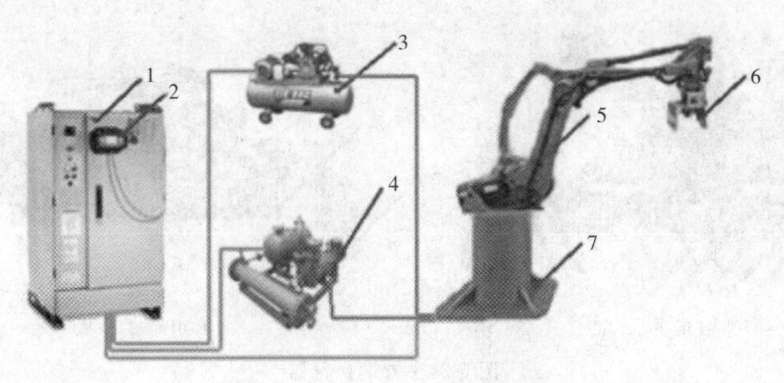

图 5-22　码垛机器人系统组成

1—机器人控制柜;2—示教器;3—气体发生装置;4—真空发生装置;5—操作机;6—夹板式手爪;7—底座

关节式码垛机器人常见本体多为 4 轴,亦有 5、6 轴码垛机器人,但在实际包装码垛物流线中 5、6 轴码垛机器人相对较少。码垛主要在物流线末端进行工作,4 轴码垛机器人足以满足日常码垛。四大厂家码垛机器人本体如图 5-23 所示。

KUKA KR 700 PA

FANUC M-410iB

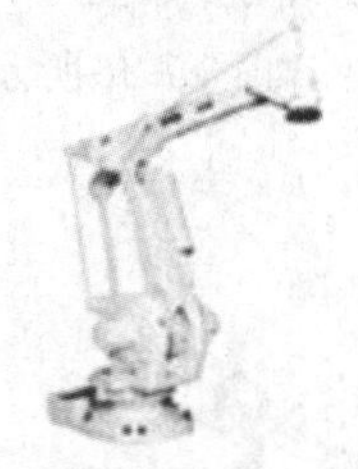

ABB IRB 660

YASKAWAMPL80

图 5-23　四大厂家码垛机器人本体

常见码垛机器人的末端执行器有吸附式、夹板式、抓取式、组合式。

(1)吸附式,码垛机器人吸附式末端执行器主要为气吸附。广泛应用于医药、食品、烟酒等行业。

(2)夹板式,夹板式手爪是码垛过程中最常用的一类手爪,常见的有单板式[见图 5-24(a)]和双板式[见图 5-24(b)],主要用于整箱或规则盒码垛,夹板式手爪加持力度较吸附式手爪大,并且两侧板光滑不会损伤码垛产品的外观质量,单板式与双板式的侧板一般都会有可旋转爪钩。

(3)抓取式,抓取式手爪可灵活适应不同形状和内含物的包装袋,如图 5-24(c)所示。

(4)组合式,组合式是通过组合获得各单组手爪优势的一种手爪,灵活性较大,各单组手爪之间既可单独使用,又可配合使用,可同时满足多个工位的码垛,如图 5-24(d)所示。

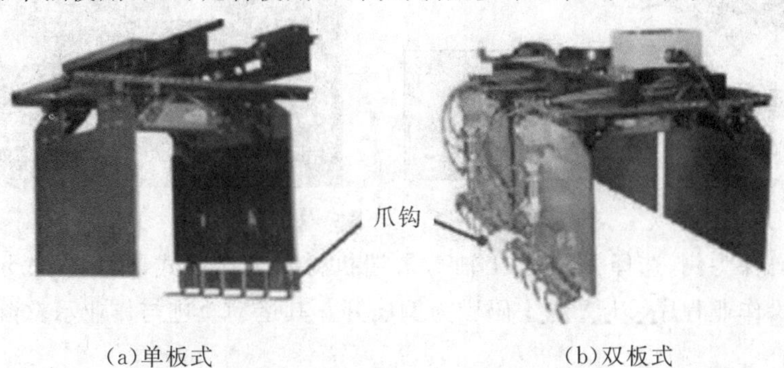

(a)单板式　　　　(b)双板式

(c)抓取式手爪

(d)组合式手爪

图 5-24　末端执行器

二、码垛机器人的作业示教

【TCP 确定】对码垛机器人而言，通常以末端执行器不同而设置在不同位置。就吸附式而言其 TCP 一般设在法兰中心线与吸盘所在平面交点的连线上并延伸一段距离，距离的长短依据吸附物料高度确定，如图 5-25 所示；夹板式和抓取式的 TCP 一般设在法兰中心线与手爪前端面交点处，如图5-26所示；而组合式 TCP 设定点需依据起主要作用的单组手爪来确定。

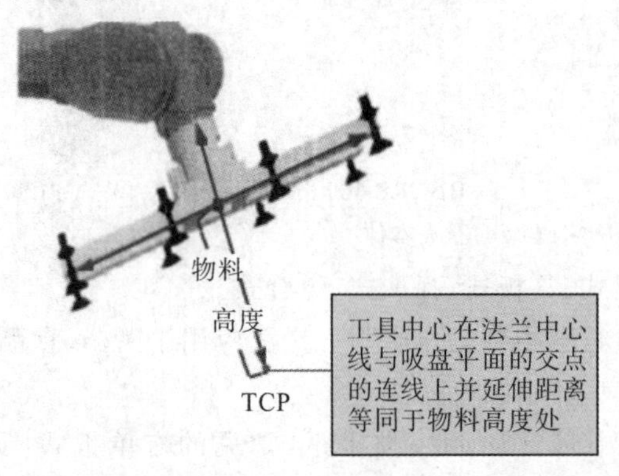

图 5-25　吸附式 TCP 点及生产再现

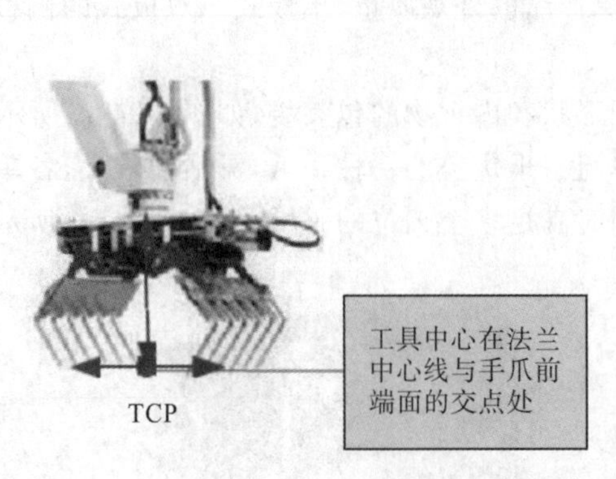

图 5-26　抓取式 TCP 点及生产再现

以袋料码垛为例，选择关节式(4 轴)，末端执行器为抓取式，采用在线示教方式为机器人输入码垛作业程序，以 A 垛 Ⅰ 码垛为例展开。其运动轨迹与作业示教流程如图5-27、

5-28 所示。

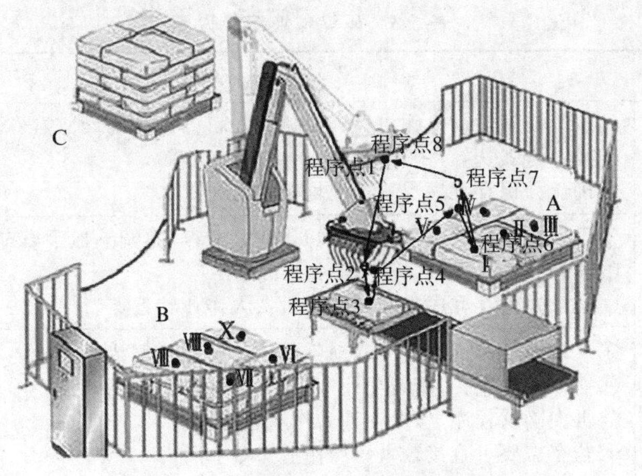

图 5-27　码垛机器人运动轨迹图例

程序点	说明	抓手动作	程序点	说明	抓手动作
程序点 1	机器人原点		程序点 5	码垛中间点	抓取
程序点 2	码垛临近点		程序点 6	码垛作业点	放置
程序点 3	码垛作业点	抓取	程序点 7	码垛规避点	
程序点 4	码垛中间点	抓取	程序点 8	机器人原点	

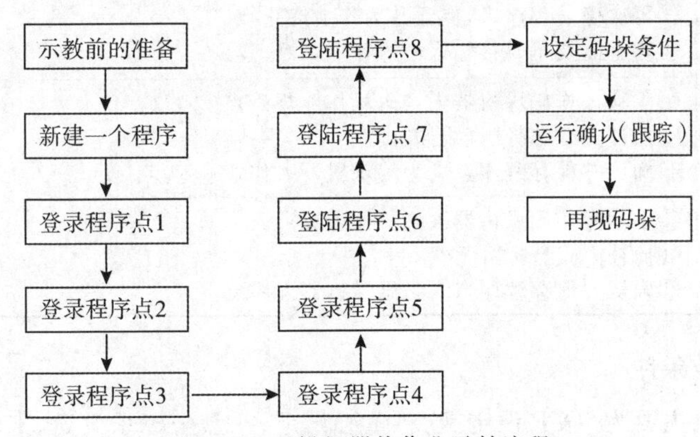

图 5-28　码垛机器热作业示教流程

(一)示教前的准备

(1)确认自己和机器人之间保持安全距离。

(2)机器人原点确认。

(二)新建作业程序

点按示教器的相关菜单或按钮,新建一个作业程序,如“Spot_sheet”。

(三)程序点的登录

在示教模式下,手动操作移动关节式码垛机器人轨迹设定程序点 1 至程序点 8(程序点 1 和程序点 8 设置在同一点可提高作业效率),此外程序点 1 至程序点 8 需处于与工件、夹具互不干涉的位置。具体示教表如表5-3所示。

表5-3 码垛作业示教说明

程序点	示教方法
程序点1 （机器人原点）	①按第三章手动操作机器人要领移动机器人到码垛原点。 ②插补方式选择“PTP”。 ③确认并保存程序点1为码垛机器人原点。
程序点2 （码垛临近点）	①手动操作码垛机器人到码垛作业临近点，并调整抓手姿态。 ②插补方式选择“PTP”。 ③确认并保存程序点2为码垛机器人作业临近点。
程序点3 （码垛作业点）	①手动操作码垛机器人移动到码垛起始点且保持抓手位姿不变。 ②插补方式选择“直线插补”。 ③再次确认程序点，保证其为作业起始点。 ④若有需要可直接输入码垛作业命令。
程序点4 （码垛中间点）	①手动操作码垛机器人到码垛中间点，并适度调整抓手姿态。 ②插补方式选择“直线插补”。 ③确认并保存程序点4为码垛机器人作业中间点。
程序点5 （码垛中间点）	①手动操作码垛机器人到码垛中间点，并适度调整抓手姿态。 ②插补方式选择“PTP”。 ③确认并保存程序点5为码垛机器人作业中间点。
程序点6 （码垛作业点）	①手动操作码垛机器人移动到码垛终止点且调整抓手位姿以适合安放工件。 ②插补方式选择“直线插补”。 ③再次确认程序点，保证其为作业终止点。 ④若有需要可直接输入码垛作业命令。
程序点7 （码垛规避点）	①手动操作码垛机器人到码垛作业规避点。 ②插补方式选择“直线插补”。 ③确认并保存程序点7为码垛机器人作业规避点。
程序点8 （机器人原点）	①手动操作码垛机器人到机器人原点。 ②插补方式选择“PTP”。 ③确认并保存程序点8为码垛机器人原点。

（四）设定作业条件

码垛参数设定主要为TCP设定、物料重心设定、托盘坐标系设定、末端执行器姿态设定、物料重量设定、码垛层数设定、计时指令设定等。

（五）检查试运行

确认码垛机器人周围安全，作进行跟踪测试作业程序跟踪测试：

(1)打开要测试的程序文件。

(2)移动光标到程序开头位置。

(3)按住示教器上的有关【跟踪功能键】，实现码垛机器人单步或连续运转。

（六）再现码垛

(1)打开要再现的作业程序，并将光标移动到程序的开始位置，将示教器上的【模式开关】设定到“再现/自动”状态。

(2)按示教器上【伺服 ON 按钮】,接通伺服电源。

(3)按【启动按钮】,码垛机器人开始运行。

码垛机器人编程时运动轨迹上的关键点坐标位置可通过示教或坐标赋值方式进行设定,在实际生产当中若托盘相对较大,采用示教方式找寻关键点;若产品尺寸同托盘码垛尺寸一致,采用坐标赋值方式获取关键点。

采用赋值法获取关键点,图 5-29 中的点为产品的几何中心点,即需要找到托盘上表面这些几何点垂直投影点所在位置。

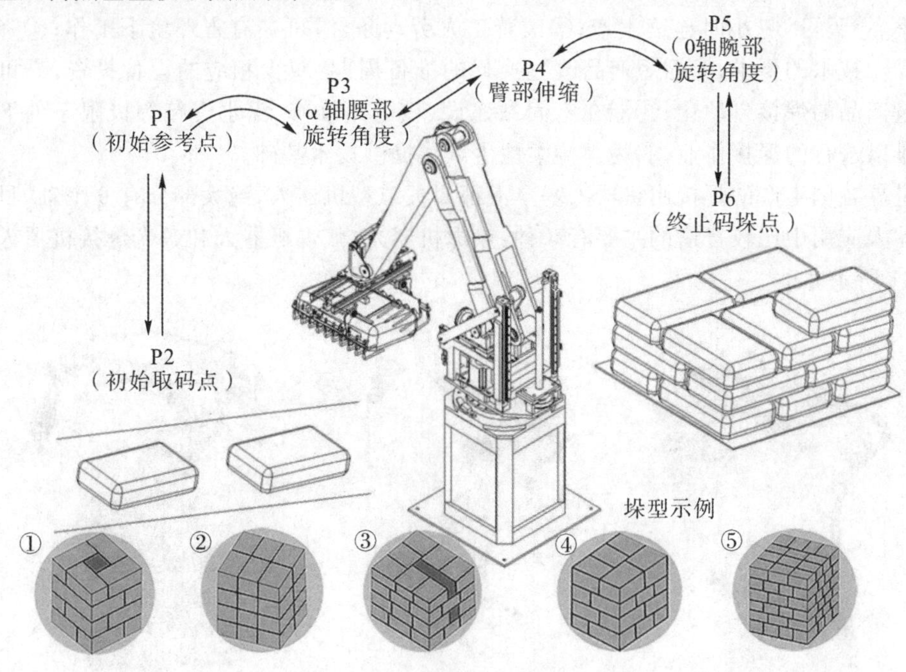

图 5-29 码垛产品几何中心点

实际移动码垛机器人寻找关键点时,需用到校准针。如图 5-30 所示。

图 5-30 校准针

第一层码垛示教完毕,第二层只需在第一层基础上 Z 方向加上相应产品高度即可,示教方式如同第一层,第三层可调用第一层程序并在第二层基础上加上产品高度,以此类推。

第三节　焊接机器人工作站

使用机器人完成一项焊接任务只需要操作者对它进行一次示教，随后机器人即可精确地再现示教的每一步操作。如让机器人去做另一项工作，无须改变任何硬件，只要对它再做一次示教即可。其主要优点有：①稳定和提高焊接质量，保证其均匀性；②提高劳动生产率，一天可 24 小时连续生产；③改善工人劳动条件，可在有害环境下工作；④降低对工人操作技术的要求；⑤缩短产品改型换代的准备周期，减少相应的设备投资；⑥可实现小批量产品的焊接自动化；⑦能在空间站建设、核电站维修、深水焊接等极限条件下完成人工难以进行的焊接作业；⑧为焊接柔性生产线提供技术基础。

世界各国生产的焊接用机器人基本上都属关节型机器人，绝大部分有 6 个轴，目前焊接机器人应用中比较普遍的主要有 3 种：点焊机器人、弧焊机器人和激光焊接机器人。如图 5-31 所示。

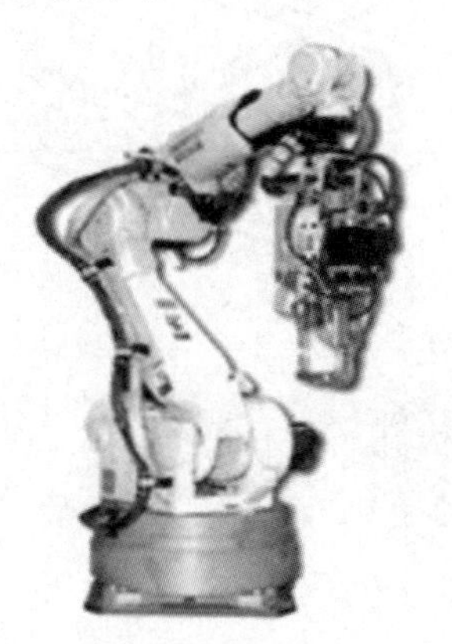

(a)点焊机器人

(b)弧焊机器人

(c)激光焊接机器人

图 5-31　焊接机器人

一、点焊机器人

点焊机器人是用于点焊自动作业的工业机器人，其末端持握的作业工具是焊钳。实际上，工业机器人在焊接领域的应用最早开始于汽车装配生产线上的电阻点焊。如图 5-32所示。

图 5-32　机器人车身点焊作业

最初，点焊机器人只用于增强焊作业，即往已拼接好的工件上增加焊点。后来，为保证拼接精度，又让机器人完成定位焊作业。如图 5-33 所示。

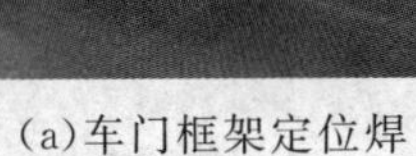

(a)车门框架定位焊

(b)车门框架增强焊

图 5-33　汽车车门的机器人电焊作业

点焊机器人逐渐被要求有更全的作业性能。点焊用机器人不仅要有足够的负载能力，而且在点与点之间移位时速度要快捷，动作要平稳，定位要准确，以减少移位的时间，提高工作效率。具体来说要求如下：①安装面积小，工作空间大；②快速完成小节距的多点定位（如每 0.3～0.4s 移动 30～50mm 节距后定位）；③定位精度高（±0.25mm），以确保焊接质量；④持重大（50～150kg），以便携带内装变压器的焊钳；⑤内存容量大，示教简单，节省工时；⑥点焊速度与生产线速度相匹配，同时安全可靠性好。

二、弧焊机器人

弧焊机器人（见图 5-34）是用于弧焊（主要有熔化极气体保护焊和非熔化极气体保护焊）自动作业的工业机器人，其末端持握的工具是焊枪。事实上，弧焊过程比点焊过程要复杂得多，被焊工件由于局部加热熔化和冷却产生变形，焊缝轨迹会发生变化。因此，焊接机器人的应用并不是一开始就用于电弧焊作业，而是伴随焊接传感器的开发及其在焊接机器人中的应用，使机器人弧焊作业的焊缝跟踪与控制问题得到有效解决。

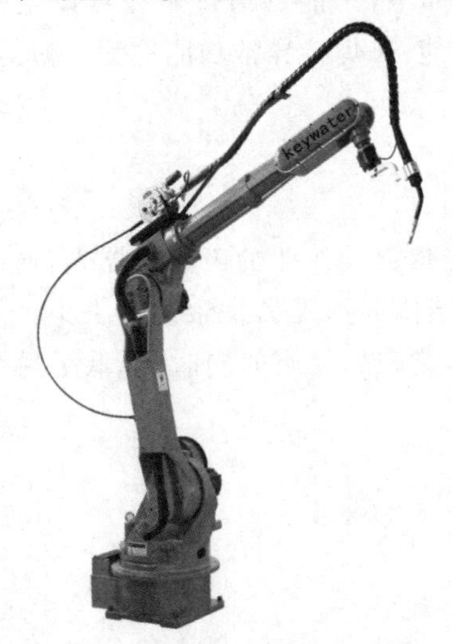

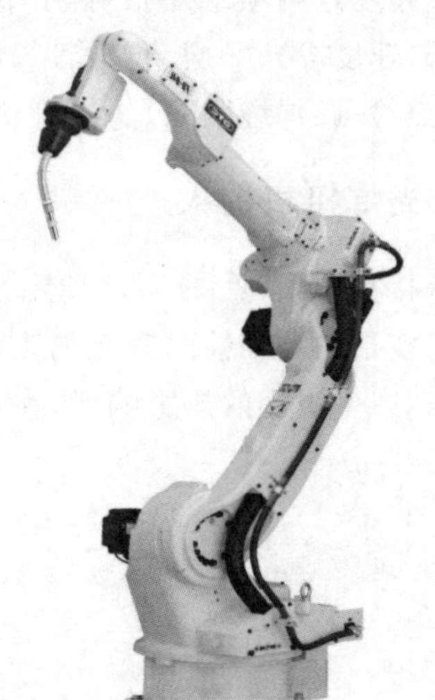

图 5-34　弧焊机器人

焊接机器人在汽车制造中的应用也相继从原来比较单一的汽车装配点焊很快发展为汽车零部件及其装配过程中的电弧焊。如图 5-35、5-36 所示。

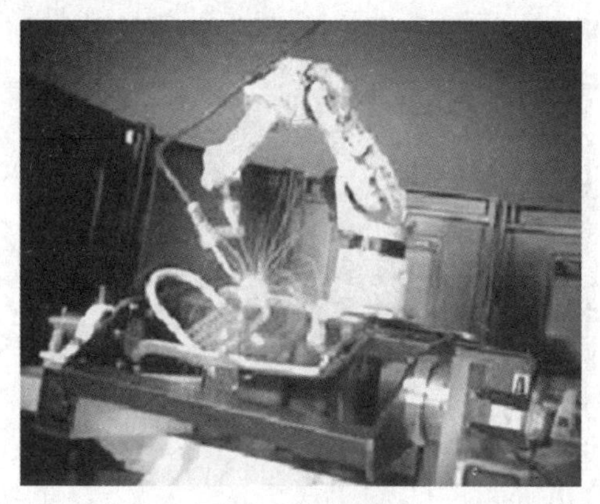

(a)座椅支架

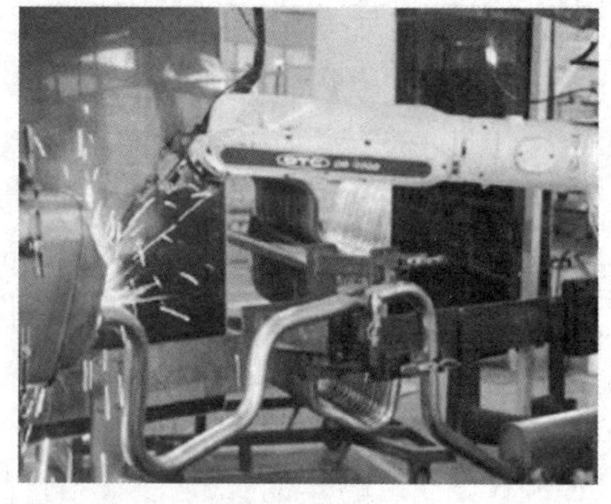

(b)消音器

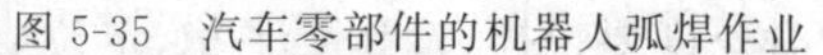

图 5-35 汽车零部件的机器人弧焊作业

图 5-36 工程机械的机器人弧焊作业

为适应弧焊作业，对弧焊机器人的性能有着特殊的要求。除在运动过程中速度的稳定性和轨迹精度这两项重要指标，其他性能要求如下：①能够通过示教器设定焊接条件(电流、电压、速度等)；②摆动功能；③坡口填充功能；④焊接异常功能检测；⑤焊接传感器(焊接起始点检测、焊缝跟踪)的接口功能。

三、激光焊接机器人

激光焊接机器人(见图 5-37 所示)是用于激光焊自动作业的工业机器人，通过高精度工业机器人实现更加柔性的激光加工作业，其末端持握的工具是激光加工头。具有最小的热输入量，产生极小的热影响区，在显著提高焊接产品品质的同时，降低了后续工作量的时间。

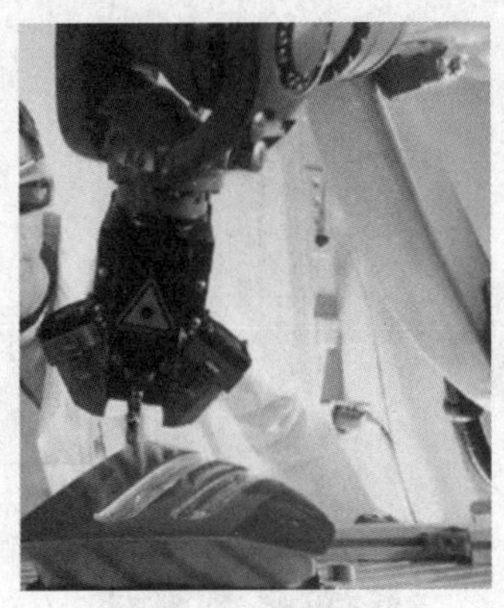

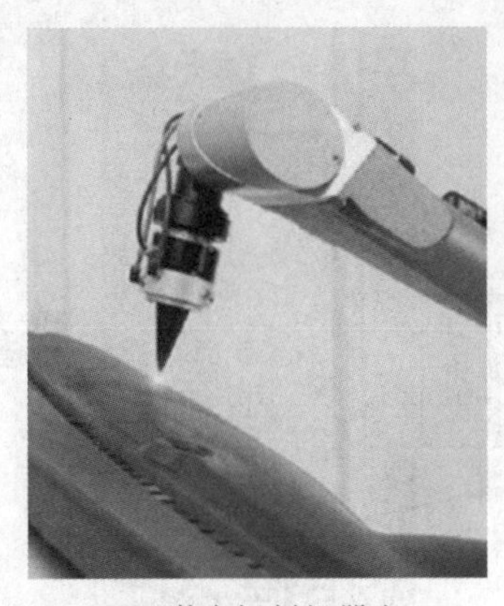

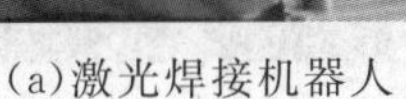

(a)激光焊接机器人　　(b)激光切割机器人

图 5-37　激光加工机器人

激光焊接成为一种成熟的无接触焊接方式已经多年,极高的能量密度使得高速加工和低热输入量成为可能。与机器人电弧焊相比,机器人激光焊的焊缝跟踪精度要求更高。基本性能要求如下:①高精度轨迹(≤0.1mm);②持重大(30～50kg),以便携带激光加工头;③可与激光器进行高速通信;④机械臂刚性好,工作范围大;⑤具备良好的振动抑制和控制修正功能。如图 5-38 所示。

图 5-38　汽车车身的激光焊接作业

四、点焊作业示例

点焊是最广为人知的电阻焊接工艺,通常用于板材焊接。焊接限于一个或几个点上,将工件互相重叠。

【TCP 点确定】对点焊机器人而言,一般设在焊钳开口的中点处,且要求焊钳两电极垂直于被焊工件表面。如图 5-39 所示。

(a)工具中心点设定　　(b)焊接作业姿态

图 5-39　电焊作业

以工件焊接为例，采用在线示教方式为机器人输入两块薄板（板厚 2mm）的点焊作业程序。此程序由编号 1 至 5 的 5 个程序点组成。本例中使用的钳为气动焊钳，通过气缸来实现焊钳的大开、小开和闭合三种动作。运动轨迹如图 5-40 所示。

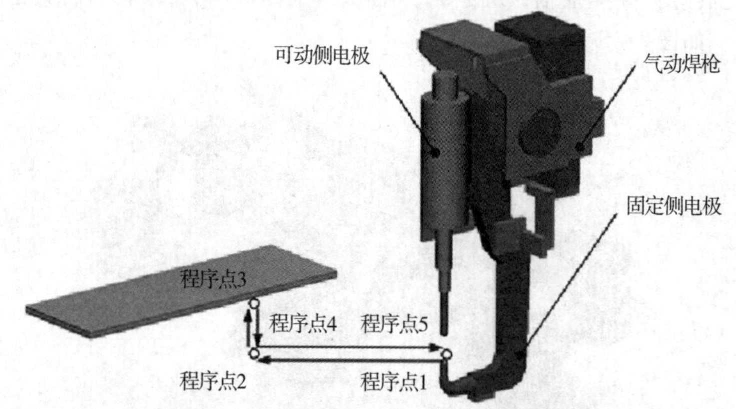

▲为提高工作效率，通常将程序5和程序点1设在同一位置。

图 5-40　点焊机器人运动轨迹

点焊作业分为示教前的准备、新建作业程序、程序点的登录、设定作业条件、检查试运、再现施焊六个步骤。如图 5-41 所示。

程序点	说　明	焊钳动作
程序点1	机器人原点	
程序点2	作业临近点	大开→小开
程序点3	点焊作业点	小开→闭合
程序点4	作业临近点	闭合→小开
程序点5	机器人原点	小开→大开

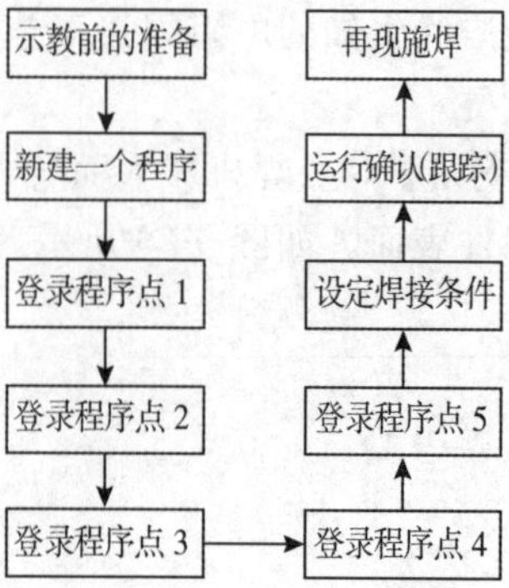

示教前的准备 → 新建一个程序 → 登录程序点 1 → 登录程序点 2 → 登录程序点 3 → 登录程序点 4 → 登录程序点 5 → 设定焊接条件 → 运行确认(跟踪) → 再现施焊

图 5-41　点焊作业流程图

(一)示教前的准备

(1)工件表面清理。

(2)工件装夹。

(3)安全确认。

(4)机器人原点确认。

(二)新建作业程序

点按示教器的相关菜单或按钮,新建一个作业程序,如“Spot_sheet”。

(三)程序点的登录

手动操纵机器人分别移动到程序点1至程序点5位置。处于待机位置的程序点1和程序点5,要处于与工件、夹具互不干涉的位置。另外,机器位人末端工具在各程序点间移动时,也要处于与工件、夹具互不干涉的位置。对于程序点4和程序点5的示教,利用便利的文件编辑功能(逆序粘贴),可快速完成前行路线的拷贝。

(四)设定作业条件

(1)设定焊钳条件。焊钳条件的设定主要包括焊钳号、焊钳类型、焊钳状态等。

(2)设定焊接条件。主要包括焊接电源参数和焊接时间参数,需在焊机上设定。

(五)检查试运行

为确认示教的轨迹,需测试运行(跟踪)程序。跟踪时,因不执行具体作业命令,所以能进行空运行。运行步骤如下:

(1)打开要测试的程序文件。

(2)移动光标至期望跟踪程序点所在命令行。

(3)持续按示教器上的有关【跟踪功能键】,实现机器人的单步或连续运转。

(六)再现施焊

轨迹经测试无误后,将【模式旋钮】对准“再现/自动”位置,开始进行实际焊接。在确认机器人的运行范围内没有其他人员或障碍物后,接通保护气体,采用手动或自动方式实现自动点焊作业。再现步骤如下:

(1)打开要再现的作业程序,并移动光标到程序开头。

(2)切换【模式旋钮】至“再现/自动”状态。

(3)按示教器上的【伺服ON按钮】,接通伺服电源。

(4)按下【启动按钮】,机器人开始运行。

五、弧焊作业示例

目前,工业机器人四巨头都有相应的机器人产品,都有相应的商业化应用软件。这些专业软件能够提供功能强大的弧焊指令。如表5-4所示。

表 5-4　工业机器人四大厂家弧焊作业编辑命令表

类别	弧焊作业命令			
	ABB	FANUC	YASKAWA	KUKA
焊接开始	ArcLStart/ArcCStart	Arc Start	ARCON	ARC_ON
焊接结束	ArcLEnd/ArcCEnd	Arc End	ARCOF	ARC_OFF

【TCP 点确定】同点焊机器人 TCP 设置有所不同，弧焊机器人 TCP 一般设置在焊枪尖头。如图 5-42 所示。

图 5-42　弧焊机器人工具中心点

实际作业时，需根据作业位置和板厚调整焊枪角度。以平(角)焊为例，主要采用前倾角焊(前进焊)和后倾角焊(后退焊)两种方式。如图 5-43 所示。

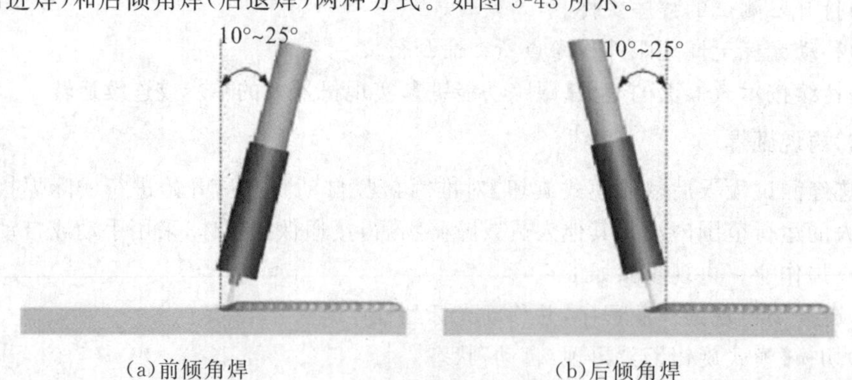

(a)前倾角焊　　(b)后倾角焊

图 5-43　前倾角焊和后倾角焊

板厚相同的话，基本上为 10°～25°，焊枪立得太直或太倒的话，难以产生熔深。前倾角焊接时，焊枪指向待焊部位，焊枪在焊丝后面移动，因电弧具有预热效果，焊接速度较快、熔深浅、焊道宽，所以一般薄板的焊接采用此法；而后倾角焊接时，焊枪指向已完成的焊缝，焊枪在焊丝前面移动，能够获得较大的熔深，焊道窄，通常用于厚板的焊接。同时，在板对板的连接之中，焊枪要与坡口垂直。对于对称的平角焊而言，焊枪要与拐角成 45°角。如图 5-44 所示。

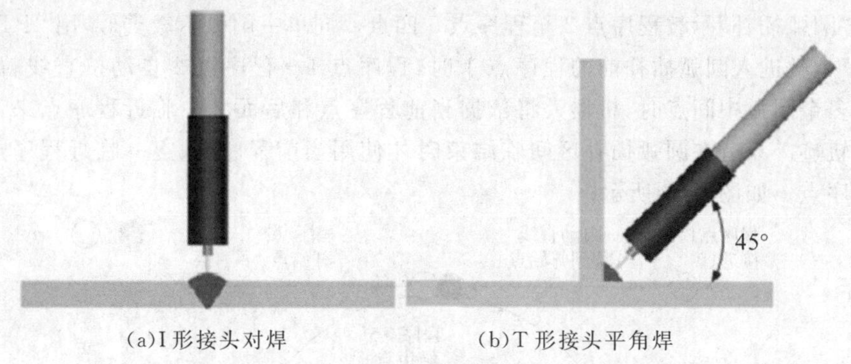

图 5-44 焊枪作业姿态

机器人进行弧焊作业主要涉及以直线、圆弧及其附加摆动功能的动作类型。

(一)直线作业

机器人完成直线焊缝的焊接仅需示教 2 个程序点(直线的两端点),插补方式选“直线插补”。程序点 1 至程序点 4 间的运动均为直线移动,且程序点 2→程序点 3 为焊接区间。如图 5-45 所示。

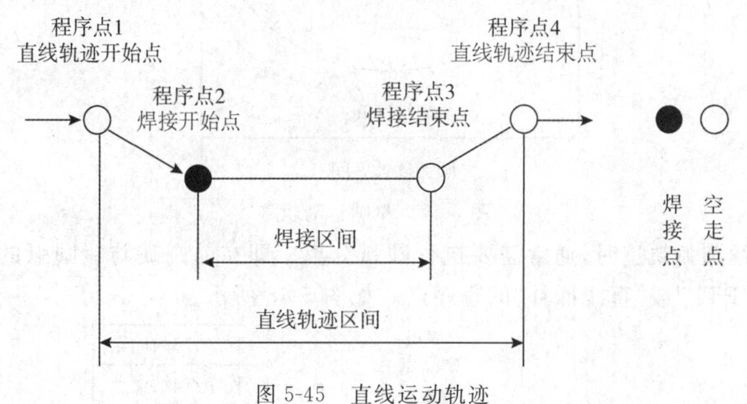

图 5-45 直线运动轨迹

(二)圆弧作业

机器人完成弧形焊缝的焊接通常需要示教 3 个以上程序点(圆弧开始点、圆弧中间点和圆弧结束点),插补方式选“圆弧插补”。当只有一个圆弧时,用“圆弧插补”示教程序点 2～4 三点即可。用“PTP”或“直线插补”示教进入圆弧插补前的程序点 1 时,程序点 1 至程序点 2 自动按直线轨迹运动。如图 5-46 所示。

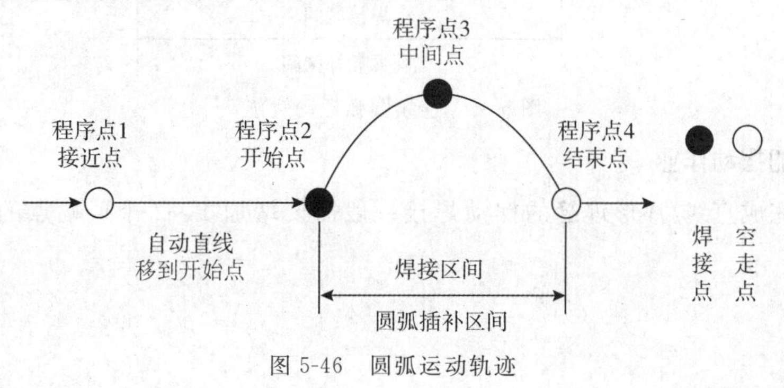

图 5-46 圆弧运动轨迹

用“圆弧插补”示教程序点 2 至程序点 5 四点。同单一圆弧示教类似，用“PTP”或“直线插补”示教进入圆弧插补前的程序点 1 时，程序点 1→程序点 2 自动按直线轨迹运动。当存在多个圆弧中间点时，机器人将依据当前程序点和后面 2 个临近程序点来计算和生成圆弧轨迹。只有在圆弧插补区间临结束时才使用当前程序点、上一临近程序点和下一临近程序点。如图 5-47 所示。

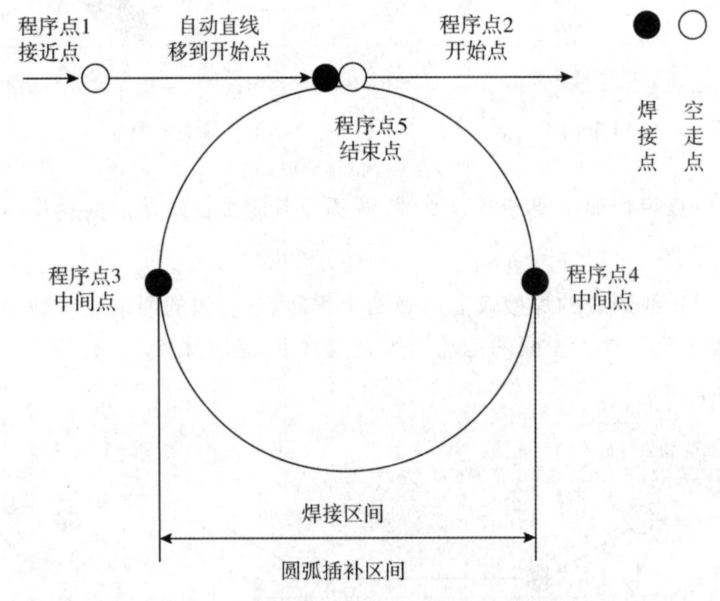

图 5-47　整圆运动轨迹

示教连续圆弧轨迹时，通常需要执行圆弧分离。即在前圆弧与后圆弧的连接点的相同位置加入“PTP”或“直线插补”的程序点。如图 5-48 所示。

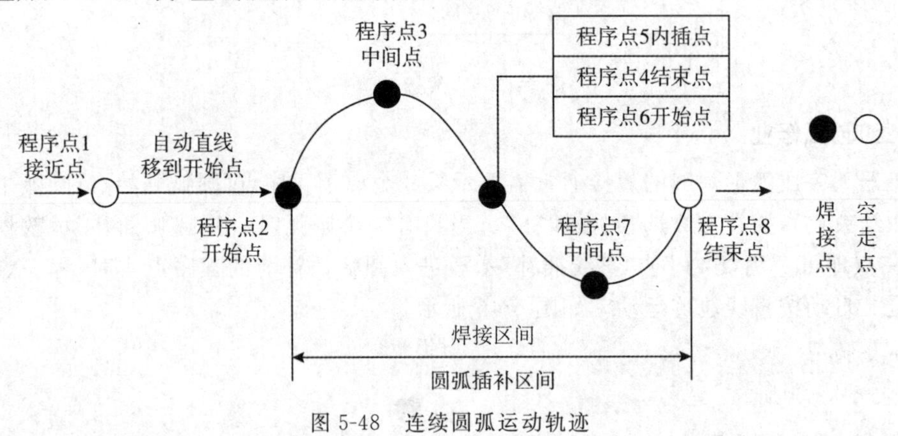

图 5-48　连续圆弧运动轨迹

(三)附加摆动作业

机器人完成直线/环形焊缝的摆动焊接一般需要增加 1～2 个振幅点的示教。如图 5-49所示。

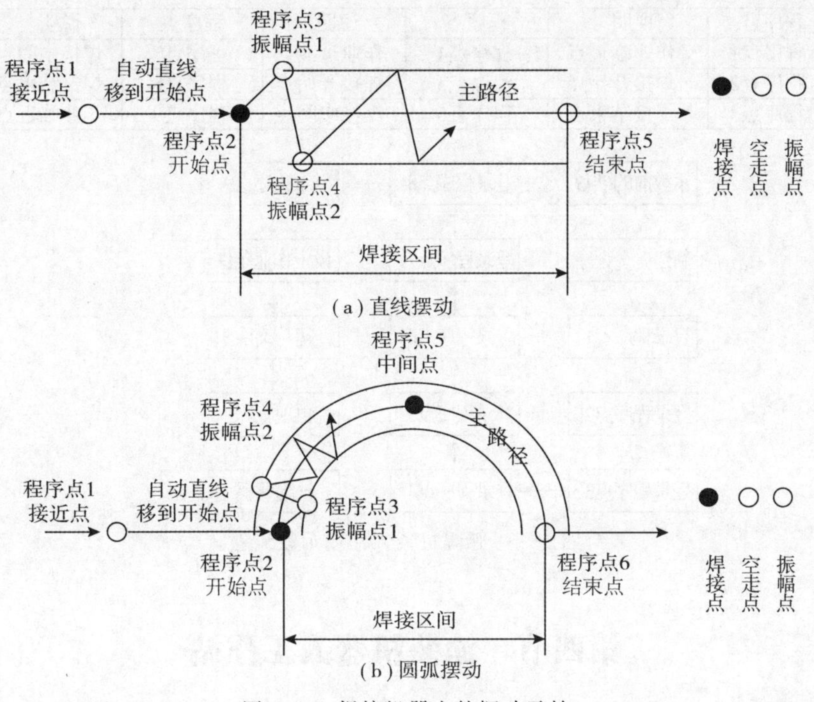

图 5-49　焊接机器人的摆动示教

(四)工件弧焊示例

采用在线示教方式为机器人输入 AB、CD 两段弧焊作业程序，加强对直线、圆弧的示教。如图 5-50 所示。

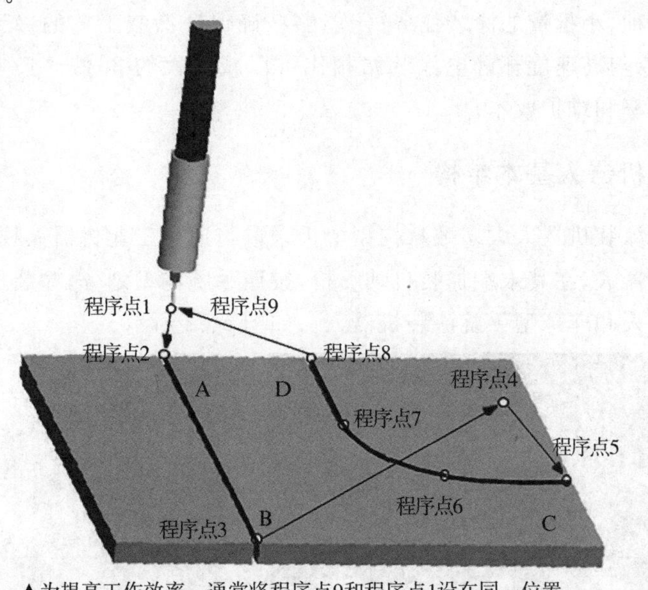

图 5-50　弧焊机器人运动轨迹

弧焊作业分为示教前的准备、新建作业程序、程序点的登录、设定作业条件、运行确认、再现施焊和缺陷调整等步骤。如图 5-51 所示。

程序点	说明	程序点	说明	程序点	说明
程序点1	作业临近点	程序点4	作业过渡点	程序点7	焊接中间点
程序点2	焊接开始点	程序点5	焊接开始点	程序点8	焊接结束点
程序点3	焊接结束点	程序点6	焊接中间点	程序点9	作业临近点

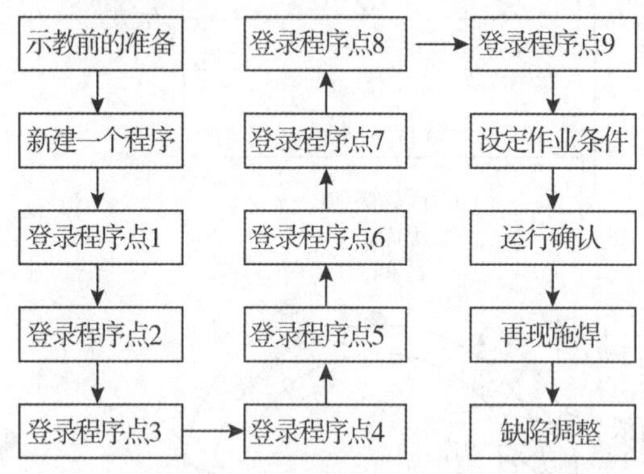

图 5-51　弧焊机器人作业示教流程

第四节　涂装机器人工作站

作为一种典型的涂装自动化设备，涂装机器人与传统的机械涂装相比，具有以下优点：①最大限度提高涂料的利用率、降低涂装过程中的VOC（有害挥发性有机物）排放量；②显著提高喷枪的运动速度，缩短生产节拍，其效率显著高于传统的机械涂装；③柔性强，能够适应多品种、小批量的涂装任务；④能够精确保证涂装工艺的一致性，获得较高质量的涂装产品；⑤与高速旋杯静电涂装站相比可以减少大约30%～40%的喷枪数量，降低系统故障的概率和维护成本。

一、涂装机器人基本结构

国内外的涂装机器人大多数从构型上仍采取与通用工业机器人相似的5或6自由度串联关节式机器人，在其末端加装自动喷枪，按照手腕构型划分，涂装机器人主要有：球型手腕涂装机器人和非球型手腕涂装机器人。如图5-52所示。

图 5-52　涂装机器人

球型手腕涂装机器人与通用工业机器人手腕构型类似，手腕的三个关节轴线相交于一点，目前绝大多数商用机器人所采用的是 Bendix 型手腕。如图 5-53 所示。

非球型手腕涂装机器人，其手腕的 3 个轴线并非如球型手腕机器人一样相交于一点，而是相交于两点。根据相邻轴线的位置关系又可分为正交非球型手腕和斜交非球型手腕两种形式。其中正交非球型手腕的相邻轴线夹角为 90°；斜交非球型手腕的相邻两轴线不垂直，而是成一定的角度。

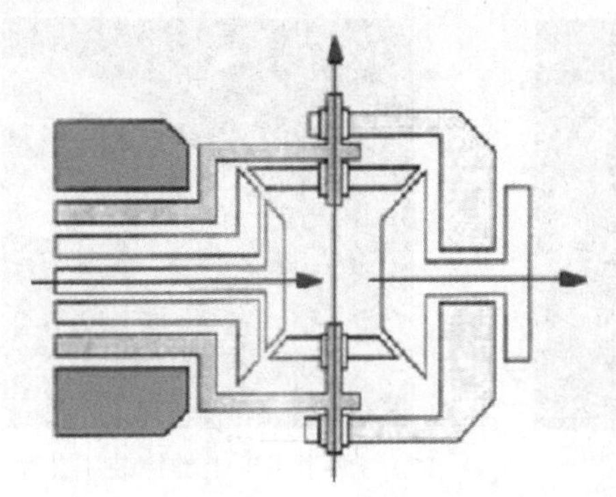

(a)Bendix 手腕结构

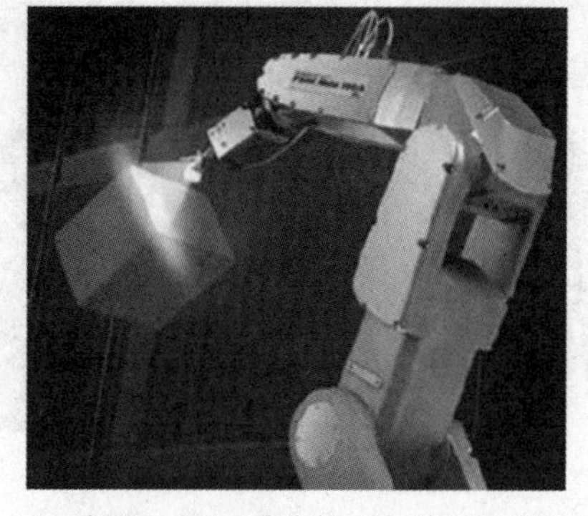

(b)采用 Bendix 手腕构型的涂装机器人

图 5-53 Bendix 手腕结构及涂装机器人

涂装作业环境充满了易燃、易爆的有害挥发性有机物，除了要求涂装机器人具有出色的重复定位精度、循径能力以及较高的防爆性能外，仍需符合如下的特殊要求：

(1)能够通过示教器方便地设定流量、雾化气压、喷幅气压以及静电量等涂装参数。

(2)具有供漆系统，能够方便地进行换色、混色操作，确保高质量、高精度的工艺调节。

(3)具有多种安装方式，如：落地、倒置、角度安装和壁挂。

(4)能够与转台、滑台、输送链等一系列的工艺辅助设备轻松集成。

(5)结构紧凑，方便减少喷房尺寸，降低通风要求。

二、涂装机器人的系统组成

典型的涂装机器人工作站主要由涂装机器人、机器人控制系统、供漆系统、自动喷枪/旋杯、喷房、防爆吹扫系统等组成。如图 5-54 所示。

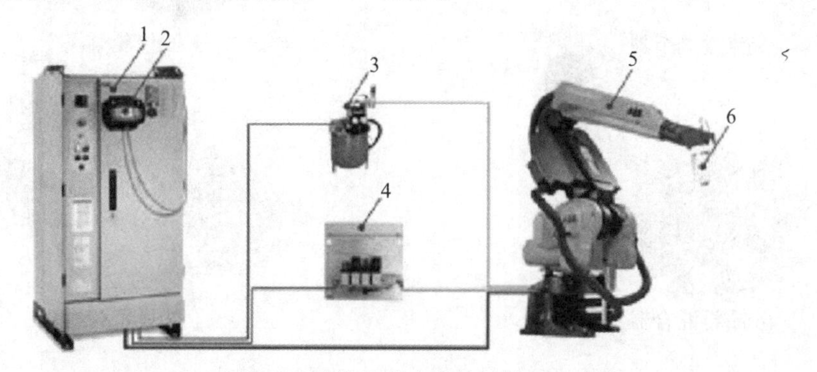

图 5-54 涂装机器人系统组成

1—机器人控制柜；2—示教器；3—供漆系统；4—防爆吹扫系统；5—涂装机器人；6—自动喷枪/旋杯

涂装机器人与普通工业机器人相比，操作机在结构方面的差别除了球型手腕与非球型手腕外，主要是防爆、油漆及空气管路和喷枪的布置导致的差异，其特点有：①一般手臂工作范围宽大，进行涂装作业时可以灵活避障；②手腕一般有 2～3 个自由度，轻巧快速，适合内部、狭窄的空间及复杂工件的涂装；③较先进的涂装机器人采用中空手臂和柔性中空手腕；④一般在水平手臂搭载喷漆工艺系统，从而缩短清洗、换色时间，提高生产效率，节约涂料及清洗液。如图 5-55 所示。

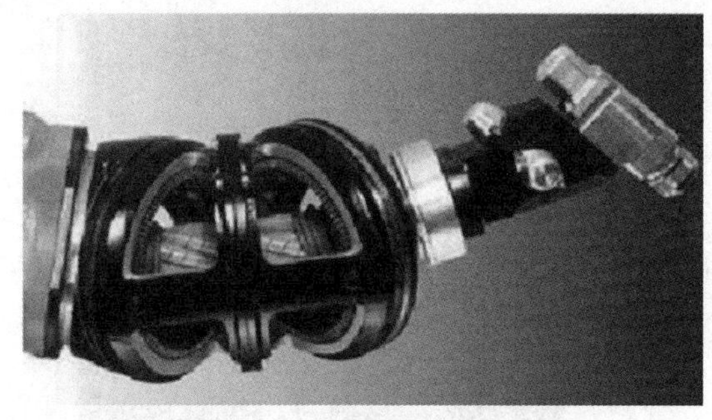

(a)柔性中空手腕

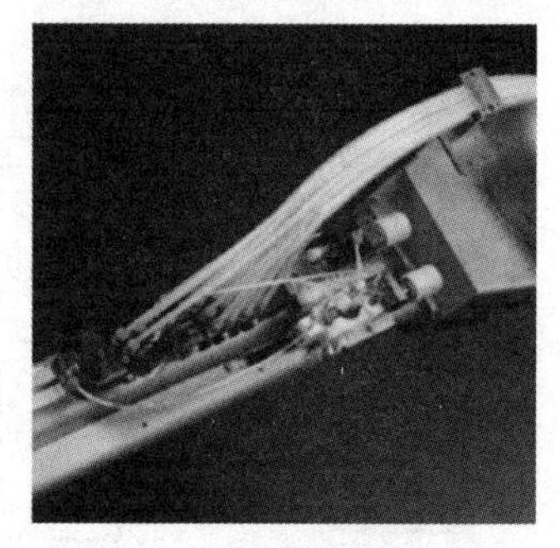

(b)集成于手臂上的涂装工艺系统

图 5-55　涂装机器人手腕

涂装机器人控制系统主要完成本体和涂装工艺控制。本体的控制在控制原理、功能及组成上与通用工业机器人基本相同；喷涂工艺的控制则是对供漆系统的控制。供漆系统主要由涂料单元控制盘、气源、流量调节器、齿轮泵、涂料混合器、换色阀、供漆供气管路及监控管线组成。如图 5-56 所示。

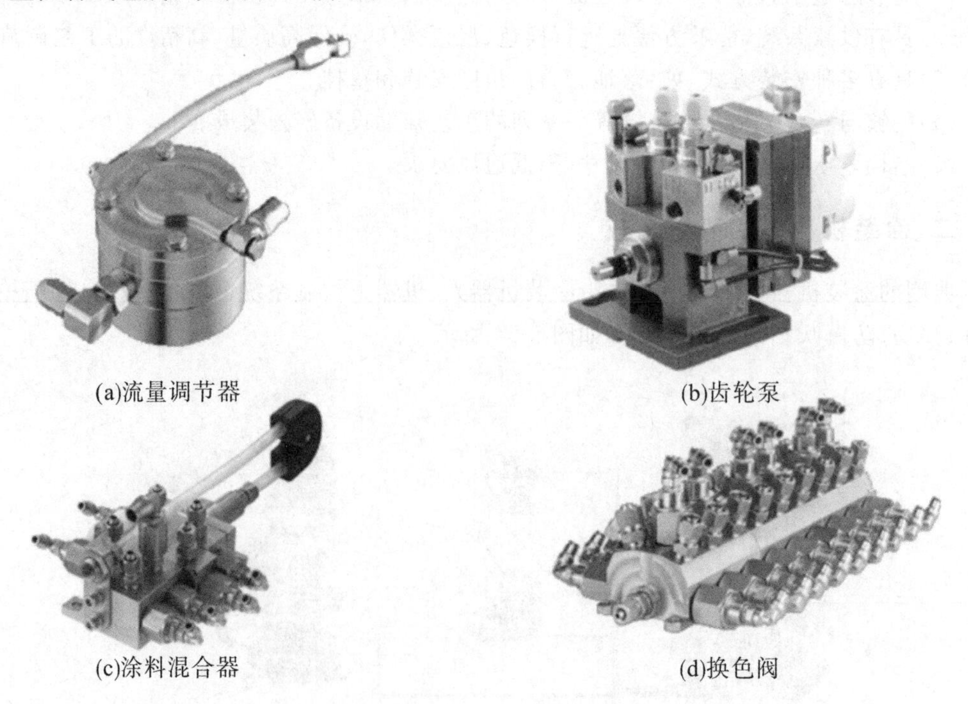

(a)流量调节器　(b)齿轮泵

(c)涂料混合器　(d)换色阀

图 5-56　涂装系统主要部件

涂装工艺包括空气涂装、高压无气涂装和静电涂装。

空气涂装是利用压缩空气的气流，流过喷枪喷嘴孔形成负压，在负压的作用下涂料从吸管吸入，经过喷嘴喷出，通过压缩空气对涂料进行吹散，以达到均匀雾化的效果。空气涂装一般用于家具、3C 产品外壳、汽车等产品的涂装。常见的自动空气喷枪如图 5-57 所示。

(a)日本明治FA100H-P (b)美国DEVILBISS T-AGHV (c)德国PILOT WA500

图 5-57 自动空气喷枪

高压无气涂装是一较先进的涂装方法，其采用增压泵将涂料增至 6～30MPa 的高压，通过很细的喷孔喷出，使涂料形成扇形雾状，具有较高的涂料传递效率和生产效率，表面质量明显优于空气涂装。

静电涂装是以接地的被涂物为阳极，接电源负高压的涂料雾化结构为阴极，使得涂料雾化颗粒上带电荷，通过静电作用，吸附在工件表面。常应用于金属表面或导电性良好且结构复杂，如球面、圆柱体涂装。高速旋杯式静电涂装系统结构如图 5-58 所示。静电涂装中的旋杯式静电涂装工艺具有高质量、高效率、节能环保等优点。高速旋杯式静电系统如图 5-59 所示。

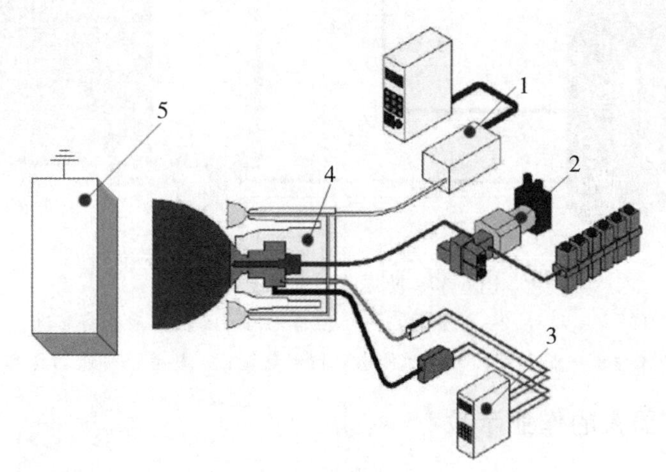

图 5-58 高速旋杯式静电涂装系统结构

1—供气系统；2—供漆系统；3—高压静电发生系统；4—旋杯；5—工件

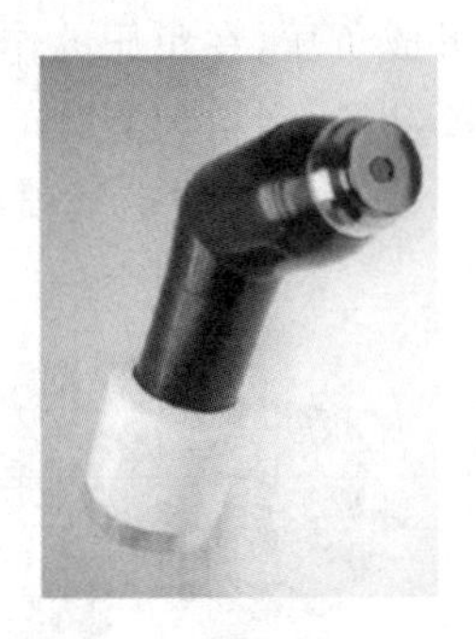

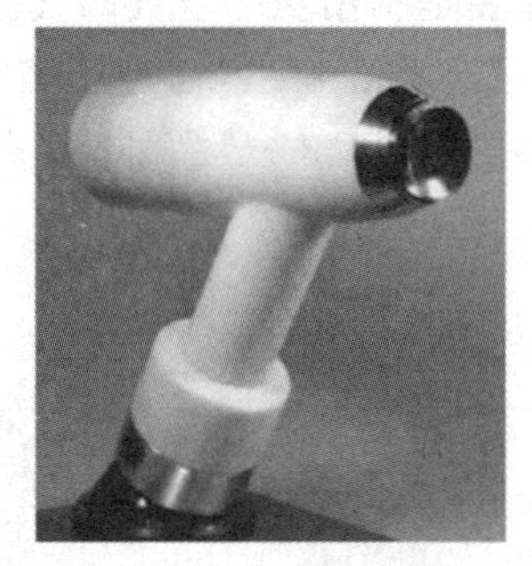

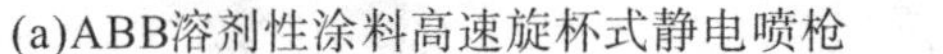

(a)ABB溶剂性涂料高速旋杯式静电喷枪　　(b)ABB水性涂料高速旋杯式静电喷枪

图 5-59　高速旋杯式静电喷枪

防爆吹扫系统主要由危险区域之外的吹扫单元、操作机内部的吹扫传感器、控制柜内的吹扫控制单元三部分组成。防爆工作过程如下：吹扫单元通过柔性软管向包含有电气元件的操作机内部施加过压，阻止爆燃性气体进入操作机里面；同时由吹扫控制单元监视操作机内压、喷房气压，当异常状况发生时立即切断操作机伺服电源。如图 5-60 所示。

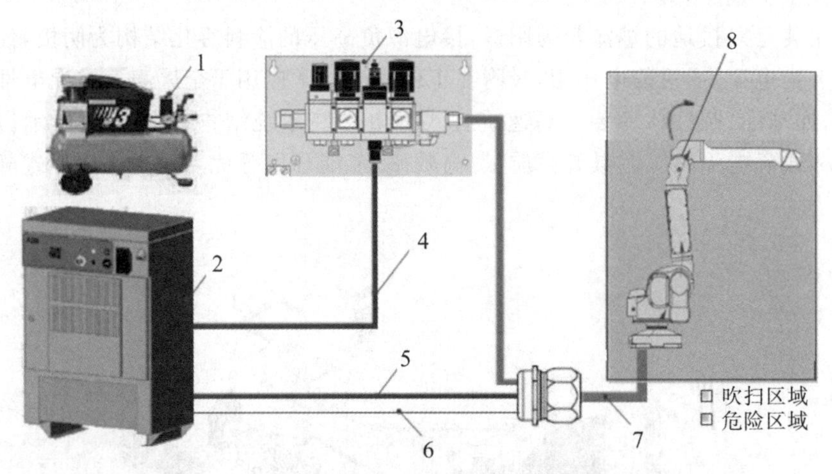

图 5-60　防爆吹扫系统工作原理

1—空气接口；2—控制柜；3—吹扫单元；4—吹扫单元控制电缆；
5—操作机控制电缆；6—吹扫传感器控制电缆；7—软管；8—吹扫传感器

三、涂装机器人的作业示教

涂装是一种较为常用的表面防腐、装饰、防污的表面处理方法，其规则之一需要喷枪在工件表面做往复运动。

【TCP 点确定】对于涂装机器人而言，其 TCP 一般设置在喷枪的末端中心，且在涂装作业中，高速旋杯的端面要相对于工件涂装工作面走蛇形轨迹并保持一定的距离。如图 5-61 所示。

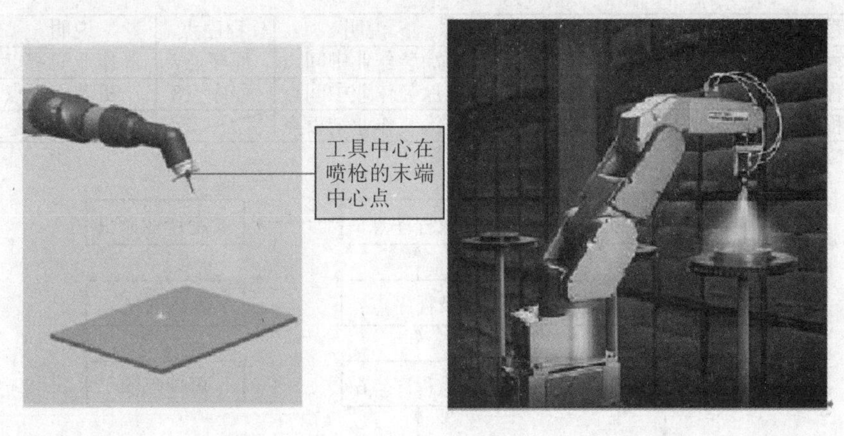

(a)工具中心点的确定　　　　(b)喷枪作业姿态

图 5-61　喷涂机器人 TCP 和喷枪作业姿态

为达到工件涂层的质量要求，须保证：①旋杯的轴线始终要保持在工件涂装工作面的法线方向；②旋杯端面到工件涂装工作面的距离要保持稳定，一般保持在 0.2m 左右；③旋杯涂装轨迹要部分相互重叠(一般搭接宽度为 2/3～3/4 时较为理想)，并保持适当的间距；④涂装机器人应能迎上和跟踪工件传送装置上工件的运动；⑤在进行示教编程时，若前臂及手腕有外露的管线，应避免与工件发生干涉。

以钢制箱体表面涂装作业为例，喷枪为高转速旋杯式自动静电涂装机，配合换色阀及涂料混合器完成旋杯的打开、关闭，进行涂装作业，由 8 个程序点构成。如图 5-62 所示。

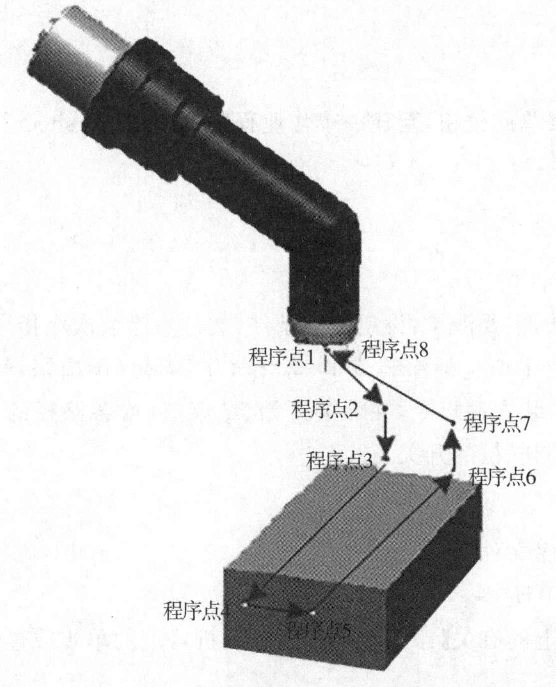

图 5-62　涂装机器人运动轨迹示意图

涂装作业步骤分为示教前的准备、新建作业程序、程序点的登录、运行确认、再现喷涂等步骤。如图 5-63 所示。

程序点	说明	程序点	说明	程序点	说明
程序点1	机器人原点	程序点4	涂装作业中间点	程序点7	作业规避点
程序点2	作业临近点	程序点5	涂装作业中间点	程序点8	机器人原点
程序点3	涂装作业开始点	程序点6	涂装作业结束点		

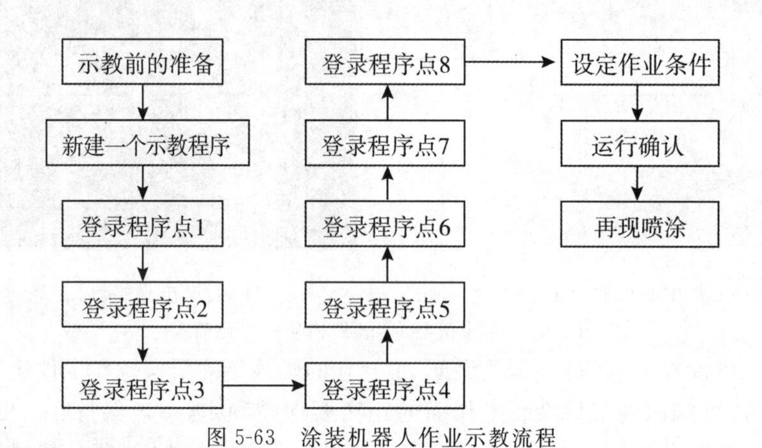

图 5-63　涂装机器人作业示教流程

(一)示教前的准备

(1)工件表面清理。

(2)工件装夹。

(3)安全确认。

(4)机器人原点确认。

(二)新建作业程序

点按示教器的相关菜单或按钮,新建一个作业程序,如"Paint_sheet"。

(三)程序点登录

略。

(四)设定作业条件

涂装作业条件的登录,主要涉及:设定涂装条件(文件);涂装次序指令的添加。

条件涂装条件的设定主要包括涂装流量、雾化气压、喷幅(调扇幅)气压、静电电压以及颜色设置表等。添加涂装次序指令,在涂装开始、结束点(或各路径的开始、结束点)手动添加涂装次序指令,控制喷枪的开关。

(五)运行确认

(1)打开要测试的程序文件。

(2)移动光标到程序开头。

(3)持续按住示教器上的有关【跟踪功能键】,实现机器人的单步或连续运转。

(六)再现涂装

(1)打开要再现的作业程序,并移动光标到程序开头。

(2)切换【模式转换】至"再现/自动"状态。

(3)按示教器上的【伺服 ON 按钮】,接通伺服电源。

(4)按【启动按钮】,机器人开始再现涂装。

综上,涂装机器人的编程与搬运、码垛、焊接机器人的编程相似,也是通过示教方式获取运动轨迹上的关键点,然后存入程序的运动指令中。对于大型、复杂曲面工件的编程则更多地采用离线编程,各大机器人厂商对于喷涂作业的离线编程均有相应的商业化软件推出,比如 ABB 的 RobotStudio Paint 和 ShopFloor Editor,这些离线编程软件工具可以在无需中断生产的前提下,进一步简化编程操作和工艺调整。

第五节　装配机器人工作站

装配机器人是工业生产中在装配生产线上对零件或部件进行装配的一类工业机器人。作为柔性自动化装配的核心设备,具有精度高、工作稳定、柔顺性好、动作迅速等优点。归纳起来,装配机器人的主要优点如下:①操作速度快,加速性能好,缩短工作循环时间;②精度高,具有极高重复定位精度,从而保证装配精度;③提高生产效率,解放单一繁重的体力劳动;④改善工人劳作条件,摆脱有毒、有辐射装配的环境;⑤可靠性好、适应性强,稳定性高。

装配机器人在不同装配生产线上发挥着强大的装配作用,装配机器人大多由 4~6 轴组成,就目前市场上常见的装配机器人,以臂部运动形式分为直角式装配机器人和关节式装配机器人。

一、常见的装配机器人

直角式装配机器人亦称单轴机械手,以 X、Y、Z 直角坐标系统为基本数学模型,整体结构模块化设计。可进行零部件移送、简单插入、旋拧等作业,广泛运用于节能灯装配、电子类产品装配和液晶屏装配等场合。如图 5-64 所示。

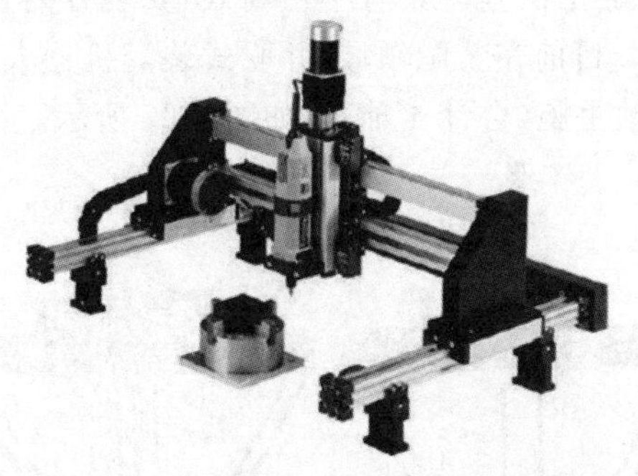

图 5-64　直角式装配机器人装配缸体

关节式装配机器人亦分水平串联关节式、垂直串联关节式和并联关节式。

(1)水平串联关节式装配机器人亦称为平面关节型装配机器人或 SCARA 机器人,是目前装配生产线上应用数量最多的一类装配机器人。它属于精密型装配机器人,具有速度快、精度高、柔性好等特点,其驱动多为交流伺服电机,保证其具有较高的重复定位精度，广泛运用于电子、机械和轻工业等有关产品的装配，适合工厂柔性化生产需求。如图5-65所示。

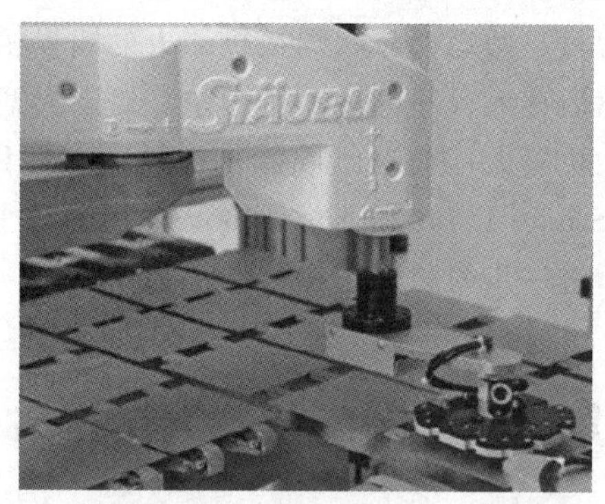

图5-65　水平串联关节式装配机器人拾放超薄硅片

(2)垂直串联关节式装配机器人多有六个自由度，可在空间任意位置确定任意位姿，面向对象多为三维空间的任意位置和姿势的作业。如图5-66所示。

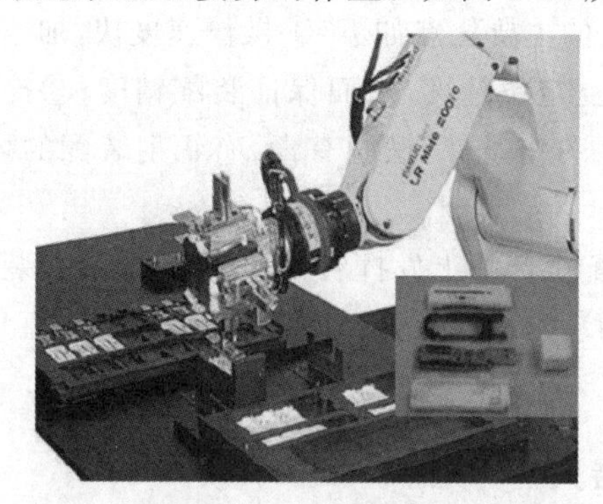

图5-66　垂直串联关节式装配机器人组装读卡器

(3)并联关节式装配机器人亦称拳头机器人、蜘蛛机器人或Detla机器人，是一款轻型、结构紧凑高速装配机器人，可安装在任意倾斜角度上，独特的并联机构可实现快速、敏捷的动作且减少了非累积定位误差。具有小巧高效、安装方便、精准灵敏等优点，广泛运用于IT、电子装配等领域。目前在装配领域，并联式装配机器人有两种形式可供选择，即3轴手腕(合计6轴)和1轴手腕(合计4轴)。如图5-67所示。

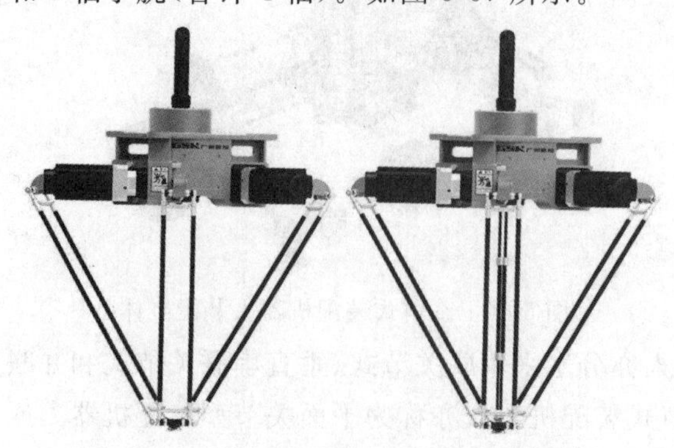

图5-67　并联式装配机器人组装键盘

通常装配机器人与搬运、焊接、涂装机器人在本体精度制造上有一定的差别，原因在

于在完成焊接、涂装作业时，机器人没有与作业对象接触，只需示教机器人运动轨迹即可，而装配机器人需与作业对象直接接触，并进行相应动作；搬运机器人在移动物料时运动轨迹多为开放性，而装配作业是一种约束运动类操作，即装配机器人精度要高于搬运、码垛、焊接和涂装机器人。

尽管装配机器人在本体上较其他类型机器人有所区别，但在实际运用中无论是直角式装配机器人还是关节式装配机器人都有如下特性：①能够实时调节生产节拍和末端执行器的动作状态；②可更换不同末端执行器以适应装配任务的变化，方便、快捷；③能够与零件供给器、输送装置等辅助设备集成，实现柔性化生产；④多带有传感器，如视觉传感器、触觉传感器、力传感器等，以保证装配任务的精准性。

二、装配机器人的系统组成

装配机器人的装配系统主要有操作机、控制系统、装配系统（手爪、气体发生装置、真空发生装置或电动装置）、传感系统和安全保护装置组成。如图 5-68 所示。

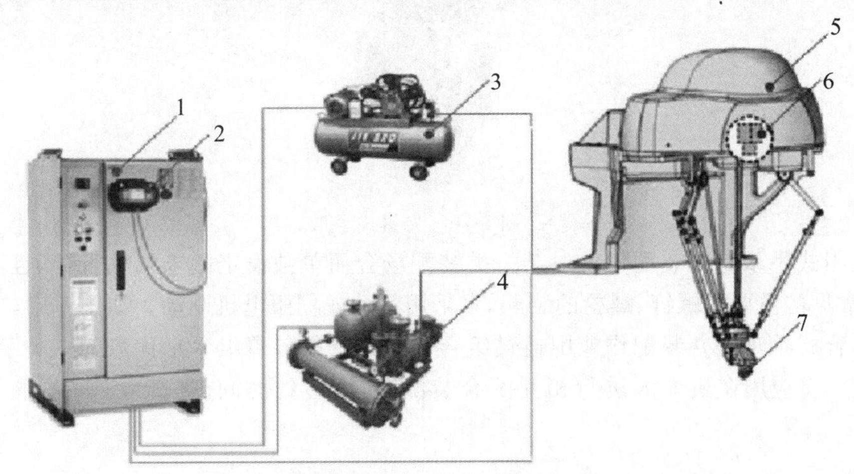

图 5-68　装配机器人系统组成

1—机器人控制柜；2—示教器；3—气体发生装置；4—真空发生装置；
5—机器人本体；6—视觉传感器；7—气动手爪

目前市场的装配生产线多以关节式装配机器人中的 SCARA 机器人和并联机器人为主（见图 5-69）。在小型、精密、垂直装配上，SCARA 机器人具有很大优势。随着社会需求的增大和技术的进步，装配机器人行业得到迅速发展，多品种、少批量的生产方式和提高产品质量及生产效率的生产工艺需求，成为推动装配机器人发展的直接动力。

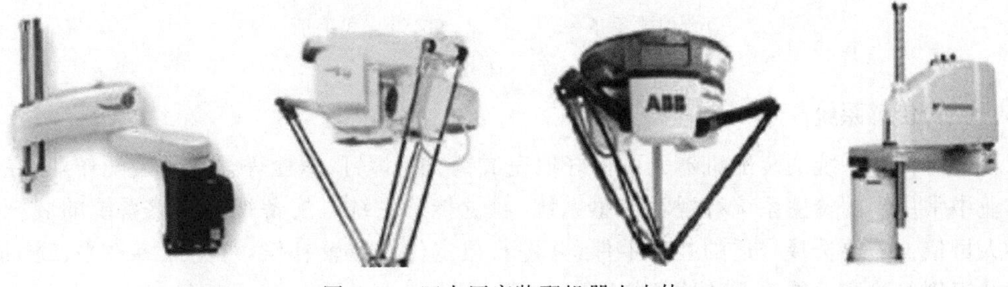

图 5-69　四大厂家装配机器人本体

(一)装配系统

装配机器人的末端执行器是夹持工件移动的一种夹具，类似于搬运、码垛机器人的末端执行器，常见的装配执行器有吸附式、夹钳式、专用式和组合式。

吸附式末端执行器在装配机器人中仅占一小部分，广泛应用于电视、录音机、鼠标等轻小物品等装配场合。

夹钳式手爪是装配过程中最常用的一类手爪，多采用气动或伺服电机驱动，闭环控制配备传感器。可实现准确控制手爪起动、停止、转速并对外部信号做出准确反应，具有重量轻、出力大、速度高、惯性小、灵敏度强、转动平滑、力矩稳定等特点。如图 5-71 所示。

图 5-70 夹钳式手爪

专用式手爪是在装配中针对某一类装配场合而单独设定的末端执行器，且部分带有磁力，常见的主要是螺钉、螺栓的装配，多采用气动或伺服电机驱动。如图 5-71(a)所示。

组合式手爪是在装配作业中通过组合的方式获得各单组手爪优势的一类手爪，灵活性较大。多应用在机器人进行相互配合装配时，可节约时间、提高效率。如图 5-71(b)所示。

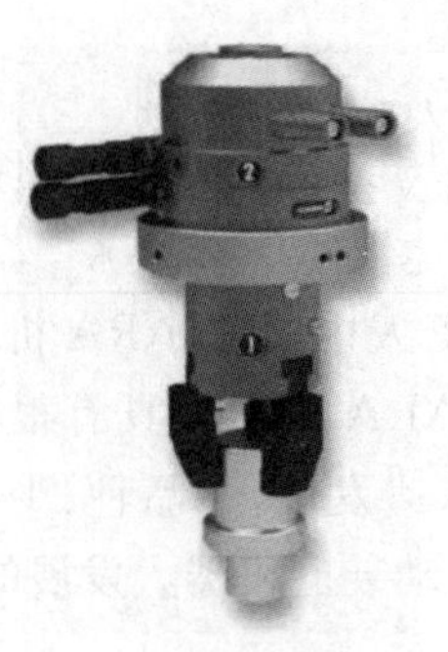

(a)专用式手爪

(b)组合式手爪

图 5-71 末端手爪

(二)传感系统

带有传感系统的装配机器人可更好地完成销、轴、螺钉、螺栓等柔性化装配作业，在其作业中常用到的传感系统有视觉传感系统、触觉传感系统。配备视觉传感系统的装配机器人可依据需要选择合适的装配零件，并进行粗定位和位置补偿，可完成零件平面测量、形状识别等检测。传感系统原理如图 5-72 所示。

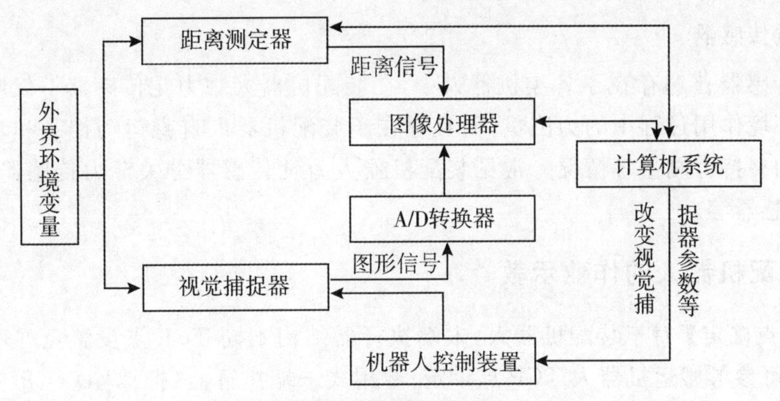

图 5-72　传感系统原理

装配机器人的触觉传感系统主要是时刻检测机器人与被装配物件之间的配合。机器人触觉可分为接触觉、接近觉、压觉、滑觉和力觉等五种。在装配机器人进行简单工作的过程中常见到的有接触觉、接近觉和力觉等。

1.接触觉传感器

接触觉传感器一般固定在末端执行器的指端，只有末端执行器与被装配物件相互接触时才起作用。接触觉传感器由微动开关组成。如图 5-73 所示。

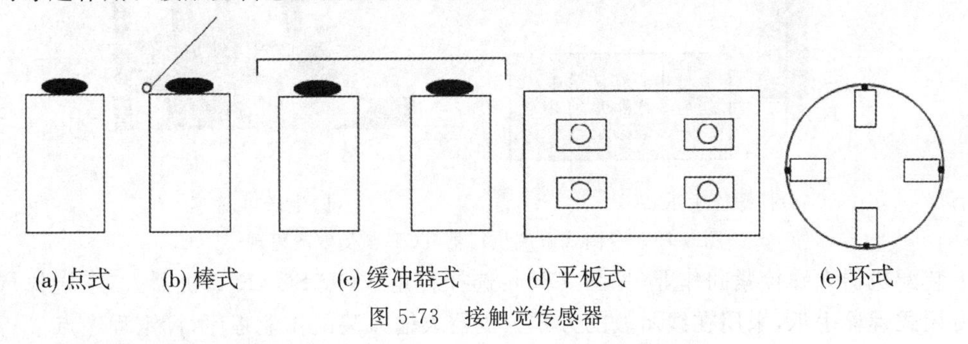

图 5-73　接触觉传感器

2.接近觉传感器

接近觉传感器同样固定在末端执行器的指端，其在末端执行器与被装配物件接触前起作用，能测出执行器与被装配物件之间的距离、相对角度甚至表面性质等，属于非接触式传感。如图 5-74 所示。

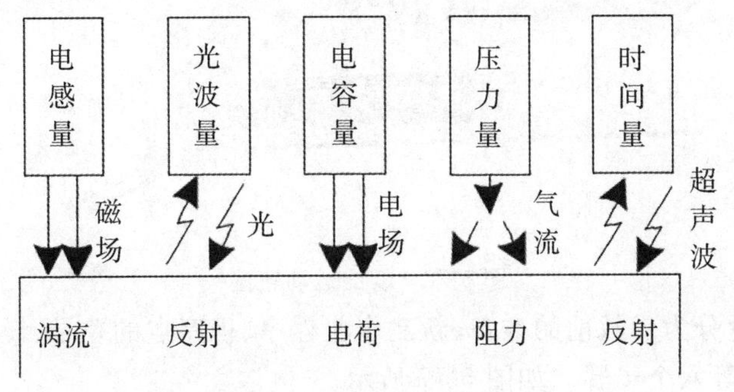

图 5-74　接近觉传感器

3. 力觉传感器

力觉传感器普遍存在于各类机器人中，在装配机器人中力觉传感器不仅应用于末端执行器与环境作用过程中的力测量，而且存在于装配机器人自身运动控制和末端执行器夹持物体的夹持力测量等情况。常见装配机器人力觉传感器分关节力传感器、腕力传感器、指力传感器等。

三、装配机器人的作业示教

【TCP 点确定】对于装配机器人，末端执行器结构不同 TCP 点设置点亦不同。吸附式、夹钳式可参考搬运机器人 TCP 点设定；专用式末端执行器（拧螺栓）TCP 一般设在法兰中心线与手爪前端平面交点处；组合式 TCP 设定点需依据起主要作用的单组手爪确定。如图 5-75 所示。

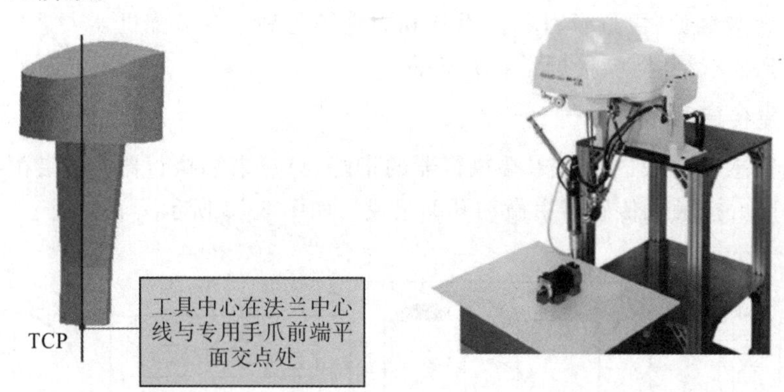

(a)拧螺栓手爪 TCP　　(b)生产再现

图 5-75　专用式末端执行器 TCP 点及生产再现

装配机器人螺栓紧固作业（见图 5-76）：选择直角式（或 SCARA）机器人，末端执行器为专用式螺栓手爪，采用在线示教的方式为机器人输入装配作业程序，标定程序点。

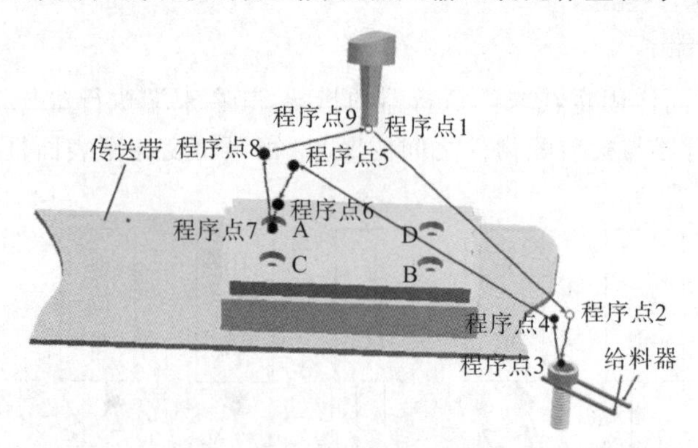

图 5-76　装配运动轨迹

螺栓紧固作业分为示教前的准备、新建作业程序、程序点的登录、设定作业条件、检查试运行、再现装配等六个步骤。如图 5-77 所示。

程序点	说明	手爪动作	程序点	说明	手爪动作
程序点1	机器人原点		程序点6	装配作业点	抓取
程序点2	取料临近点		程序点7	装配作业点	放置
程序点3	取料作业点	抓取	程序点8	装配规避点	
程序点4	取料规避点	抓取	程序点9	机器人原点	
程序点5	移动中间点	抓取			

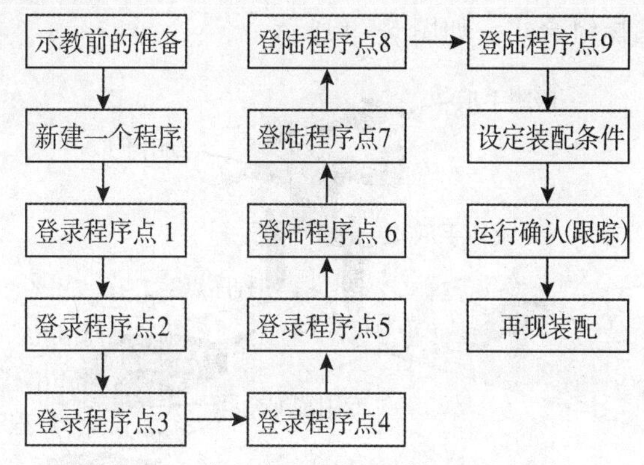

图 5-77　螺栓紧固机器人作业示教流程

(一)示教前的准备

(1)给料器准备就绪。

(2)确认自己和机器人之间保持安全距离。

(3)机器人原点确认。

(二)新建作业程序

点按示教器的相关菜单或按钮,新建一个作业程序“Assembly_bolt”。

(三)程序点的登录

略。

(四)设定作业条件

(1)在作业开始命令中设定装配开始规范及装配开始动作次序。

(2)在作业结束命令中设定装配结束规范及装配结束动作次序。

(3)依据实际情况,在编辑模式下合理选择配置装配工艺参数及选择合理的末端执行器。

(五)检查试运行

(1)打开要测试的程序文件。

(2)移动光标到程序开头位置。

(3)按住示教器上的有关【跟踪功能键】,实现装配机器人单步或连续运转。

(六)再现装配

(1)打开要再现的作业程序,并将光标移动到程序的开始位置,将示教器上的【模式开关】设定到“再现/自动”状态。

(2)按示教器上【伺服 ON 按钮】,接通伺服电源。

(3)按【启动按钮】,装配机器人开始运行。

四、鼠标装配作业示例

在垂直方向上的装配作业,直角式和水平串联式装配机器人具有无可比拟的优势,但在装配行业中,垂直串联式和并联式装配机器人仍具有重要地位。现以简化后的鼠标装配为例,末端执行器选择组合式。如图 5-79 所示。

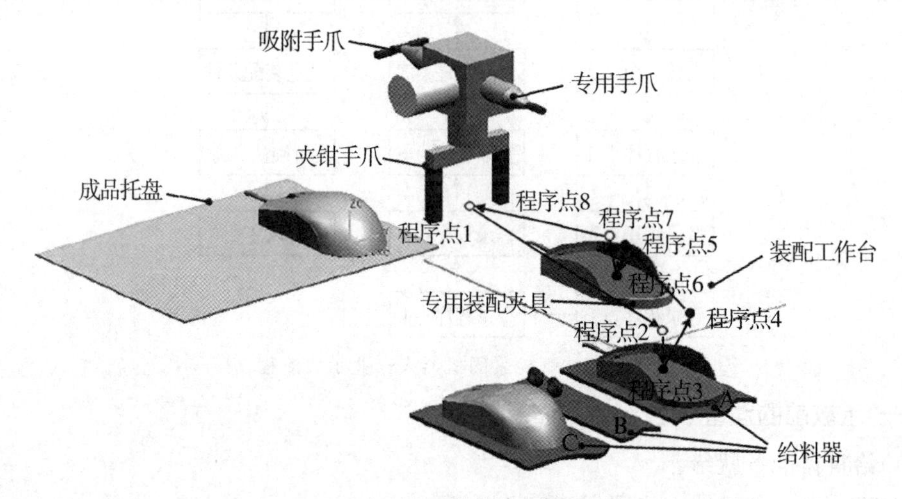

图 5-78　鼠标装配机器人运动轨迹

具体编程步骤略。

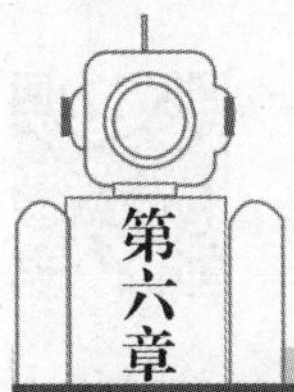

第六章 工业机器人搬运码垛工作站安装

理论知识掌握要求

- 掌握工业机器人搬运码垛工作站系统构成。
- 熟悉搬运码垛工作站机械图纸。
- 熟悉搬运码垛工作站电气图纸。
- 熟悉搬运码垛工作站气动图纸。
- 熟悉机器人末端执行器功能及作用。

操作要求

- 能安装供料模块。
- 能安装皮带机模块。
- 能安装码垛台。
- 能安装机器人末端执行器。
- 能安装皮带机电机控制回路。
- 能安装位置传感器。
- 能安装推料气缸气动回路。
- 能安装末端执行器控制回路。

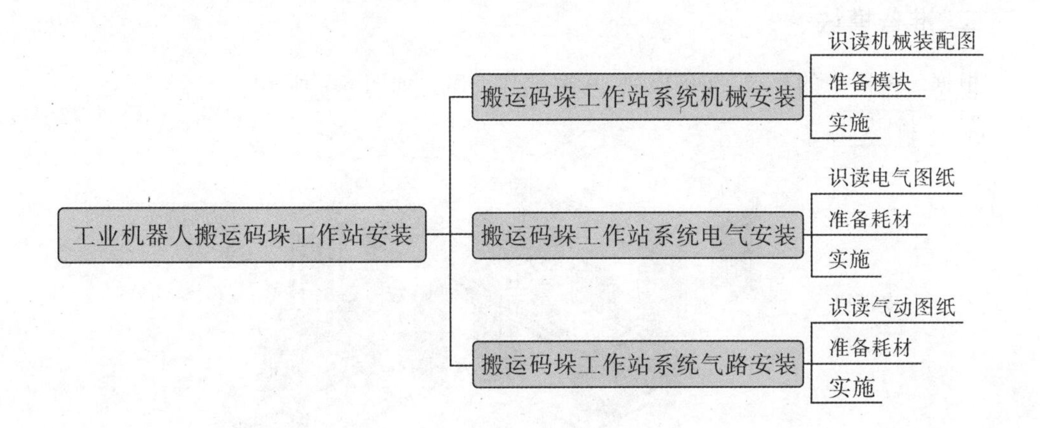

第一节　搬运码垛工作站系统机械安装

一、识读机械装配图

在阅读机器人工作站图纸的时候，适当地了解机器人在该工艺应用中的有关设计资料，了解机器人在工艺过程中的作用和地位，将有助于对工作站设计结构的理解。如能熟悉各类机器人工作站典型结构的有关知识，工作站常用零部件的结构和有关标准，以及工作站的表达方法和图示特点，必将大大提高读图的速度、深度和广度。

搬运工作站安装图纸如图 6-1 所示。

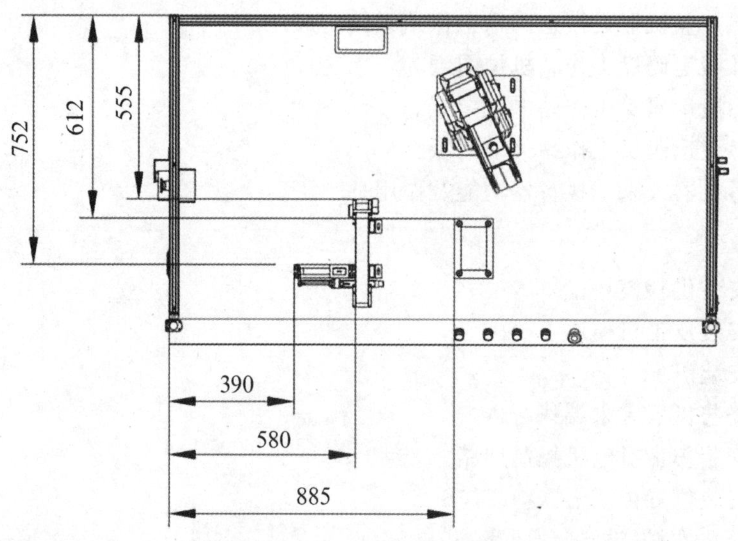

图 6-1　搬运工作站安装图纸

在机械装配图中阅读部件的安装尺寸和测量基准点，使用钢板尺和铅笔绘制安装标示。

二、准备模块

根据装配图中的要求，准备模块，并擦拭其表面。如图 6-2 所示。

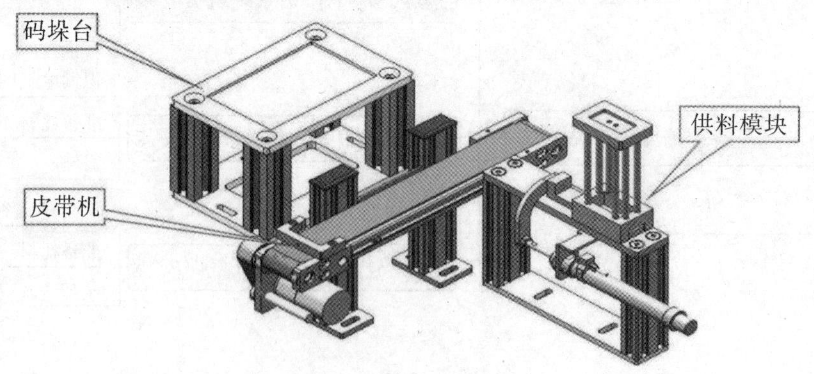

图 6-2　搬运工作站模块

三、实施

使用内六角工具,根据图纸的尺寸,逐一固定码垛台、皮带机、供料模块。固定时注意T型螺母的朝向,确保T型螺母横在槽中。

第二节　搬运码垛工作站系统电气安装

一、识读电气图纸

接线图是以电路为依据的,因此要对照电路图来看接线图。看接线图时同样是先看主电路,再看辅助电路。看主电路时,从电源引入端开始,顺序经开关设备、线路到负载。看辅助电路时,要从电源的一端到电源的另一端,按元件连接顺序对每个回路进行分析。

接线图中的线号是电气元件间导线连接的标记,线号相同的导线原则上都可以接在一起。由于接线图多采用单线表示,因此对导线的走向应加以辨别,还要搞清楚端子板内外电路的连接。

根据电气原理(见图6-3),确定推料气缸伸出到位接在1/0k,传感器的另一端接24V,电机线的正极接到继电器KA10的常开触点,负极接到KA10的另一组常开触点。

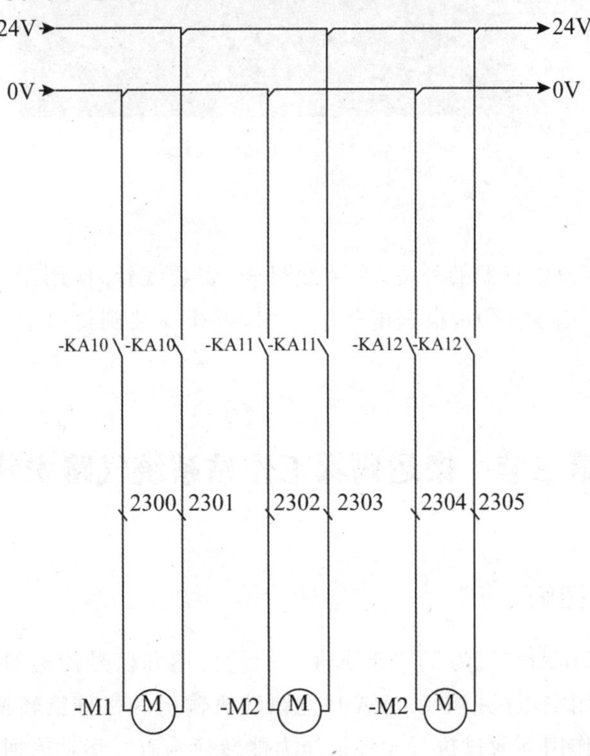

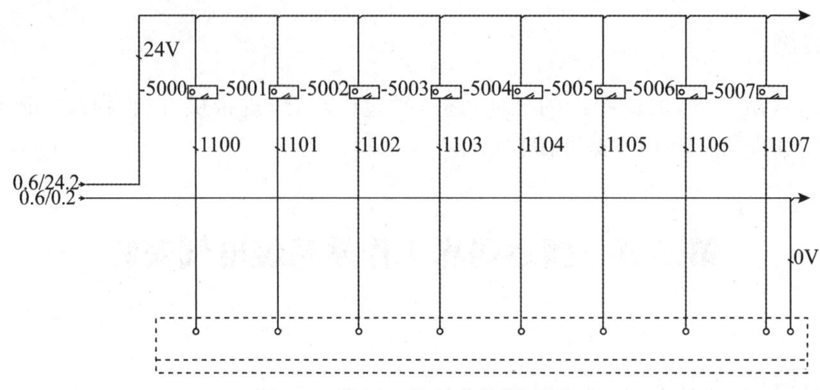

图 6-3　搬运工作站电气原理图

二、准备耗材

准备耗材如图 6-4 所示。

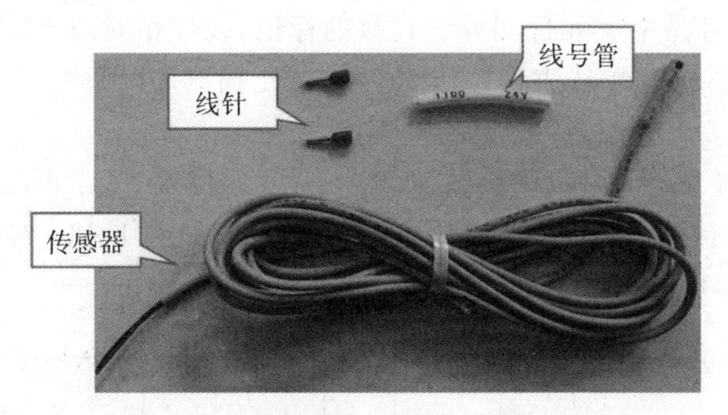

图 6-4　搬运工作站电气耗材

三、实施

使用剥线钳，剥掉传感器的外皮，套装线号管，安装线针，使用压线钳，压接线针。使用 3×100(mm)小一字螺丝刀，根据电气接线图，将线安装到接口上。安装完成后，检验牢固性和正确性。

第三节　搬运码垛工作站系统气路安装

一、识读气动图纸

气压传动，是以压缩空气为工作介质进行能量传递和信号传递的一门技术。气压传动的工作原理是利用空压机把电动机或其他原动机输出的机械能转换为空气的压力能，然后在控制元件的作用下通过执行元件把压力能转换为直线运动或回转运动形式的机械能，从而完成各种动作，并对外做功。

搬运工作站的气动原理图如图 6-5 所示。

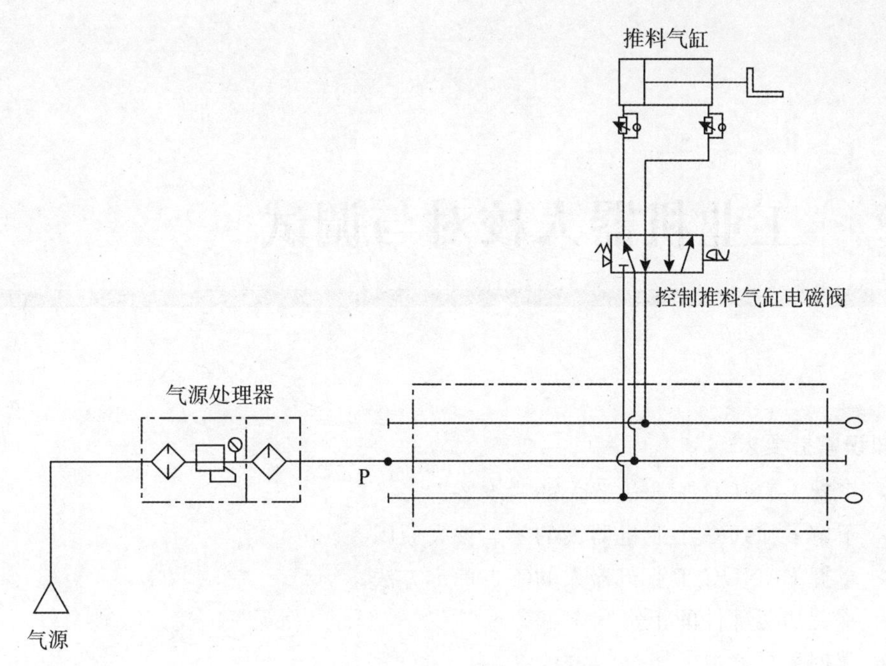

图 6-5　搬运工作站气动原理图

二、准备耗材

准备耗材如图 6-6 所示。

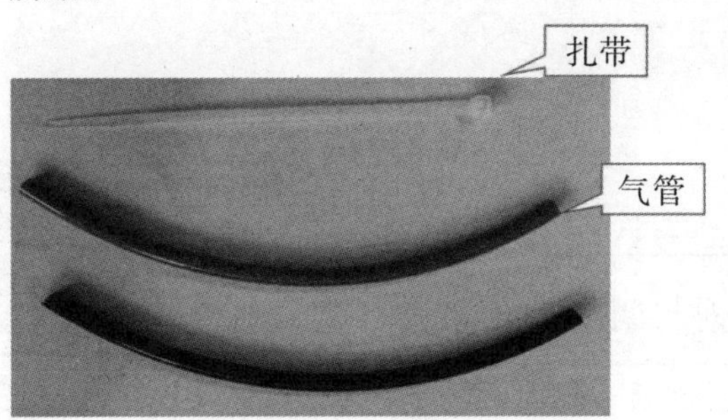

图 6-6　搬运工作站气动耗材

三、实施

实施步骤略。

工业机器人校对与调试

理论知识掌握要求

➢ 了解 FANUC 工业机器人的零点姿态。
➢ 了解 FANUC 工业机器人的零点丢失原因。
➢ 掌握 FANUC 工业机器人的零点标定方法。
➢ 掌握功能部件的正常状态。
➢ 掌握运行参数的属性。

操作要求

➢ 能够操作机器人原点复归。
➢ 能检查各部件功能。
➢ 能调整机器人运行参数。

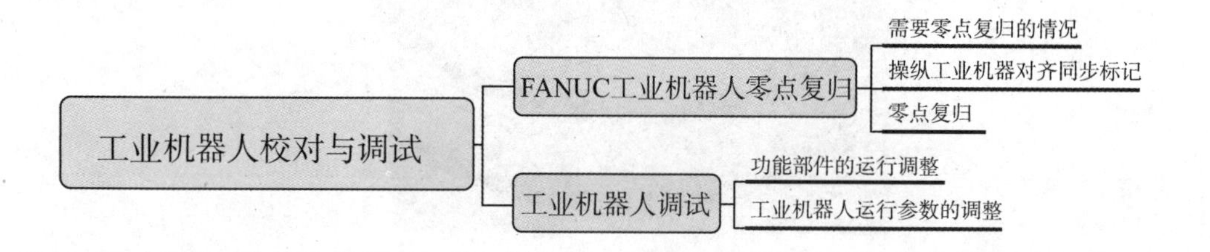

第一节　FANUC 工业机器人零点复归

一、需要零点复归的情况

零点复归机器人时需要将机器人的机械信息与位置信息同步，来定义机器人的物理位置。必须正确操作机器人来进行零点复归。通常机器人在出厂之前已经进行了零点复归。但在如图 7-1 所示的情况下必须进行零点标定。

图 7-1　零点复归情况

二、操纵工业机器人对齐同步标记

使用示教器，手动控制机器人的各轴运动至零点位置。如图 7-2 所示。

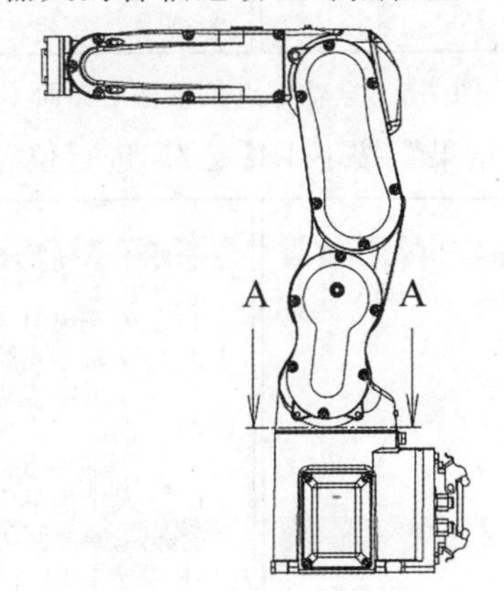

图 7-2　机器人零点位置

三、零点复归

(一)全轴零点位置标定

(1)按下【MENU】(菜单)键，显示出画面菜单；

(2)按下“0—下页—”，选择“6 系统”；

(3)按下 F1【类型】，显示出画面切换菜单；

(4)选择“零点标定/校准”，出现位置校准画面，如图 7-3 所示；

系统零点标定/校准　　　　关节 30%

1　专用夹具零点位置标定
2　全轴零点位置标定
3　简易零点标定
4　简易零点标定（单轴）
5　单轴零点标定
6　设定简易零点位置参考点
7　更新零点标定结果
执行全轴零点位置标定：[否]
是　　否

图 7-3　机器人校准画面

(5)在点动方式下将机器人移动到0°位置姿势(表示零度位置的标记对合的位置),如有必要,断开制动器控制;

(6)选择"2 全轴零点位置标定",按下F4【是】。设定零点标定数据,如图7-4所示;

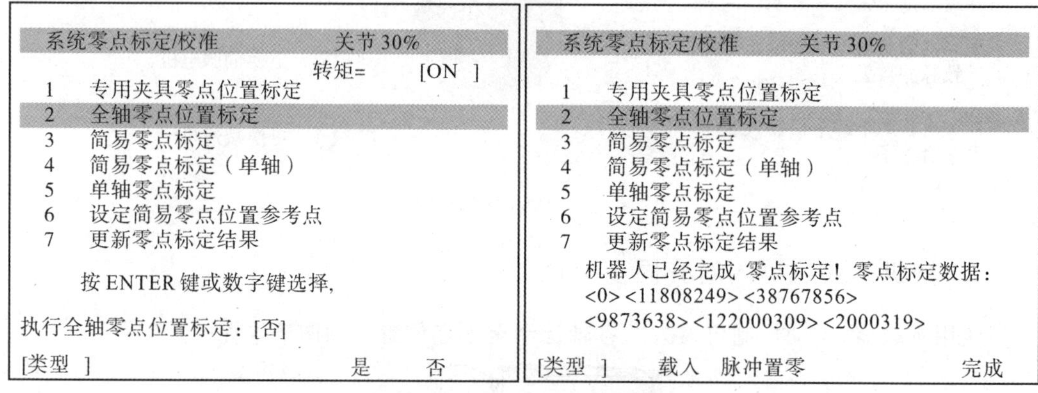

图7-4 全轴零点位置标定界面

(7)选择"7 更新零点标定结果",按下F4【是】。进行位置校准,如图7-5所示;

系统零点标定/校准 关节 30%
转矩= [ON]
1 专用夹具零点位置标定
2 全轴零点位置标定
3 简易零点标定
4 简易零点标定(单轴)
5 单轴零点标定
6 设定简易零点位置参考点
7 更新零点标定结果
按 ENTER 键或数字键选择,
更新零点标定结果:[不是]
[类型] 是 不是

系统零点标定/校准 关节 30%
1 专用夹具零点位置标定
2 全轴零点位置标定
3 简易零点标定
4 简易零点标定(单轴)
5 单轴零点标定
6 设定简易零点位置参考点
7 更新零点标定结果
机器人标定结果已更新!当前关节角度(deg):
<0.000> <0.000> <0.000>
<0.000> <0.000> <0.000>
[类型] 载入 脉冲置零 完成

图7-5 更新零点标定结果界面

(8)在位置校准结束后,按下F5【完成】;

(9)代之以第(7)步的操作,重新通电也可执行位置校准操作。通电时,始终执行位置校准操作。

第二节 工业机器人调试

一、功能部件的运行调整

功能部件的运行调整在安装完工业机器人之后,需要对工业机器人整体功能部件的性能做一个初步的试运行测试,首先在低速(25%的运行速度)状态下手动操纵工业机器人做单轴运动,测试工业机器人的6个关节轴,观察工业机器人各个关节轴的运行是否顺畅、运行过程中是否有异响、各个轴是否能够达到工业机器人工作范围的极限位置附近,

为后续工业机器人编程示教的过程做好预检和准备工作。机器人零点界面如图 7-6 所示。

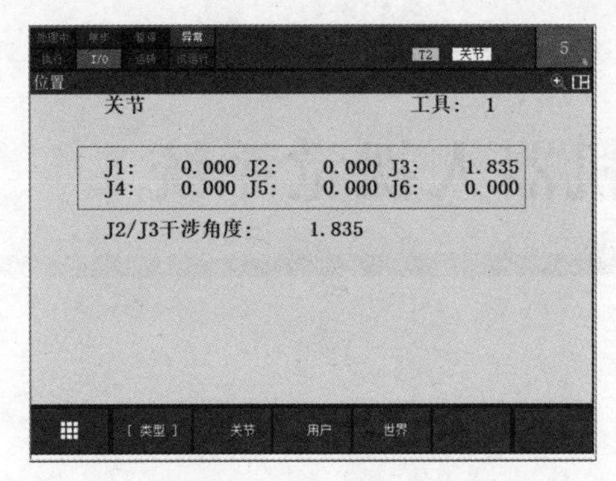

图 7-6 机器人零点界面

二、工业机器人运行参数调整

机器人的速度一般分为低速—中速—高速,机器人速度的大小一般由速度的百分比(1%～100%)决定。在机器人手动运行模式下,一般运行速度设定为 10%;第一次自动运行自动程序,一般速度设定为 30%;待自动运行两遍程序确认无误后,方可增加机器人运行速度。运行参数调整界面如图 7-7 所示。

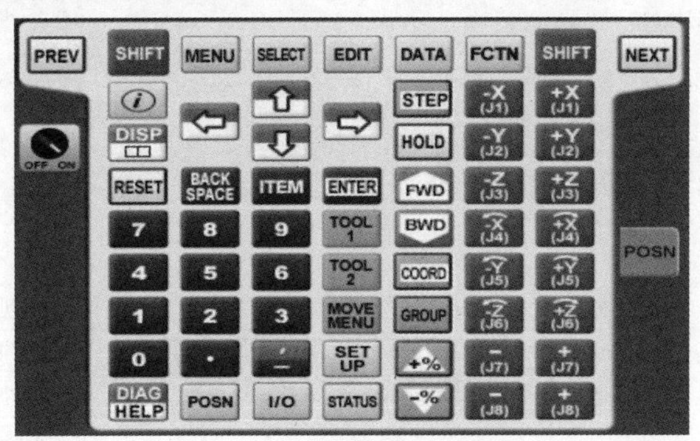

图 7-7 运行参数调整界面

工业机器人视觉系统

理论知识掌握要求

- 掌握工业机器人视觉分拣工作站系统构成。
- 熟悉视觉分拣工作站机械图纸。
- 熟悉视觉分拣工作站电气图纸。
- 熟悉视觉分拣工作站气动图纸。
- 熟悉机器人末端执行器功能及作用。

操作要求

- 能安装视觉模块。
- 能安装轨迹模块。
- 能安装机器人末端执行器。
- 能安装末端执行器控制回路。

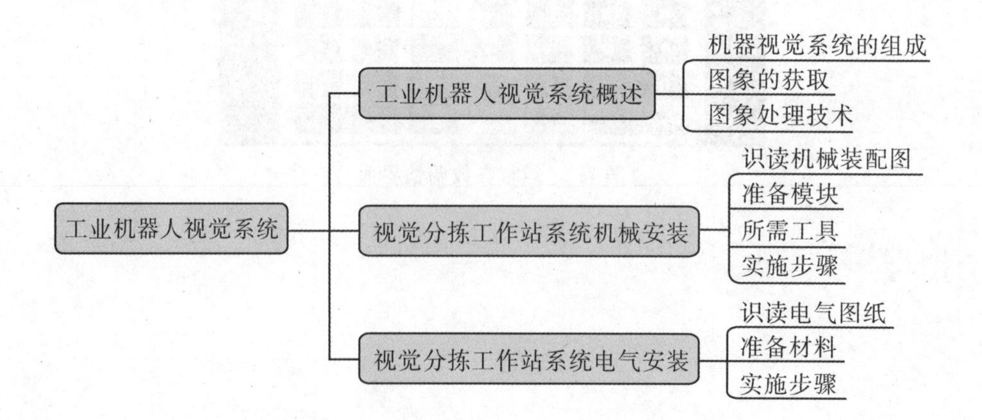

第一节　工业机器人视觉系统概述

一、机器视觉系统的组成

机器视觉系统是指用计算机来实现人的视觉功能，也就是用计算机来实现对客观的三维世界的识别。按现在的理解，人类视觉系统的感受部分是视网膜，它是一个三维采样系统。三维物体的可见部分投影到视网膜上，人们按照投影到视网膜上的二维的图像来对该物体进行三维理解。所谓三维理解是指对被观察对象的形状、尺寸、离开观察点的距离、质地和运动特征（方向和速度）等的理解。

机器视觉系统的输入装置可以是摄像机、转鼓等，它们都把三维的影像作为输入源，即输入计算机的就是三维客观世界的二维投影。如果把三维客观世界到二维投影像看作是一种正变换的话，则机器视觉系统所要做的是从这种二维投影图像到三维客观世界的逆变换，也就是根据这种二维投影图像去重建三维的客观世界。

机器视觉系统主要由三部分组成：图像的获取、图像的处理和分析、输出或显示。图像获取设备包括光源、摄像机等；图像处理设备包括相应的软件和硬件系统；输出设备是与制造过程相连的有关系统，包括过程控制器和报警装置等。

二、图像的获取

图像的获取实际上是将被测物体的可视化图像和内在特征转换成能被计算机处理的一系列数据，它主要由三部分组成：①照明；②图像聚焦形成；③图像确定和形成摄像机输出信号。

（一）照明

照明是影响机器视觉系统输入的重要因素，因为它直接影响输入数据的质量和至少30％的应用效果。由于没有通用的机器视觉照明设备，所以针对每个特定的应用实例，要选择相应的照明装置，以达到最佳效果。

过去许多工业用的机器视觉系统用可见光作为光源，这主要是因为可见光容易获得，价格低，并且便于操作。常用的几种可见光源是白炽灯、日光灯、水银灯和钠光灯。但是这些光源的一个最大缺点是光能不能保持稳定。以日光灯为例，在使用的第一个100小时内，光能将下降15％，随着使用时间的增加，光能将不断下降。因此如何使光能在一定的程度上保持稳定，是实用化过程中急需解决的问题。另一个方面，环境光将改变这些光源照射到物体上的总光能，使输出的图像数据存在噪声，一般采用加防护屏的方法，减少环境光的影响。

由于存在上述问题，在现今的工业应用中，对于某些要求高的检测任务，常采用X射线、超声波等不可见光作为光源。但是不可见光不利于检测系统的操作，且价格较高，所以，目前在实际应用中，仍多用可见光作为光源。

照明系统按其照射方法可分为：背向照明、前向照明、结构光和频闪光照明等。其中，背向照明是被测物放在光源和摄像机之间，它的优点是能获得高对比度的图像。前向照明是光源和摄像机位于被测物的同侧，这种方式便于安装。结构光照明是将光栅或线光源等投射到被测物上，根据它们产生的畸变，解调出被测物的三维信息。频闪光照明是将高频率的光脉冲照射到物体上，照相机拍摄要求与光源同步。

(二)图像聚焦形成

被测物的图像通过一个透镜聚焦在敏感元件上，如同照相机拍照一样。所不同的是照相机使用胶卷，而机器视觉系统使用传感器来捕捉图像，传感器将可视图像转化为电信号，便于计算机处理。

应根据实际应用的要求选取机器视觉系统中的摄像机，其中摄像机的透镜参数是一项重要指标。透镜参数分为四个部分：放大倍率、焦距、景深和透镜安装。

(三)图像确定和形成摄像机输出信号

机器视觉系统实际上是一个光电转换装置，即将传感器所接收到的透镜成像，转化为计算机能处理的电信号，交由上位机处理，完成目标量的控制。摄像机输出信号常作为上位机数据处理的源信号，摄像机通常为电子管或固体状态。

电子管摄像机发展较早，20 世纪 30 年代就已应用于商业电视，它采用包含光感元件的真空管进行图像传感，将所接收到的图像转换成模拟电压信号输出。具有 RS－170 输出制式的摄像机可直接与商用电视显示器相连。

固体状态摄像机是在 20 世纪 60 年代后期，美国贝尔电话实验室发明了电荷耦合装置(CCD)后发展起来的。它由分布于各个像元的光敏二极管的线性阵列或矩形阵列构成。通过按一定顺序输出每个二极管的电压脉冲，实现将图像光信号转换成电信号的目的。输出的电压脉冲序列可以直接以 RS－170 制式输入标准电视显示器，或者输入计算机的内存，进行数值化处理。CCD 是现在最常用的机器视觉传感器，在工业领域应用广泛。

三、图像处理技术

机器视觉系统中，视觉信息的处理技术主要依赖于图像处理方法，它包括图像增强、数据编码和传输、平滑、边缘锐化、分割、特征抽取、图像识别与理解等内容。经过这些处理后，输出图像的质量得到相当程度的改善，既改善了图像的视觉效果，又便于计算机对图像进行分析、处理和识别。

(一)图像的增强

图像的增强用于调整图像的对比度，突出图像中的重要细节，改善视觉质量。通常采用灰度直方图修改技术进行图像增强。图像的灰度直方图是表示一幅图像灰度分布情况的统计特性图表，与对比度紧密相连。

通常，在计算机中一幅二维数字图像可表示为一个矩阵，其矩阵中的元素是位于相应坐标位置的图像灰度值，是离散化的整数，一般取 0，1，…，255。这主要是因为计算机中的一个字节所表示的数值范围是 0～255。另外，人眼也只能分辨 32 个左右的灰度级。所以，用一个字节表示灰度即可。

但是,直方图只能统计某级灰度像素出现的概率,反映不出该像素在图像中的二维坐标。因此,不同的图像有可能具有相同的直方图。通过灰度直方图的形状,能判断该图像的清晰度和黑白对比度。

如果获得一幅图像的直方图效果不理想,可以通过直方图均衡化处理技术作适当修改,即把一幅已知灰度概率分布图像中的像素灰度作某种映射变换,使它变成一幅具有均匀灰度概率分布的新图像,实现使图像清晰的目标。

(二)图像的平滑

图像的平滑处理技术即图像的去噪声处理,主要是为了去除实际成像过程中,因成像设备和环境所造成的图像失真,从而提取有用信息。众所周知,实际获得的图像在形成、传输、接收和处理的过程中,不可避免地存在着外部干扰和内部干扰,如光电转换过程中敏感元件灵敏度的不均匀性、数字化过程的量化噪声、传输过程中的误差以及人为因素等,均会使图像变质。因此,去除噪声,恢复原始图像是图像处理中的一个重要内容。

(三)图像的数据编码和传输

数字图像的数据量是相当庞大的,一幅 512×512 个像素的数字图像的数据量为 256 K 字节,若假设每秒传输 25 帧图像,则传输的信道速率为 52.4Mb/s。高信道速率意味着高投资,也意味着普及难度的增加。因此,在传输过程中,对图像数据进行压缩显得非常重要。数据的压缩主要通过图像数据的编码和变换压缩完成。

图像数据编码一般采用预测编码,即将图像数据的空间变化规律和序列变化规律用一个预测公式表示,如果知道了某一像素的前面各相邻像素值之后,可以用公式预测该像素值。采用预测编码,一般只需传输图像数据的起始值和预测误差,因此可将 8 比特/像素压缩到 2 比特/像素。

变换压缩方法是将整幅图像分成一个个小的(分割成 8×8 或 16×16)数据块,再将这些数据块分类、变换、量化,从而构成自适应的变换压缩系统。该方法可将一幅图像的数据压缩到为数不多的几十个比特传输,在接收端再变换回去即可。

(四)边缘锐化

图像边缘锐化处理主要是加强图像中的轮廓边缘和细节,形成完整的物体边界,达到将物体从图像中分离出来或将表示同一物体表面的区域检测出来的目的。它是早期视觉理论和算法中的基本问题,也是决定中期和后期视觉成败的重要因素之一。

(五)图像的分割

图像分割是将图像分成若干部分,每一部分对应于某一物体表面,在进行分割时,每一部分的灰度或纹理符合某一种均匀测度度量,其本质是将像素进行分类。分类的依据是像素的灰度值、颜色、频谱特性、空间特性或纹理特性等。图像分割是图像处理技术的基本方法之一,应用于诸如染色体分类、景物理解系统、机器视觉等方面。

图像分割主要有两种方法:一是基于度量空间的灰度阈值分割法。它根据图像灰度直方图来决定图像空间域像素聚类。但它只利用了图像灰度特征,并没有利用图像中的其他有用信息,使得分割结果对噪声十分敏感;二是基于空间域区域增长分割方法。它是将在某种意义上(如灰度级、组织、梯度等)具有相似性质的像素连通集构成分割区域,该方法有很好的分割效果，但缺点是运算复杂，处理速度慢。其他的方法如边缘追踪法，主要着眼于保持边缘性质，跟踪边缘并形成闭合轮廓，将目标分割出来；锥体图像数据结构法和标记松弛迭代法同样是利用像素空间分布关系，将边邻的像素作合理地归并；而基于知识的分割方法则是利用景物的先验信息和统计特性，首先对图像进行初始分割，抽取区域特征，然后利用领域知识推导区域的解释，最后根据解释对区域进行合并。

（六）图像的识别

图像的识别过程实际上可以看作是一个标记过程，即利用识别算法来辨别景物中已分割好的各个物体，给这些物体赋予特定的标记，它是机器视觉系统必须完成的一个任务。

按照图像识别的从易到难，可分为三类问题。第一类是识别问题中，图像中的像素表达了某一物体的某种特定信息。如遥感图像中的某一像素代表地面某一位置地物的一定光谱波段的反射特性，通过它即可判别出该地物的种类。第二类是配准问题中，待识别物是有形的整体，二维图像信息已经足够识别该物体，如文字识别、某些具有稳定可视表面的三维体识别等。但这类问题不像第一类问题那样容易表示成特征矢量，在识别过程中，应先将待识别物体正确地从图像的背景中分割出来，再设法将建立起来的图像中物体的属性图与假定模型库的属性图之间进行匹配。第三类是三维重建问题，由输入的二维图、要素图、2.5 维图等，得出被测物体的三维表示。这里存在着如何将隐含的三维信息提取出来的问题，是当今研究的热点。

目前用于图像识别的方法主要分为决策理论和结构方法。决策理论方法的基础是决策函数，利用它对模式向量进行分类识别，是以定时描述（如统计纹理）为基础的；结构方法的核心是将物体分解成了模式或模式基元，而不同的物体结构有不同的基元串（或称字符串），通过对未知物体利用给定的模式基元求出编码边界，得到字符串，再根据字符串判断它的属类。这是一种依赖于用符号描述被测物体之间关系的方法。

第二节　视觉分拣工作站系统机械安装

一、识读机械装配图

装配工作站安装图纸如图 8-1 所示：

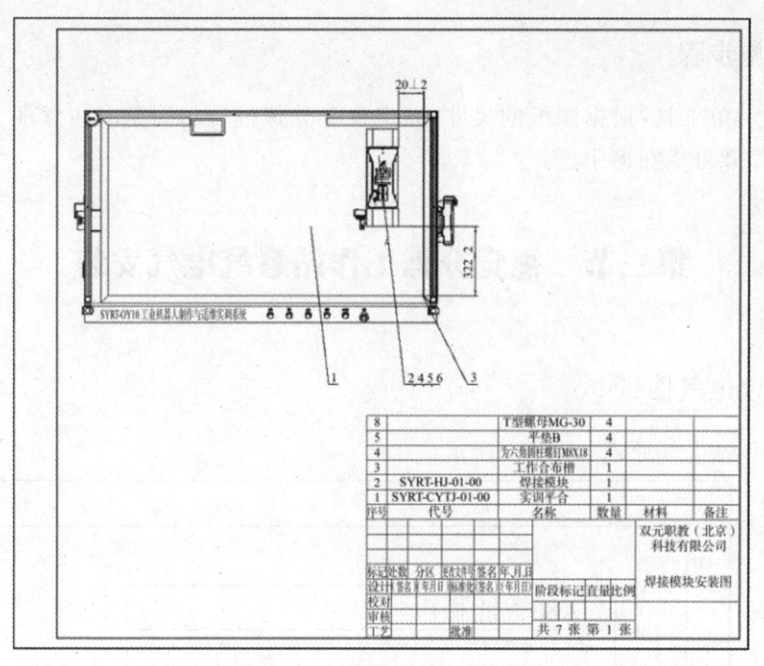

图 8-1　视觉分拣工作站安装图纸

二、准备模块

根据装配图中的要求，准备模块，并擦拭其表面。如图 8-2 所示。

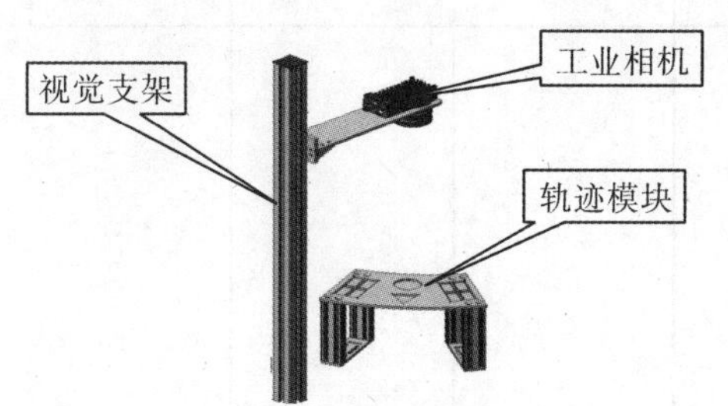

图 8-2　视觉分拣模块

三、所需工具

所需工具如表 8-1 所示。

表 8-1　工具一览

工具名称	型号	功能	图片
钢直尺	500mm	距离测量	
内六角套装	09113	安装模块	
铅笔		划线	

四、实施步骤

使用内六角工具，根据图纸的尺寸，固定视觉分拣模块。固定时注意 T 型螺母的朝向，确保 T 型螺母横在槽中。

第三节　视觉分拣工作站系统电气安装

一、识读电气图纸

分拣工作站电气原理如图 8-3 所示。

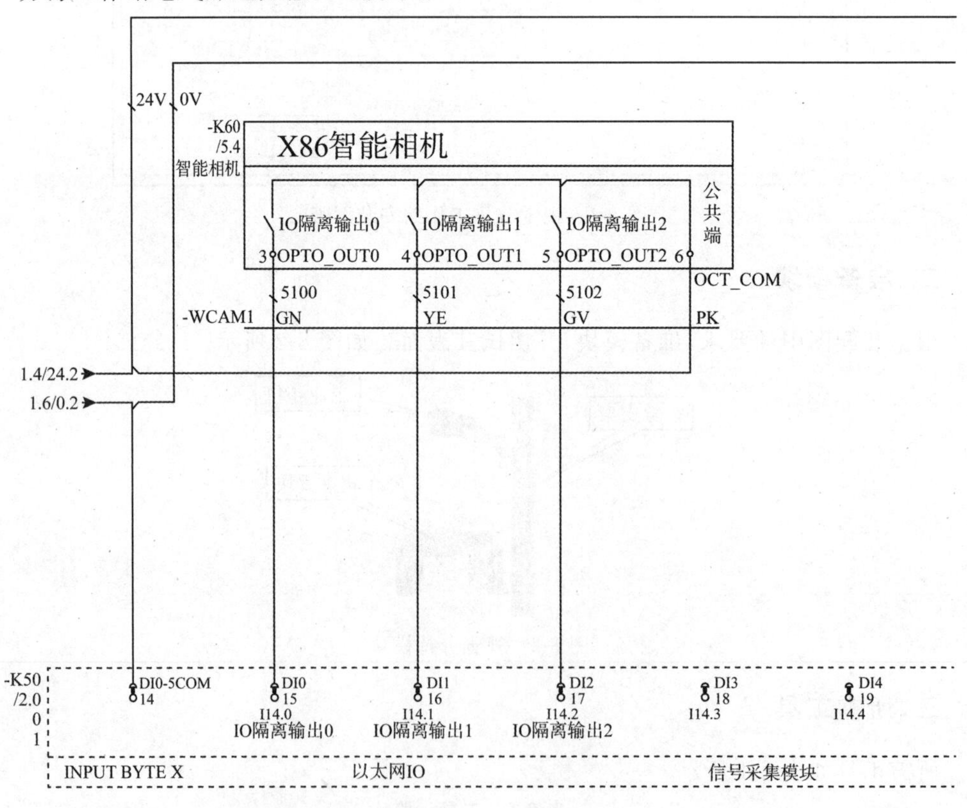

IO隔离输出0　　IO隔离输出1　　IO隔离输出2

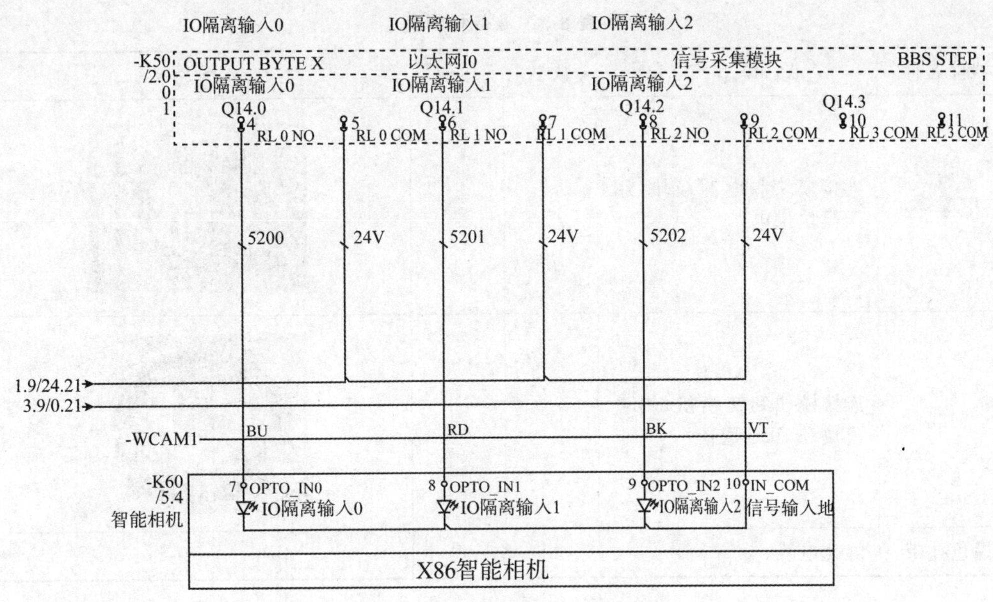

图 8-3 分拣工作站电气原理图

根据电气原理，获得信息如表 8-2 所示。

表 8-2 输入输出信息列

类型	接口名称	代号	功能	IO 地址
输入	DI0－5COM	0V	输入 0－5 公共端	—
	IO 隔离输出 0			I14.0
	IO 隔离输出 1			I14.1
	IO 隔离输出 2			I14.2
输出	IO 隔离输入 0			Q14.0
	RL_0_COM	24V	输出 0 公共端	—
	IO 隔离输入 1			Q14.1
	RL_1_COM	24V	输出 1 公共端	—
	IO 隔离输入 2			Q14.2
	RL_2_COM	24V	输出 2 公共端	—

二、准备材料

根据电气原理图，准备如表 8-3 所示材料。

表 8-3 准备材料列

器件名称	作用	数量	单位	图片
电缆线	连接模块和电源模块，用于模块供电	1	套	
网线	连接模块和交换机，用于模块和 PLC 通信	1	根	
黑色扎带	绑扎电线	20	根	

三、实施步骤

(1)将连接电缆的航空插头的母头插入视觉分拣模块航空插头连接器的公头。

(2)旋转航空插头的螺纹连接处，将连接电缆航空插头紧固在电源模块的母头连接器。

(3)将网线水晶头一端插入视觉分拣模块网线口处。

(4)将网线水晶头另一端插入工交换机网线口中。

(5)清理周边卫生，完成操作。

第九章 工业机器人外围设备

理论知识掌握要求

- 熟悉传感器的功能及应用。
- 熟悉 PLC 的功能及应用。
- 熟悉工业网络通讯协议。

操作要求

- 掌握触摸屏设计思路。

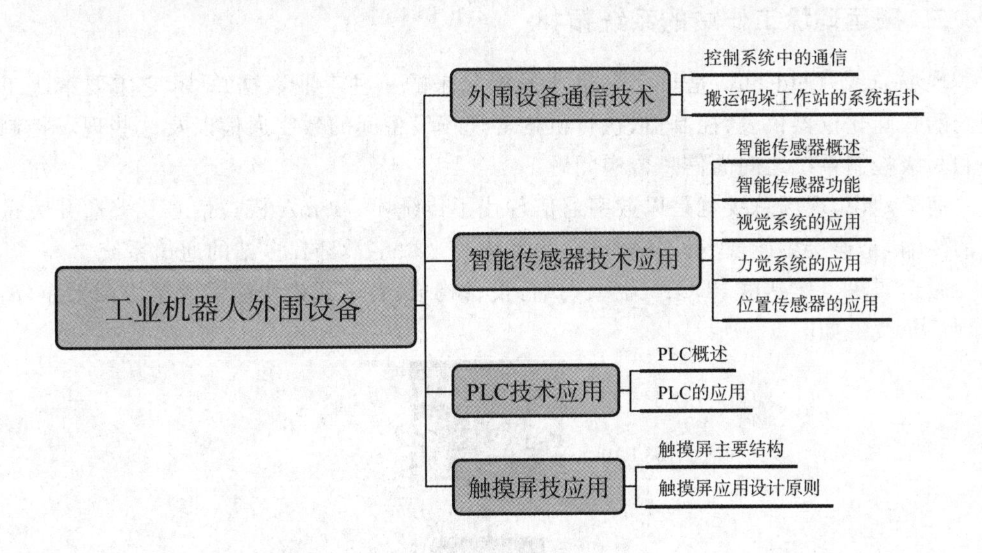

第一节　外围设备通信技术

一、控制系统中的通信

对于机器人来说，控制系统显得尤为重要，它向各个执行元器件发出如运动轨迹、动作顺序、运动速度、动作时间等指令，还能监视自身行为，一旦发现有异常行为就会自检并排查、分析原因，并及时做出报警提示。随着机器人复杂程度的提高，其控制技术的难度也越来越大，这样它们之间的通信问题就变得非常重要了。

工业机器人的控制系统主要由通信接口、位置伺服、I/O 控制器及数据采集点组成，其体系结构一般可以简化为如图 9-1 所示。

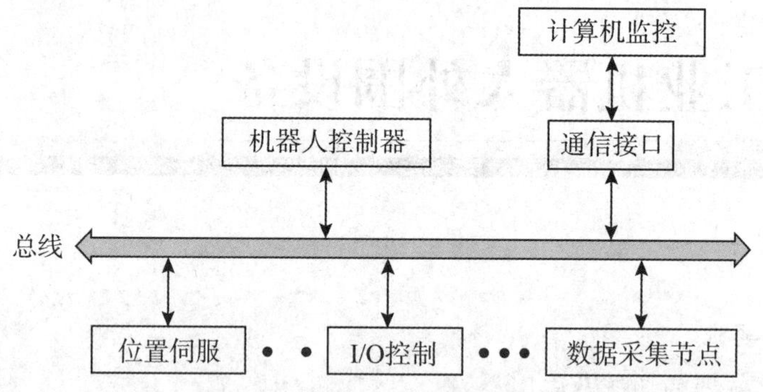

图 9-1　控制系统通信示意图

近年来随着机器人研究领域的不断深入，其技术已涉及传感器技术、控制技术、信息处理技术、人工智能和网络通信技术等方面，其功能日益强大，结构日趋复杂和完善。通信协议是在设计机器人通信时要首先考虑的，因为协议是数据传输的准则。通信协议按照三个级别来建立：物理级、连接级和应用级。

二、搬运码垛工作站的系统拓扑

现场总线(field bus)是近年来迅速发展起来的一种工业数据总线，它主要解决工业现场的智能化仪器仪表、控制器、执行机构等现场设备间的数字通信以及这些现场控制设备和高级控制系统之间的信息传递问题。

简单地说，现场总线就是以数字通信替代了传统 4～20mA 模拟信号及普通开关量信号的传输，是连接智能现场设备和自动化系统的全数字、双向、多站的通信系统。

搬运码垛工作站由 PLC、机器人、执行设备构成，各单元模块能够直接协调工作，离不开现场总线。如图 9-2 所示。

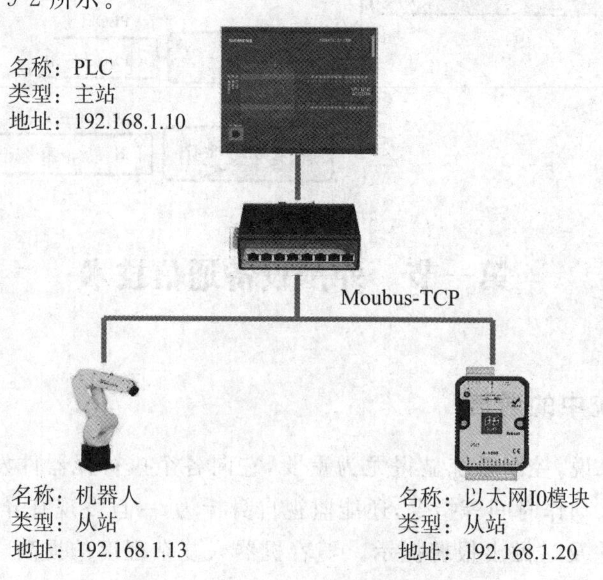

图 9-2　搬运码垛工作站系统拓扑

后搬运码垛工作站的系统中，PLC 为系统的主控设备，其站类型为 Moubus-tcp 主站，负责整个工作站的主控工作；机器人的站类型为 Moubus-tcp 从站，接收来自主站的控制信号，执行相应的动作，同时将状态反馈给主站；以太网的站类型为 Moubus-tcp 从站，接收来自主站的控制信号，执行相应的动作，同时将状态反馈给主站。各站之间相互配合完成搬运码垛的任务。

第二节　智能传感器技术应用

传感技术同计算机技术与通信技术一起被称为信息技术的三大支柱。从物联网角度看，传感技术是衡量一个国家信息化程度的重要标志。传感技术是关于从自然信源获取信息，并对之进行处理（变换）和识别的一门多学科交叉的现代科学与工程技术，它涉及传感器（又称换能器）、信息处理和识别的规划设计、开发、制/建造、测试、应用及评价改进等活动。

一、智能传感器概述

智能传感器是一种对被测对象的某一信息具有感受、检出的功能，能学习、推理判断处理信号，并具有通信及管理功能的一类新型传感器。智能传感器有自动校零、标定、补偿、采集数据等能力。其能力决定了智能化传感器具有较高的精度和分辨率，较高的稳定性及可靠性，以及较好的适应性，相比于传统传感器还具有非常高的性价比。

智能传感器系统主要由传感器、微处理器及相关电路组成。智能传感器的原理如图 9-3 所示。

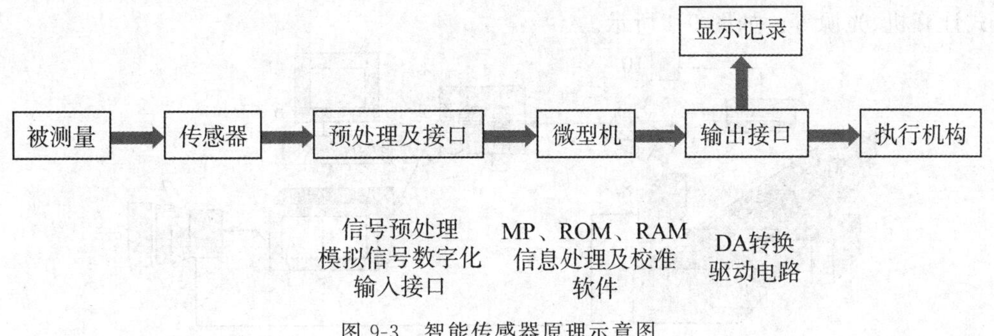

图 9-3　智能传感器原理示意图

二、智能传感器功能

智能传感器的功能是通过模拟人的感官和大脑的协调动作，结合长期以来测试技术的研究和实际经验而提出来的。是一个相对独立的智能单元，它的出现使得对原来硬件性能的苛刻要求有所减轻，而靠软件的帮助来使传感器的性能大幅度提高。

（一）复合敏感功能

能够同时测量多种物理量和化学量。

(二)自适应功能

智能传感器可在条件变化的情况下,在一定范围内使自己的特性自动适应这种变化。

(三)自检、自校、自诊断功能

首先,在电源接通时进行自检,诊断测试以确定组件有无故障。其次,根据使用时间可以在线进行校正,微处理器利用存在 E2PROM 内的计量特性数据进行对比校对。

(四)信息存储功能

信息往往是成功的关键。智能传感器可以存储大量的信息,用户可随时查询。

(五)数据处理功能

通过查表方式可使非线性信号线性化,或通过数字滤波器对数字信号滤波,从而可减少噪声或其他相关效应的干扰。

(六)组态功能

用户可随意选择需要的组态。

(七)数字通讯功能

利用串行通信有效管理设备装置之间的数据传输。

三、视觉系统的应用

(一)视觉系统的组成

机器视觉系统是指通过机器视觉产品(图像采集装置)获取图像,然后将获得的图像传送至处理单元,通过数字化图像处理进行目标尺寸、形状、颜色等的判别,进而根据判别的结果控制现场设备。一个典型的机器视觉系统包括 CCD 相机、视觉采集卡和 PC 或嵌入式计算机、光源等。如图 9-4 所示。

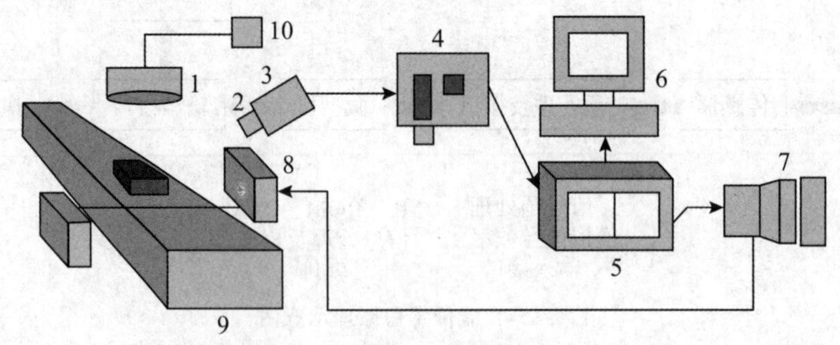

图 9-4　图像采集装置示意图

1—光源,分为前光源和后光源等;2—光学镜头,完成光学聚焦或放大功能;3—摄像机,分为模拟摄像机和数字摄像机,智能相机包括 3、4、5;4—图像采集卡,完成帧格式图像采集及数字化;5—图像处理系统,PC 或嵌入式计算机;6—显示设备,显示检测过程与结果;7—驱动单元,控制执行机构的动作方式;8—执行机构,执行目标动作;9—测试台与被测对象;10—光源电源

(二)视觉系统的应用

1. 引导

引导应用，是指在机器视觉系统定位元件的位置和方向后，输出位置参数，引导执行机构来完成下一个动作(如工业机器人进行抓取、激光进行切割等)。视觉引导界面如图9-5所示。

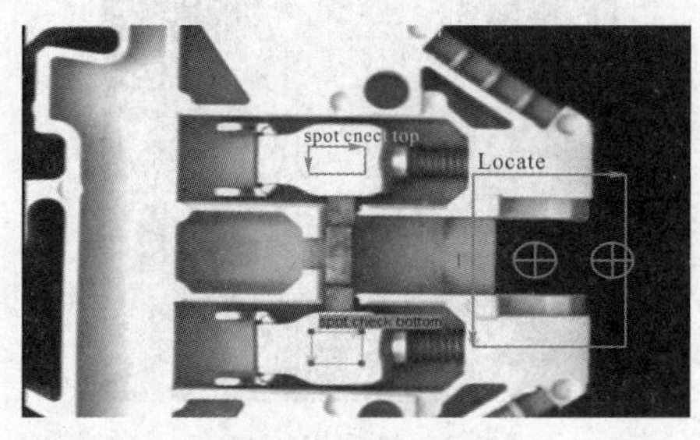

图 9-5　视觉引导界面

2. 识别

元件识别应用，是指机器视觉系统通过读取条码、二维码，直接将部件标识(DPM)及元件、标签和包装上印刷的字符数据识别出来。条码识别界面如图 9-6 所示。

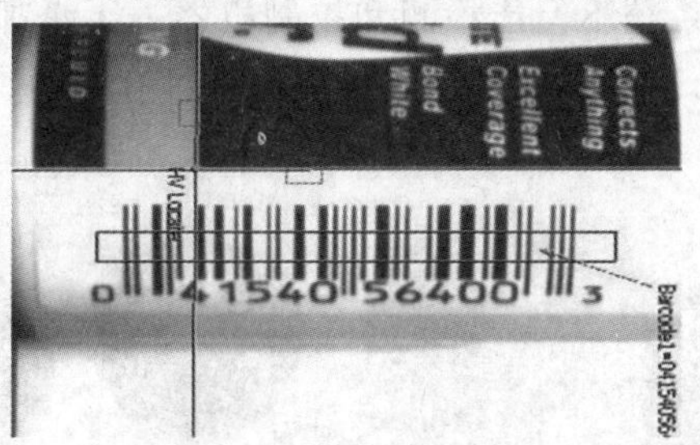

图 9-6　条码识别界面

3. 测量

测量应用，是指机器视觉系统通过计算物品上两个或以上的点或者几何位置之间的距离来进行测量，然后确定这些测量结果是否符合规格。如果不符合，视觉系统将向机器控制器发送一个未通过信号，进而触发生产线上的不合格产品剔除装置，将该物品从生产线上剔除。工件测量界面如图 9-7 所示。

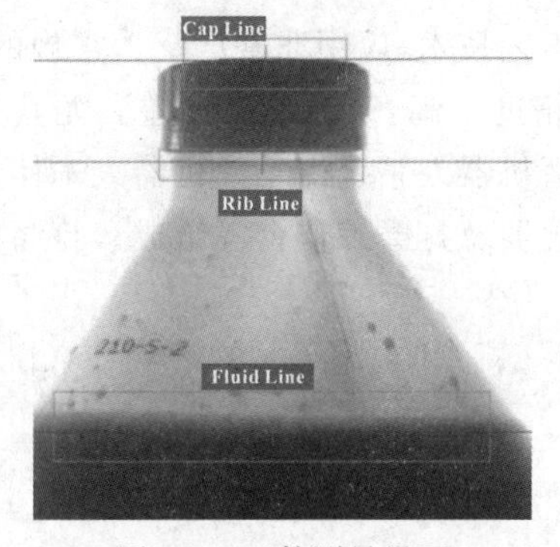

图 9-7　工件测量界面

4. 检验

检验应用，是指机器视觉系统通过检测制成品是否存在缺陷、污染物、功能性瑕疵和其他不合规之处，来进行产品检验。检验识别界面如图 9-8 所示。

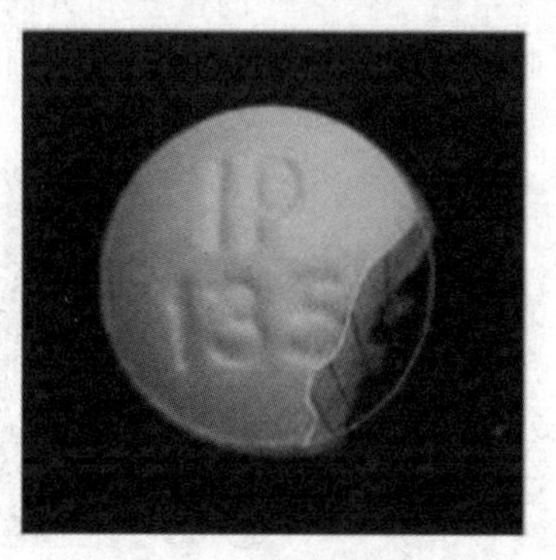

图 9-8　检验识别界面

四、力觉系统的应用

多维力传感器是力觉系统中比较常用的一种传感器，能同时检测三维空间的三个力/力矩信息。通过它的控制系统不但能检测和控制机器人手爪抓取物体的握力，而且还可以检测被抓取物体的重量，以及在抓取操作过程中是否有滑动、振动等现象。常见力觉传感器如图 9-9 所示。

图 9-9　力觉传感器

打磨是一种表面改性的工艺技术，应用非常广泛。常规的打磨方案采用人工打磨，生产效率低，工作周期长，而且精度不高，产品均一性差。尤其是打磨现场的噪声和粉尘污染对工人的伤害特别大。打磨机器人系统由工业机器人本体、机器人控制柜、路径规划计算机、打磨工具、六维力矩传感器及打磨工作台等组成。打磨机器人系统如图 9-10 所示。

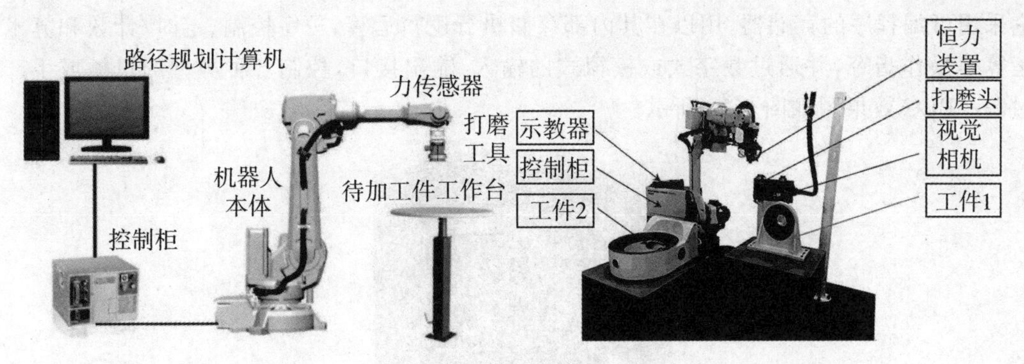

图 9-10　打磨机器人系统

五、位置传感器的应用

位置传感器是用于测量设备移动状态参数的功能元件。在工业机器人系统中,该类传感器安装在机器人坐标轴中,用来感知机器人自身的状态,以调整和控制机器人的行动。

光电编码器是集光、机、电技术于一体的数字化传感器,它利用光电转换原理将旋转信息转换为电信息,并以数字代码输出,可以高精度地测量转角或直线位移。光电编码器具有测量范围大、检测精度高、价格便宜等优点,在机器人的位置检测及其他工业领域都得到了广泛的应用。编码器在机器人的位置如图 9-11 所示。

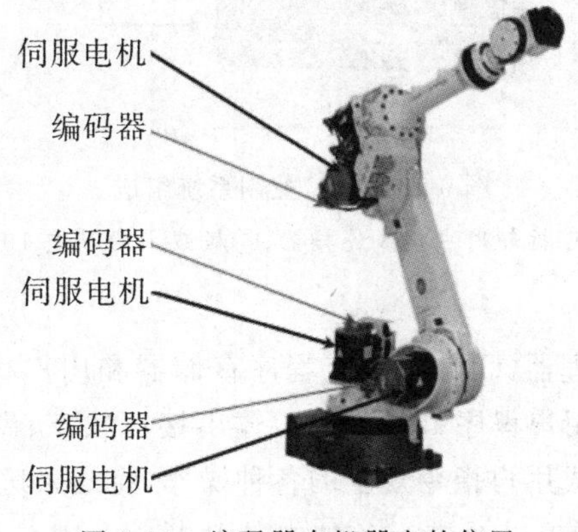

图 9-11　编码器在机器人的位置

第三节　PLC 技术应用

一、PLC 概述

可编程序控制器,英文为 Programmable Controller,简称 PC。但由于容易和个人计算机(Personal Compute)混淆,故人们仍习惯地用 PLC 作为可编程序控制器的缩写。它是一个以微处理器为核心的数字运算操作的电子系统装置,专为在工业现场应用而设计,它采用可编程序的存储器，用以在其内部存储执行逻辑运算、顺序控制、定时/计数和算术运算等操作指令，并通过数字式或模拟式的输入/输出接口，控制各种类型的机械或生产过程。PLC 效果图如图 9-12 所示。

图 9-12　PLC 效果图

PLC 控制系统如图 9-13 所示。

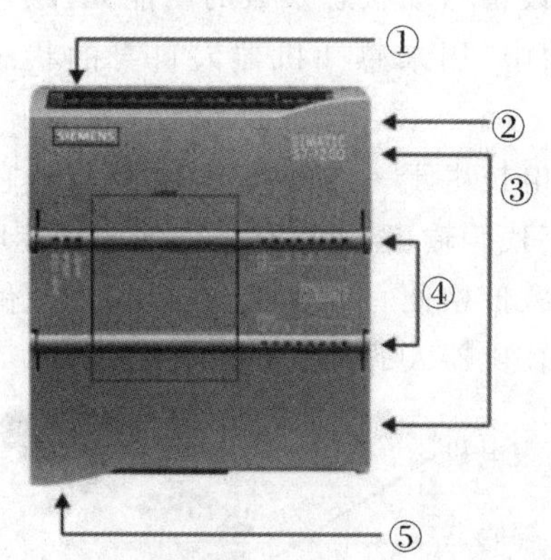

图 9-13　PLC 控制系统组成

①电源接口；②存储卡插槽；③可拆卸用户接线连接器；④板载 I/O 状态 LED；⑤PROFINET 连接器。

(一)主机

主机部分包括中央处理器(CPU)、系统程序存储器和用户程序及数据存储器。CPU 是 PLC 的核心，用以运行用户程序、监控输入/输出接口状态、做出逻辑判断和进行数据处理，即读取输入变量、完成用户指令规定的各种操作，将结果送到输出端，并响应外部设备(如电脑、打印机等)的请求以及进行各种内部判断等。PLC 的内部存储器有两类，一类是系统程序存储器，主要存放系统管理和监控程序及对用户程序作编译处理的程序，系统程序已由厂家固定，用户不能更改；另一类是用户程序及数据存储器，主要存放用户编制的应用程序及各种暂存数据和中间结果。

(二)输入/输出(I/O)接口

I/O 接口是 PLC 与输入/输出设备连接的部件。输入接口接收输入设备(如按钮、传感器、触点、行程开关等)的控制信号。输出接口是将主机经处理后的结果通过功放电路去驱动输出设备(如接触器、电磁阀、指示灯等)。I/O 接口一般采用光电耦合电路，以减少电磁干扰，从而提高了可靠性。I/O 点数即输入/输出端子数，是 PLC 的一项主要技术指标，通常小型机有几十个点，中型机有几百个点，大型机将超过千点。

(三)电源

电源是指为CPU、存储器、I/O接口等内部电子电路工作所配置的直流开关稳压电源,通常也为输入设备提供直流电源。

(四)编程

通过编程用户可以输入、检查、修改、调试程序或监示PLC的工作情况。通过专用的PC/PPI电缆线将PLC与电脑连接,并利用专用的软件进行电脑编程和监控。

(五)输入/输出扩展单元

I/O扩展接口用于将扩充外部输入/输出端子数的扩展单元与基本单元(即主机)连接在一起。

(六)外部设备接口

此接口可将打印机、条码扫描仪、变频器等外部设备与主机相连,以完成相应的操作。

二、PLC的应用

PLC在国内外已广泛应用于钢铁、石油、化工、电力、建材、机械制造、汽车、轻纺、交通运输、环保及文化娱乐等各个行业。

大致可归纳为如下几类:

(一)开关量的逻辑控制

这是PLC最基本、最广泛的应用领域,它取代传统的继电器电路,实现逻辑控制、顺序控制,既可用于单台设备的控制,也可用于多机群控及自动化流水线,如注塑机、印刷机、订书机械、组合机床、磨床、包装生产线、电镀流水线等。

(二)模拟量控制

在工业生产过程当中,有许多连续变化的量,如温度、压力、流量、液位和速度等都是模拟量。可编程控制器处理模拟量,必须实现模拟量(Analog)和数字量(Digital)之间的A/D转换及D/A转换。PLC厂家都生产配套的A/D和D/A转换模块,使可编程控制器用于模拟量控制。

(三)运动控制

PLC可以用于圆周运动或直线运动的控制。广泛用于各种机械、机床、机器人、电梯等场合。

(四)过程控制

过程控制是指对温度、压力、流量等模拟量的闭环控制。PID调节是一般闭环控制系统中用得较多的调节方法。大中型PLC都有PID模块,目前许多小型PLC也具有此功能模块。过程控制在冶金、化工、热处理、锅炉控制等场合有非常广泛的应用。

(五)数据处理

现代PLC具有数学运算(含矩阵运算、函数运算、逻辑运算)、数据传送、数据转换、排序、查表、位操作等功能,可以完成数据的采集、分析及处理。这些数据可以与存储在存储器中的参考值比较，完成一定的控制操作，也可以利用通信功能传送到别的智能装置，如造纸、冶金、食品工业中的一些大型控制系统。

(六)通信及联网

PLC 通信含 PLC 间的通信及 PLC 与其他智能设备间的通信。随着计算机控制的发展，工厂自动化网络发展迅速，各 PLC 厂商都十分重视 PLC 的通信功能，纷纷推出各自的网络系统。新近生产的 PLC 都具有通信接口，通信非常方便。

第四节　触摸屏技术应用

触摸屏(见图 9-14)是一种可编程控制的人机界面产品，适用于现场控制，可靠性高，编程简单，使用维护方便。在工艺参数较多又需要人机交互时使用触摸屏，可使整个生产的自动化控制功能得到大大加强。

图 9-14　触摸屏

一、触摸屏主要结构

一个基本的触摸屏由触摸传感器、控制器和软件驱动器作为三个主要组件。在与 PLC 等终端连接后，可组成一个完整的监控系统。

随着物联网等通信技术的发展，触摸屏支持越来越多的通信协议，这也使得触摸屏可连接的终端越来越丰富。常见触摸屏的接口如图 9-15 所示。

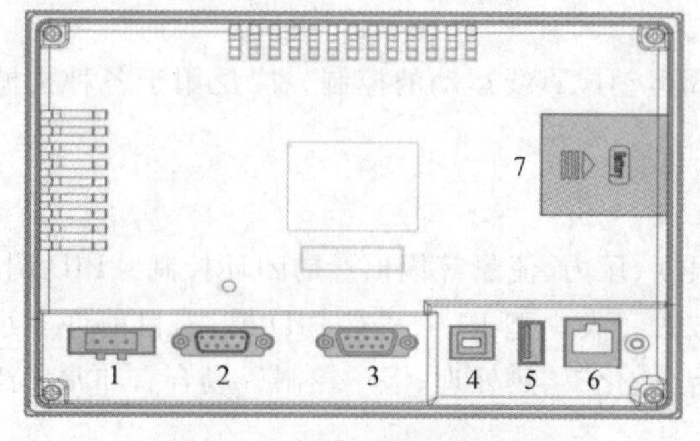

图 9-15　触摸屏接口示意图

1—电源接口；2—串行通信口；3—串行通信口；4—USB 接口；5—USB 接口；

6—以太网端口；7—SIM 卡插座

这些接口不仅能够支持更多的终端设备,也使得触摸屏的集成越来越简单。

(1)电源接口:用于触摸屏的供电,通常为直流 24V 供电;

(2)串行通信口:触摸屏与 PLC 的通信接口;

(3)USB 接口:可用作 PC 下载、调试用户程序;

(4)USB 接口:U 盘的数据读写,可连接鼠标、打印机等设备;

(5)以太网端口:可支持基于以太网的通信协议,可用于访问具有 LAN 口的 PLC 或 PC 等设备;

(6)SIM 卡插座:可通过 SIM 卡,使用移动基站与服务器建立无线通信,进行数据传输。

二、触摸屏应用设计原则

触摸屏画面由专用软件进行设计,先通过仿真调试,认为正确后再下载到触摸屏。触摸屏画面总数应在其存储空间允许的范围内,各画面之间尽量做到可相互切换。

(一)主画面的设计

一般情况下,可用欢迎画面或被控系统的主系统画面作为主画面。通过主画面可进入各分画面。各分画面均能一步返回主画面。若是将被控系统的主系统画面作为主画面,则应在画面中显示被控系统的一些主要参数,以便在此画面上对整个被控系统有大致的了解,如图9-16所示。在主画面中,可以使用按钮、图形、文本框、切换画面等控件,实现信息提示、画面切换等功能。

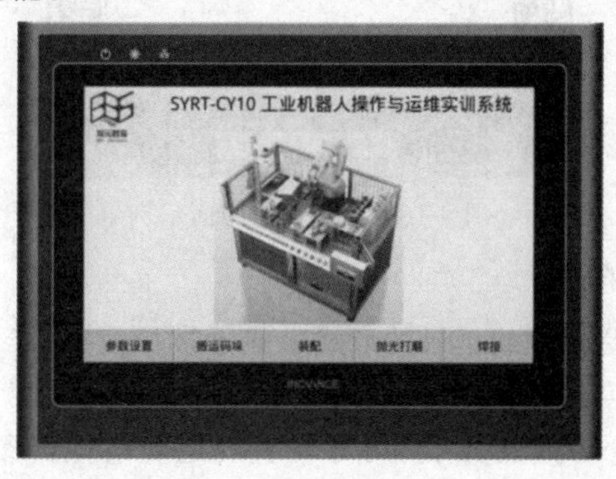

图 9-16　主画面示例

(二)控制画面的设计

控制画面主要用来控制被控设备的启停及显示 PLC 内部的参数。也可将 PLC 参数的设定做在其中。这种画面的数量在触摸屏画面中占得最多,其具体画面数量由实际被控设备决定。在控制画面中,可以通过图形控件、按钮控件,采用连接变量的方式,改变图形的显示形式,从而反映出被控对象的状态变化,如图 9-17 所示。

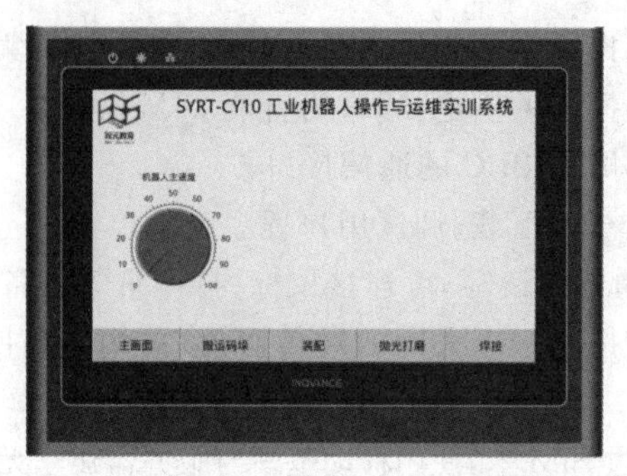

图 9-17　控制画面示例

(三)参数设置画面的设计

参数设置画面主要是对 PLC 的内部参数进行设定,同时还应显示参数设置完成的情况。实际制作时还应考虑加密的问题,限制闲散人员随意改动参数,对生产造成不必要的损失。在参数设置页面中,可以通过文本框、输入框等控件的使用,方便快捷地监控和修改设备的参数,如图 9-18 所示。

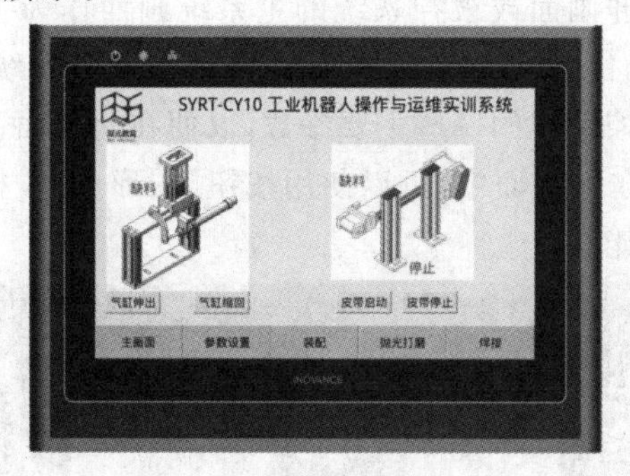

图 9-18　参数设置画面示例

(四)实时趋势画面的设计

实时趋势画面主要是以曲线记录的形式来显示被控值、PLC 模拟量的主要工作参数(如输出变频器频率、温度趋线值)等的实时状态。在该画面中常常使用趋势图控件或者柱形图控件,将被测变量数值图形化,可方便直观地观察待测参数的变化量,如图 9-19 所示。

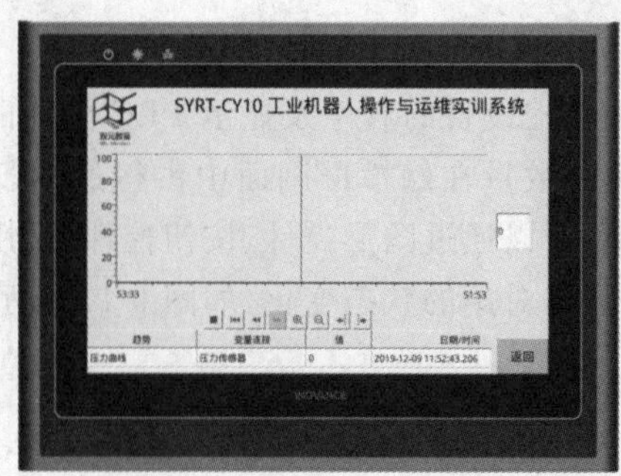

图 9-19　实时趋势画面示例

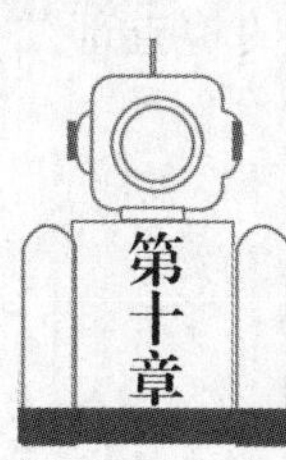

第十章 工业机器人系统维护

理论知识掌握要求

- 掌握工业机器人控制柜日常维修点检项目。
- 掌握工业机器人控制柜清理项目。
- 掌握工业机器人部件更换的流程。

技能操作要求

- 能进行控制柜日常点检。
- 能进行控制柜内部清洁。
- 能进行部件的更换。

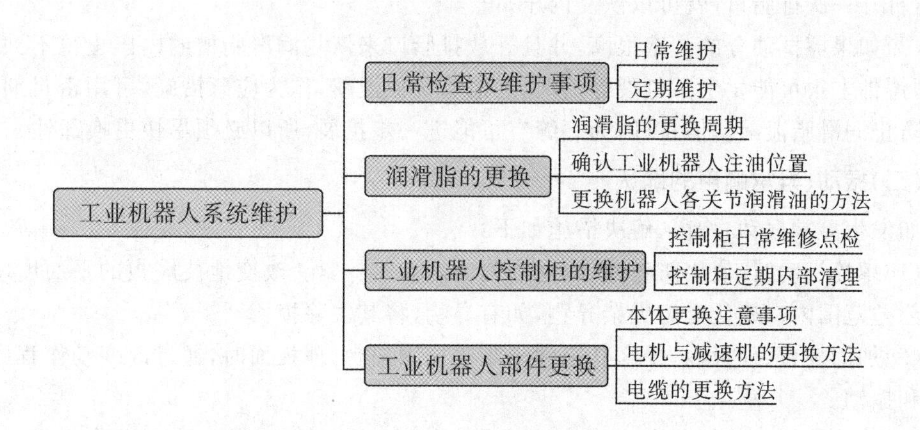

第一节 日常检查及维护事项

一、日常维护

通过检修和维修，可以将机器人的性能保持在稳定的状态。在每天运转系统时，应就下列项目随时进行检修。

(一)渗油的确认

检查是否有油分从各关节渗出。有油分渗出时,请将其擦拭干净。渗油的检查部位如图 10-1 所示。

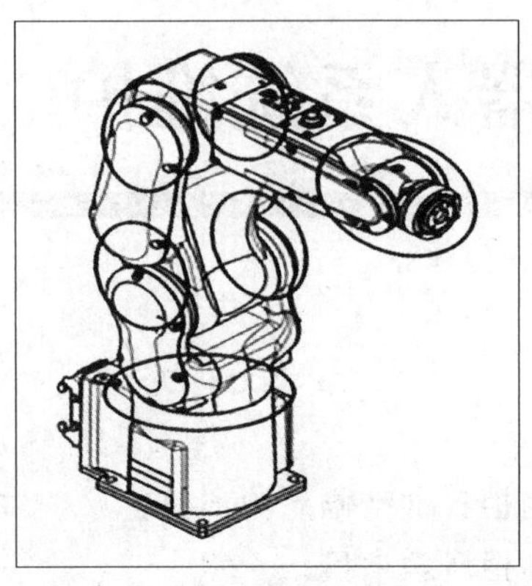

图 10-1　工业机器人渗油部位

解决措施如下:

(1)根据动作条件和周围环境,油封的油唇外侧可能有油分渗出(微量附着)。该油分累积而呈水滴状时,根据动作情况恐会滴下。在运转前通过清扫油封部下侧的油分,就可以防止油分的累积。

(2)如果驱动部变成高温,润滑脂槽内压可能会上升。在这种情况下,在运转刚刚结束后,打开一次排脂口,就可以恢复内压。

(3)如果擦拭油分的频率很高,并且开放排脂口来恢复润滑脂槽的内压也得不到改善时,则铸件上很可能发生了龟裂等情况,润滑脂疑似泄露,作为应急措施,可用密封剂封住裂缝防止润滑脂泄漏。但是,因为裂缝有可能进一步扩展,所以必须尽快更换部件。

(二)振动、异常响声的确认

如发生异常振动、响声,解决措施如下:

(1)螺栓松动时,使用防松胶,以适当的力矩切实拧紧。改变地装底板的平面度,使其落在公差范围内。确认是否夹杂异物,如有异物,将其去除掉。

(2)加固架台、地板面,提高其刚性。难于加固架台、地板面时,通过改变动作程序,可以缓和振动。

(3)确认机器人的负载允许值。超过允许值时,减少负载,或者改变动作程序。可通过降低速度、降低加速度等做法,将给总体循环时间带来的影响控制在最小限度,通过改变动作程序,来缓和特定部分的振动。

(4)使机器人每个轴单独动作,确认哪个轴产生振动。如需要可拆下电机,更换齿轮、轴承、减速机等部件。不在过载状态下使用机器人,可以避免驱动系统的故障。按照规定的时间间隔补充指定的润滑脂,可以预防故障的发生。

(5)检查机器人有关振动轴的电机,机器人仅在特定姿势下振动时,可能是因为机构部内电缆断线。确认机构部和控制装置连接电缆上是否有外伤,有外伤时,更换连接电缆,确认是否还振动。确认电源电缆上是否有外伤,有外伤时,更换电源电缆,确认是否还

振动。确认已经提供规定电压。作为动作控制用变量，确认已经输入正确的变量，如果有错误，重新输入变量。

(6)切实连接地线，以避免接地碰撞，防止电气噪声从别处混入。

(三)定位精度的确认

检查是否与上次再生位置偏离，停止位置是否出现离差等。

解决措施如下：

(1)重复定位精度不稳定时，请参照振动、异常声音、松动项，排除机构部的故障。重复定位精度稳定时，请修改示教程序。只要不再发生碰撞，就不会发生位置偏移。脉冲编码器异常的情况下，请更换电机。

(2)请改变外围设备的设置位置。请修改示教程序。

(3)重新输入以前正确的零点标定数据。不明确正确的零点标定数据时，请重新进行零点标定。

二、定期维护

对于这些项目，以规定的运转期间或者运转累计时间中较短一方为标准进行如表10-1所示项目的检修、整备和维修作业。

表 10-1　定期检修卡

检修和更换项 运转累计时间(H)			检修时间	供脂量	首次检修 320	3个月 960	6个月 1920	9个月 2880	1年 3840	4800	5760	6720	2年 7680	8640	9600	10560
机构部	1	外伤，油漆脱落的确认	0.1H	—		O	O	O	O	O	O	O	O	O	O	O
	2	沾水的确认	0.1H	—		O	O	O	O	O	O	O	O	O	O	O
	3	露出的连接器是否松动	0.2H	—		O			O				O			
	4	末端执行器安装螺栓的紧固	0.2H	—		O			O				O			
	5	盖板安装螺栓、外部主要螺栓的紧固	2.0H	—		O			O				O			
	6	机械式制动器的检修	0.1H			O			O				O			
	7	垃圾、灰尘等的清除	1.0H	—		O	O	O	O	O	O	O	O	O	O	O
	8	机械手电缆、外设电池电缆（可选购项）的检查	0.1H			O			O				O			
	9	电池的更换（指定内置电池时）	0.1H	—					O				O			
	10	各轴减速机的供脂	0.5H	14ml （*1） 12ml （*2）												
	11	机构部内电缆的更换	4.0H	—												
控制装置	12	示教器以及操作箱连接电缆有无损伤	0.2H	—		O			O				O			
	13	通风口的清洁	0.2H	—	O	O	O	O	O	O	O	O	O	O	O	O
	14	电池的更换×3	0.1H	—												

第二节　润滑脂的更换

一、润滑脂的更换周期

减速机的润滑脂,必须按照如表 10-2 所示步骤每 4 年更换一次,或者运转累计时间每达 15360 小时进行补充。

表 10-2　4 年或者 15360 小时定期补充更换用指定润滑脂以及供脂量

补充部位	补充量	机型	指定润滑脂
J1 轴减速机	2.7g(3ml)	4S/4SH	Harmonic Grease 4BNo.2 规格:A98L－0040－0230
J2 轴减速机	2.7g(3ml)		
J3 轴减速机	1.8g(2ml)		
J4 轴减速机	1.8g(2ml)		
J5 轴减速机	1.8g(2ml)		
J6 轴减速机	1.8g(2ml)		

二、确认工业机器人注油位置

润滑脂的补充,应在任意姿势下进行。

(1)切断控制装置的电源。

(2)把供脂口的密封螺栓取下。

(3)用注射器把润滑脂补充到规定量。润滑脂正在补充中或者刚补充完后,润滑脂会流出来。请注意!此时,勿充多余的润滑脂。

(4)务必换上新的密封螺栓。重新利用旧的密封螺栓时,务须用密封胶带予以密封。图 10-2 为减速机的润滑脂补充作业图。

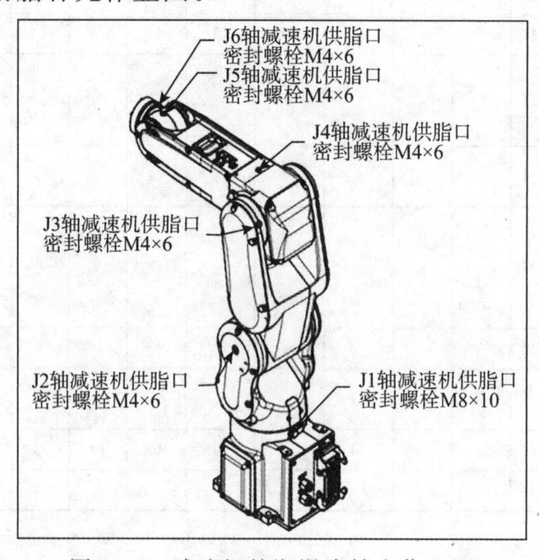

图 10-2　减速机的润滑脂补充作业图

三、更换机器人各关节润滑油的方法

更换机器人各关节润滑油的方法如表 10-3 所示。

表 10-3　更换机器人各关节润滑油的方法

序号	操作步骤
1	手动操作机器人移至换油工作姿态
2	根据保养手册标准，找到工业机器人各轴注油口和排油口的位置
3	补充油脂作业时，取下排油口螺塞，用油枪从注油口注油。安装排油口螺塞前，运转轴几分钟，使多余的油脂从排油口排出
4	用抹布擦净从排油口排出的多余油脂，安装螺塞。螺塞的螺纹处要包缠生胶带并用扳手拧紧
5	更换油脂作业时，取下排油口螺栓，用油枪从注油口注油。从排油口完全排出旧油，当开始排出新油时，说明油脂更换结束
6	安装排油口螺栓前，运转轴几分钟，使多余的油脂从排油口排出
7	用抹布擦净从排油口排出的多余油脂，安装螺栓。螺栓的螺纹处要包缠生胶带并用扳手拧紧

第三节　工业机器人控制柜的维护

一、控制柜日常维修点检

(1)检查示教器(见图 10-3)电缆有无破损，电缆与示教器的接头是否连接牢固，示教器电缆是否过度扭曲。

图 10-3　示教器

(2)检查控制柜(见图 10-4)风口是否集聚大量灰尘,造成通风不良。

图 10-4　控制柜

(3)检查控制柜内风扇(见图 10-5)是否正常转动。

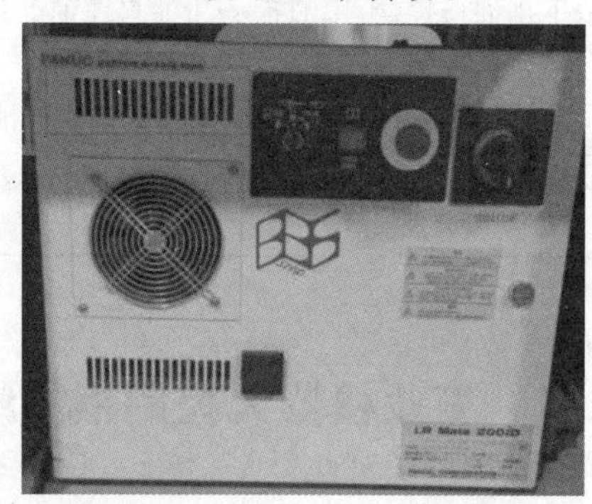

图 10-5　控制柜内风扇

(4)检查控制柜到本体的连接电缆是否有损伤,行线槽中是否有杂物。

(5)检查急停按钮动作信号是否有效可靠。

(6)检查供电电压是否为 220V。

(7)检查确认控制柜现场环境是否整洁。

二、控制柜定期内部清理

(1)清理控制柜风扇(见图 10-6),清理风扇灰尘,清理再生电阻灰尘。

图 10-6　控制柜风扇

(2)清理柜门外风扇防护罩(见图 10-7)灰尘。

图 10-7　风扇防护罩

第四节　工业机器人部件更换

一、本体更换注意事项

一旦更换了电动机、减速机和齿轮,就需要执行校准操作,运输和装配较重的部件时更需要格外小心。重新使用密封螺栓时,应严格遵守下列说明:

(1)重新使用时,应施加乐泰 No. 242 胶水。

(2)除去密封螺栓上多余的密封剂,密封部件的长度为二倍的螺栓直径,从螺栓顶部开始,均匀涂抹。

二、电机与减速机的更换方法

(一)电机的更换

(1)把百分表装在将要更换的电机轴上,做好进行单轴零点标定的准备。

(2)切断控制装置的电源。

(3)取下 M8×12 螺栓,然后取下电机盖板。

(4)取下电池箱安装板之后,取下 M6×10 螺栓,然后取下配线箱。

(5)取下电机的连接器。

(6)取下电机安装螺栓 M8×20 和垫圈,然后取下电机。

(7)在新的电机上换装输入齿轮,然后按照相反的步骤进行装配。把 O 形密封圈换成新的,然后将其装在规定的位置。

(8)向润滑脂槽注入指定润滑脂。

(9)进行单轴零点标定。

(二)减速机的更换

(1)取下电机。

(2)取下盖板、螺栓、垫圈板、绝缘体 A、B、轴环、法兰盘和绝缘体。

(3)从减速机上拉出传动轴。

(4)取下将减速机固定在机座上的螺栓 M10×45 和垫圈,然后从机座上取下减速机。

(5)取下齿轮。

(6)然后按照相反的步骤进行装配,把 O 形密封圈换成新的,再将其装在规定的位置。注意不要损坏油封。

(7)装上电机。

(8)向润滑脂槽注入指定润滑脂。

(9)进行单轴零点标定。

三、电缆的更换方法

(1)确认已经设定了简易零点标定的参考点。

(2)切断控制装置的电源。

(3)把电机盖板取下。

(4)取下电池箱固定板的 M6×10 的螺栓,连同电池一起取下固定板。此时,注意不要因为拉出电池连接电缆而发生了断线。

(5)取下配线箱安装螺栓 M8×12,然后取下配线箱。

(6)取下电机的连接器,然后取下电缆。

(7)从配线箱上取下电缆。

(8)取下电池连接电缆。

(9)取下接地线。

(10)按照相反的步骤进行新的电缆装配。安装的时候,注意不要因为板夹着而切断电缆。注意不要因为拉出电缆而发生了断线。

(11)进行简易零点标定。

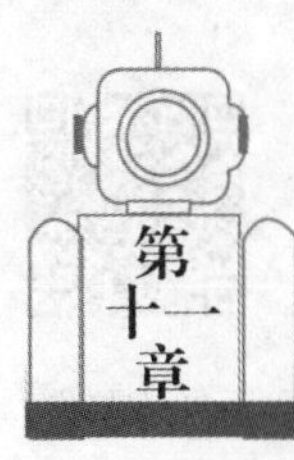

工业机器人系统故障检修

理论知识目标

- 掌握工业机器人系统故障检修注意事项。
- 掌握工业机器人系统故障排除遵循原则。
- 掌握工业机器人系统故障检测与排除方法。

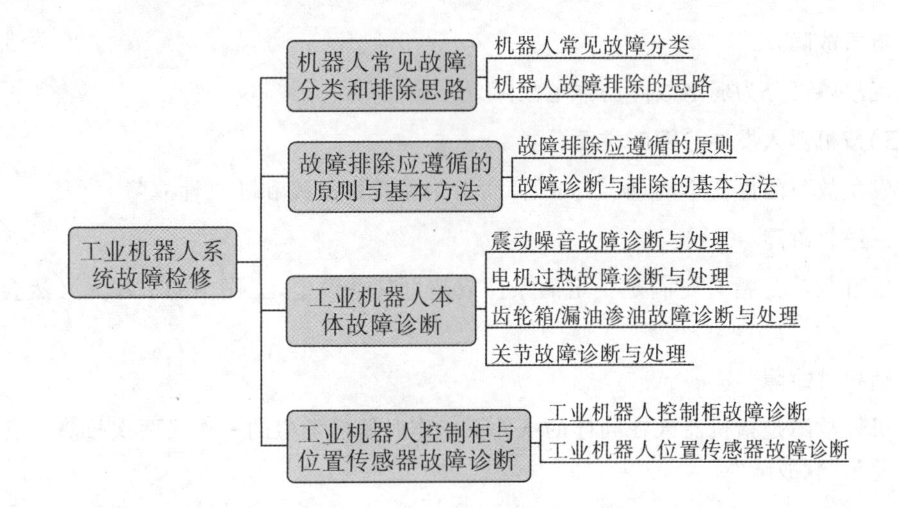

第一节　机器人常见故障分类和排除思路

一、机器人常见故障分类

机器人故障发生的原因一般都比较复杂，这给故障的诊断和排除带来了不少困难。为了方便故障分析和处理，这里按发生故障的部件、故障性质及故障原因等对常见故障进行分类。

（一）按机器人系统发生故障的部件分类

按发生故障的部件不同，机器人故障可分为机械故障和电气故障。

1. 机械故障

机械故障主要发生在机器人的机械本体部分，如润滑、各个关节、电机、减速机、机械手等。

2. 电气故障

电气故障可分为弱电故障与强电故障。

（二）按机器人发生故障的性质分类

按发生故障的性质不同，机器人故障可分为系统性故障和随机性故障。

1. 系统性故障

系统性故障是指只要满足一定的条件或超过某一设定，工作中的机器人必然会发生的故障。

2. 随机性故障

随机性故障是指机器人在同样的条件下工作时偶然发生的一次或两次故障。有的文献上称此为“软故障”。

（三）按机器人发生故障的原因分类

按发生故障的原因不同，机器人故障可分为机器人自身故障和外部故障。

1. 机器人自身故障

机器人自身故障是由机器人自身原因引起的，与外部使用环境无关。机器人所发生的绝大多数故障均属该类故障，主要指的是机器人本体、控制柜、示教器发生了故障。

2. 机器人外部故障

机器人外部故障是由外部原因造成的。例如，机器人的供电电压过低，电压波动过大，电压相序不对或三相电压不平衡；环境温度过高；有害气体、潮气、粉尘侵入数控系统；外来振动和干扰等均有可能使机器人发生故障。

人为因素也可造成这类故障。例如，操作不当，发生碰撞后过载报警；操作人员不按时按量加注润滑油，造成传动噪声等。据有关资料统计，首次使用机器人或由技能不熟练

的工人来操作机器人时，在第一年内，由于操作不当所造成的外部故障要占 1/3 以上。

除上述常见分类外，机器人故障还可按故障发生时有无破坏性分为破坏性故障和非破坏性故障；按故障发生的部位不同分为机器人本体故障、控制系统故障、示教器故障、外围设备故障等。

二、机器人故障排除的思路

机器人发生故障后，其诊断与排除思路大体是相同的，主要应遵循以下几个步骤。

（一）调查故障现场，充分掌握故障信息

当机器人发生故障时，维护维修人员对故障的确认是很有必要的，特别是在操作人员不熟悉机器人的情况下。此时，不应该也不能让非专业人士随意开动机器人，以免故障进一步扩大。

（二）根据所掌握的故障信息，明确故障的复杂程度

列出故障部位的全部疑点，在充分调查和现场掌握第一手资料的基础上，把故障部位的全部疑点正确地罗列出来。俗话说，能够把问题说清楚，就已经解决了问题的一半。

（三）分析故障原因，制定排除故障的方案

在分析故障时，维修人员不应仅局限于某一部分，而要对机器人机械、电气、软件系统等方面都做详细的检查，并进行综合判断，制定出故障排除的方案，以达到快速确诊和高效率排除故障的目的。

（四）检测故障，逐级定位故障部位

根据预测的故障原因和预先确定的排除方案，用试验的方法进行验证，逐级来定位故障部位，最终找出发生故障的真正部位。为了准确、快速地定位故障，应遵循“先方案后操作”的原则。

（五）故障的排除

根据故障部位及发生故障的准确原因，采用合理的故障排除方法，高效、高质量地修复机器人系统，尽快让机器人投入生产。

（六）解决故障后资料的整理

故障排除后，应迅速恢复机器人现场，并做好相关资料的整理、总结工作，以便提高自己的业务水平，方便机器人的后续维护和维修。

第二节　故障排除应遵循的原则与基本方法

一、故障排除应遵循的原则

在检测故障的过程中，应充分利用控制系统的自诊断功能，如系统的开机诊断、运行诊断、实时监控等功能，根据需要随时检测有关部分的工作状态和接口信息。在检测、排

除故障中还应掌握以下基本原则。

(1)先静后动;

(2)先软件后硬件;

(3)先外部后内部;

(4)先机械后电气;

(5)先公用后专用;

(6)先简单后复杂;

(7)先一般后特殊。

在排除某一故障时,应先考虑最常见的可能原因,然后再分析很少发生的特殊原因。比如机器人运动轨迹出现整体偏差,先检查机器人零点数据是否发生了变化,再检查脉冲编码器、主控制板等其他环节。

总之,在机器人出现故障后,要视故障的难易程度及故障是否属于常见性故障等具体情况,合理采用不同的分析问题和解决问题的方法。

二、故障诊断与排除的基本方法

由于机器人的故障千变万化,其原因往往比较复杂,同时,机器人的自诊断能力还有待提高,一个报警号指示出众多的故障原因,使人难以下手。因此,要迅速诊断故障原因,及时排除故障,需要总结出一些行之有效的方法。

下面介绍几种常用的故障诊断方法。

(一)观察检查法

1.直观检查(常规检查)

直观检查是指依靠人的感觉器官并借助于一些简单的仪器来寻找机器人故障原因的方法。这种方法在维修中是最常用的,也是首先采用的。有些故障采用这种方法可迅速找到故障原因。

问:向机器人操作者了解机器人开机和工作是否正常,故障前后机器人的具体表现是什么,机器人何时保养检修等内容。

看:用肉眼观察有无保险丝烧断、元器件烧焦、开裂等现象,有无断路现象,以此判断控制板内有无过流、过压、短路问题;同时观察机器人运动是否正常,各轴有无晃动、变形等。

听:用听觉探测到机器人因故障而产生的各种异常声响,电气部分常见的有变压器因为铁芯松动等原因引起铁片振动的吱吱声;继电器、接触器等因为磁回路间隙过大,短路环断裂,线圈欠压运行等引起的电磁嗡嗡声;元器件因过流或过压运行失常引起的击穿爆裂声等;机械部分常发生的异响基本上主要为机械的摩擦声、振动声和撞击声等。

触:这种方法主要靠敲捏等用于检查虚焊、插头松动等原因引起的时好时坏的故障。比如机器人本体上编码器插头松动引起的无法运动等。在用这种方法时注意力度要适当,并且应由弱到强,防止引入新的故障。

嗅:在诊断电气设备或故障后产生特殊异味时采用此方法效果比较好。例如,因剧烈

摩擦，电器元器件绝缘处破损短路，使可燃物质发生氧化蒸发或燃烧而产生烟气、焦煳味时，用这种方法可以快速判断故障类型和发生故障的部位。

经验证明，直观检查找出上述故障所花费的时间，要比用仪器测试少得多，在不少情况下，可以起到事半功倍的效果。

2.预检查

预检查是指维修人员根据自身经验，判断最有可能发生故障的部位，然后进行故障检查，进而排除故障。若在预检查阶段就能确定故障部位，可显著缩短故障诊断时间，有一些常见故障在预检查中即可被发现并及时排除。

3.电源、接地、插头连接检查

我国工业用电的电网波动较大，而电源是控制系统能源的主要供应部分，电源不正常，控制系统的工作必然异常。

机器人上所有的电缆在维修前应进行严格检查，查看其屏蔽、隔离是否良好；按机器人技术手册对接地进行严格测试；检查各电路板之间的连接是否正确；接口电缆是否符合要求。

(二)参数检查法

机器人系统中有很多参数变量，这些是经过理论计算并通过一系列试验、调整而获得的重要数据，是保证机器人正常运行的前提条件。各参数变量一般存放于机器人的存储器中，一旦电池电量不足或受到外界的干扰等，可能会导致部分参数变量丢失或变化，使机器人无法正常工作。因此，检查和恢复机器人的参数，是维修中行之有效的方法之一。

(三)部件替换法

现代机器人系统大都采用模块化设计，按功能不同划分为不同的模块。电路的集成规模越来越大，技术也越来越复杂，按照常规的方法，很难将故障定位在一个很小的区域。在这种情况下，利用部件替换法可快速找到故障，缩短停机时间。

部件替换法是在大致确认了故障范围，并确认外部条件完全相符的情况下，利用相同的电路板、模块或元器件来替代怀疑目标的一种方法。如果故障现象仍然存在，说明故障与所怀疑目标无关；若故障消失或转移，则说明怀疑目标正是故障板。

部件替换法是电气修理中常用的一种方法，其主要优点是简单易行，能把故障范围缩小到相应的部件上，但如果使用不当，也会带来很多麻烦，造成人为故障，因此，正确使用部件替换法可提高维修工作效率和避免人为故障。

除了上面介绍到的三种主要使用的方法，还有隔离法、升降温法、测量对比法等方法，维修人员在实际应用时应根据不同的故障现象加以灵活应用，逐步缩小故障范围，最终排除故障。

第三节　工业机器人本体故障诊断

一、震动噪音故障诊断与处理

症状分类	原因	对策
1.机器人动作时J1机座从固定的地板上浮起 2.J1机座和地装底板之间有空隙 3.J1机座固定螺丝松动	1.机器人的J1底座没有牢固地固定在地装底板上 2.螺栓松动、地装底板平面度不充分、夹杂异物所致 3.机器人动作时,J1机座将会从地装底板上浮起,此时的冲击导致浮动	1.螺栓松动时,使用防松胶,以适当的力矩进行拧紧 2.改变地装底板的平整度,使其在公差范围内 3.确认是否夹杂异物,将其去除
1.在动作时的某一特定姿势下产生振动 2.放慢动作时不振动 3.加减速时振动尤其明显 4.多个轴同时产生振动	1.由于安装了机器人允许值以上的负载 2.动作程序对机器人规定太严格而导致振动 3.在"加速度"中输入了不合适的值	1.确认负载的允许值,超过允许值时,减少负载 2.降低速度,降低加速度

二、电机过热故障诊断与处理

症状分类	原因	对策
1.机器人安装场所气温上升后,发生电机过热 2.在改变动作程序和负载条件后,发生电机过热 3.变更动作控制用变量后发生电机过热	1.由于环境温度上升,电机的散热不及时引起过热 2.在超过允许平均电流值的条件下使电机动作	1.降低环境温度 2.设置防辐射屏蔽板 3.放宽动作程序,负载条件,使电机值下降 4.输入适当的变量值

三、齿轮箱/漏油渗油故障诊断与处理

症状分类	原因	对策
1.齿轮箱油封唇部漏油 2.龟裂处漏油	1.铸件龟裂、O形圈破损、油封破损、密封螺栓松动所致 2.外力所致铸件龟裂 3.密封螺栓松动	1.更换龟裂部件 2.更换O形圈 3.拧紧螺栓

四、关节故障诊断与处理

症状分类	原因	对策
1.制动器完全不起作用,轴落下 2.停止时,轴慢慢落下	1.制动器驱动继电器熔敷,制动器呈通电状态 2.制动器磨损 3.润滑脂进入电机内部	1.更换继电器 2.更换电机

第四节　工业机器人控制柜与位置传感器故障诊断

一、工业机器人控制柜故障诊断

(一)电源故障诊断与处理

现象	检查	处理
控制柜无电源	1.确认断路器电源接通 2.检查电源电压有无	1.闭合断路器 2.处理进线电源
示教器无电源	确认急停板上的熔丝 PUSE3 是否熔断。熔丝熔断时,急停板上的LED(红)点亮	1.检查示教器电缆是否异常,如有,需要给予更换 2.检查示教器是否异常,如有,需要给予更换 3.更换急停板

(二)计算机单元故障诊断与处理

步骤	LED 显示	对策
接通电源后,所有 LED 都暂时亮	LED 全亮	1.更换 CPU 卡 2.更换主板
软件开始运行	LED 全灭	1.更换 CPU 卡 2.更换主板
CPU 的 DRAM 初始化结束	LED G4 亮	1.更换 CPU 卡 2.更换主板
通信 IC 的初始化结束	LED G3 亮	1.更换 CPU 卡 2.更换主板 3.更新 FROM/SRAM 模块
软件基本加载结束	LED G2 亮	1.更换主板 2.更新 FROM/SRAM 模块
基本软件开始运行	LED G2 亮 LED G4 亮	1.更换主板 2.更新 FROM/SRAM 模块 3.更换电源单元

（三）驱动模块诊断与处理

LED	颜色	含义	故障现象及对策
V4	红色	当六轴伺服放大器内部的 DC 电路被充电而有电压时，LED 灯亮	LED 在预先充电结束后不亮是由于 DC 电路形成短路，确认连接由充电电流控制电阻的不良所致，更换急停单元，更换伺服放大器
SVALM	红色	伺服放大器检测出报警时亮	LED 在没有处在报警状态下亮，或处在报警状态下不亮时，更换伺服放大器

二、工业机器人位置传感器故障诊断

故障描述：当推料气缸伸出时，位置传感器无信号。该故障诊断流程如图 11-1 所示。

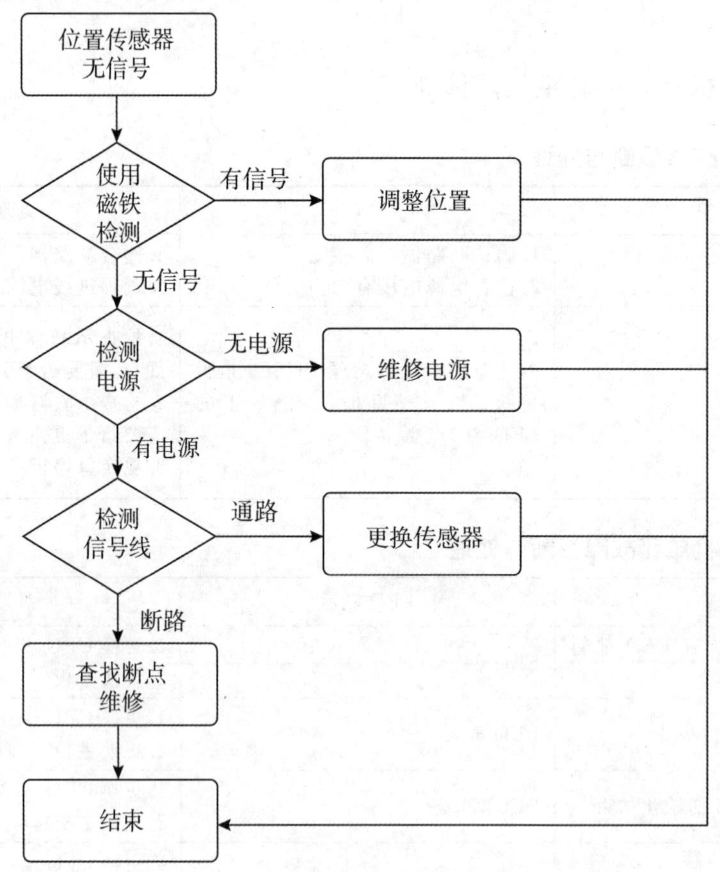

图 11-1　位置传感器故障诊断流程

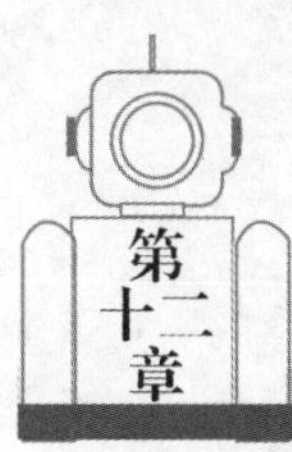

机器人工作站高级应用

理论知识掌握要求

- 掌握机器人工作站高级应用。
- 熟悉分辨率及焦距的计算。
- 熟悉工业网络通讯协议。

操作要求

- 能运用视觉检测技术完成零件装配。

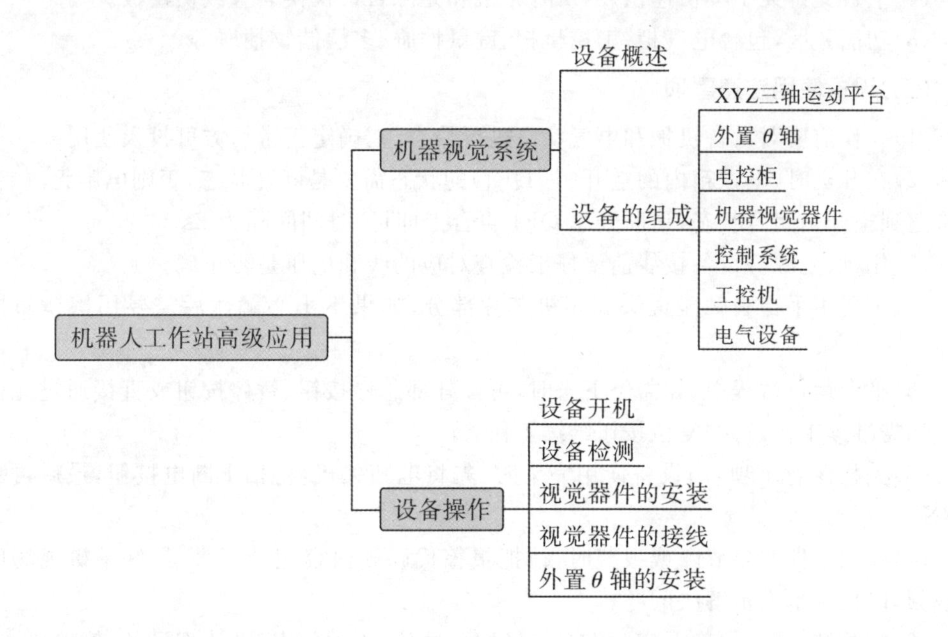

第一节　机器视觉系统

一、设备概述

(一)实验平台主要特点

(1)结构紧凑,高集成度,占地面积小,贴合工厂布局,节约教学场地。

(2)硬件可以开展机器视觉、人工智能、运动控制、PLC 编程、工业互联网等多学科实验。

(3)可方便安装 2D 相机、3D 相机,也可方便安装背光、同轴光、环形光等多种常见光源。

(4)软件支持多种类型手眼标定。

(5)运动平台采用高精度模组+闭环电机的控制方式,重复精度优于±0.01mm。

(6)接线方便,所有输入输出均布置在上层面板,包含旋转轴接线、报警信号、光源控制、相机供电、相机信号、通用 I/O 等。

(7)平台支持无工具快速换装,所有相机和光源自带快换装置或快换板。

(8)功能分区,包含电气柜、工控机柜、键鼠抽屉、多层储物抽屉等。

(二)设备使用注意事项

(1)操作前要对设备机械和电气状态进行检查,在确定正常后方可投入使用。

(2)在开机时,电控箱内的空开(总 QF1)的状态需要是断开状态,否则电脑无法启动。如果遇到空开是闭合状态,请断开总 QF1 再合上即可,时间间隔为 2s。

(3)相机、光源等设备接线前要仔细检查对应的线和电压是否正确。

(4)不要用手指去触碰镜头和相机芯片部分,如果不小心触碰后需要用擦镜布擦除干净。

(5)平台运行过程中,如需停下来时,可按外部急停按钮、暂停按钮或直接通过光栅制动。如需继续工作,可按复位按钮继续工作。

(6)关机注意事项,当设备使用完毕时,先将电脑关机,再拍下断电按钮,最后再断开总 QF1。

(7)当软硬件发生故障或报警时,请把报警代码和内容记录下来,最好拍摄现场照片或视频,以便技术人员解决问题。

(8)实验结束,必须确保实验平台已经回到原位,再关闭电源、清理设备、整理现场。

(9)拆下的相机、镜头或样品等必须按要求放入抽屉或手提箱中指定的位置摆放整齐。

(三)安全注意事项

(1)使用设备前必须经过培训,掌握设备的操作要领后方可进行使用。

(2)操作前要对设备进行安全检查,在确定正常后,方可投入使用。

(3)机械设备的安全防护装置,必须按规定正常使用,不准不用或者将其拆除。机械设备是否具有安全防护装置，要看设备在正常工作状态下是否能防止操作人员身体任何一部分进入危险区，或进入危险区时保证设备不能运转(运行)或者能作紧急制动。

(4)设备所有者、操作者应当对自己的安全负责，安全使用设备，遵守安全条款。

(四)设备使用环境

(1)环境温度：－10～＋50℃；

(2)相对湿度：0％～95％，无冷凝；

(3)环境：无尘埃、油雾、水蒸气等；

(4)室内光照要求：无强光直射，推荐500～1000lux；

(5)输入气压：0.55～0.8Mpa(输入气管外径6mm)；

(6)输入电压：AC220V；

(7)额定功率：600W。

二、设备的组成

武汉筑梦科技有限公司生产的机器视觉系统应用实训平台(型号：LX－VS－2021－AI01)主要由实训机台、电控板、XYZ三轴运动模组、外置θ轴、报警灯、按钮盒、视觉安装夹具、产品托盘、光幕保护传感器、工控机、显示器、机器视觉器件箱、机器视觉工具箱等组成。平台尺寸为620mm(宽)×650mm(深)×1450mm(高)(不含显示器和固定相机的型材横梁的尺寸)。设备外观图和设备组成图分别如图12-1和图12-2所示。

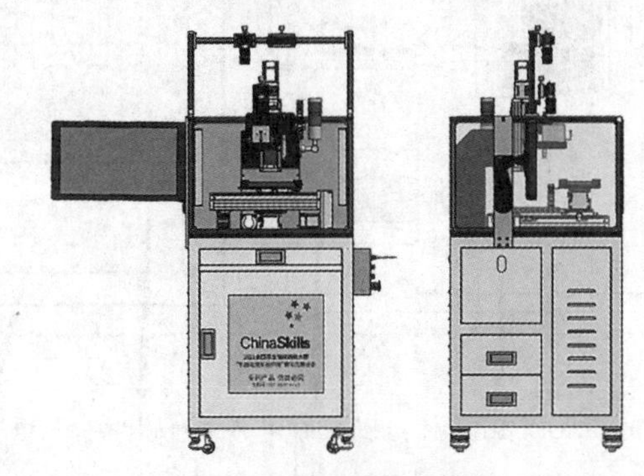

图12-1　设备外观图

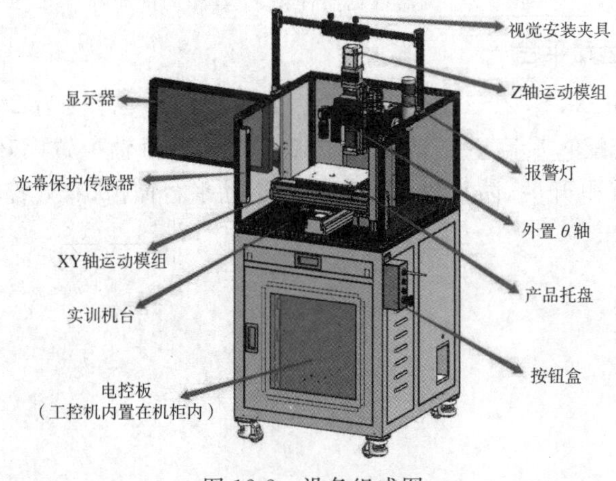

图12-2　设备组成图

机器视觉器件箱、机器视觉工具箱分别用于收纳和放置本实训台需要的机器视觉元器件以及实训需要的治具和工具。它们的内部布局如图 12-3 所示。

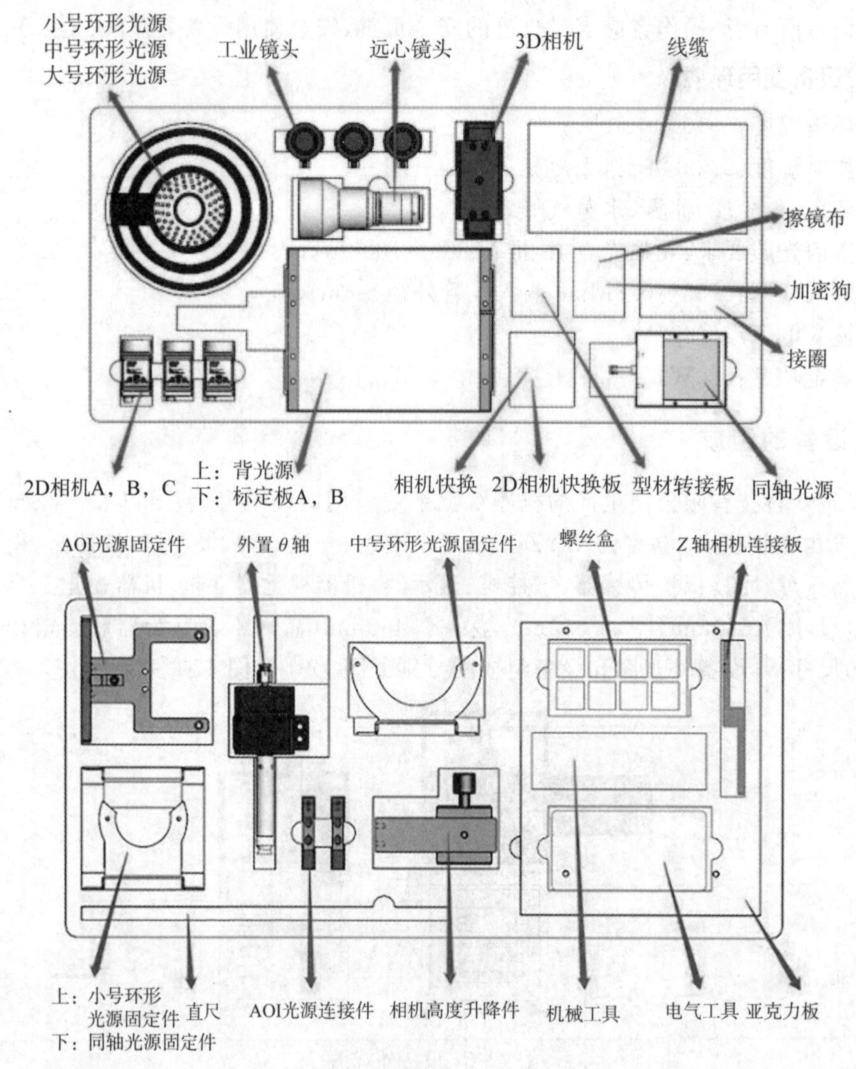

图 12-3　机器视觉器件箱、工具箱内部布局

(一)*XYZ* 三轴运动平台

三轴运动平台由 X、Y、Z 三轴组成，其中 X、Y 轴有效行程为 200mm，Z 轴行程为 50mm 和 100mm(选配)，最高重复精度优于±0.01mm，每轴配置闭环电机，并安装正限位、负限位、原点的光电开关，防止操作失误导致运动平台撞击，有效提高了运动平台的安全性。如图 12-4 所示。

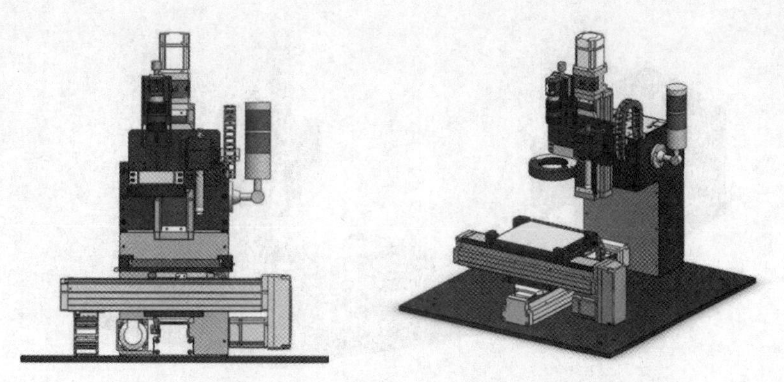

图 12-4　XYZ 三轴运动平台结构图

其中，X、Y 轴上搭载的载物台面尺寸为 200mm×160mm，负载 50kg，重复精度优于±0.01mm，最大线速度 500mm/s，全行程直线度 0.015mm；Z 轴负载 10kg，重复精度优于±0.01mm。Z 轴是多功能轴，自带快换装置，可方便安装 2D 相机、3D 相机等多种工业相机，也可方便安装背光、同轴光、环形光等多种常见光源。Z 轴也可以扩展安装旋转 θ 轴，平台可根据实验要求合理布置各类支架。

(二)外置 θ 轴

外置 θ 轴(旋转轴)连接有一个吸盘，可以吸取样品并旋转角度，实现样品按照指定角度摆放的作用，可用于物品的搬运或分拣实验。θ 轴示意图如图 12-5 所示，可安装在 Z 轴上，θ 轴重复精度优于±0.5°，可连续回转。旋转轴的末端配套了三种尺寸的吸嘴，规格为：SP－06、SP－08、SP－10，根据应用需求正确选择吸嘴。

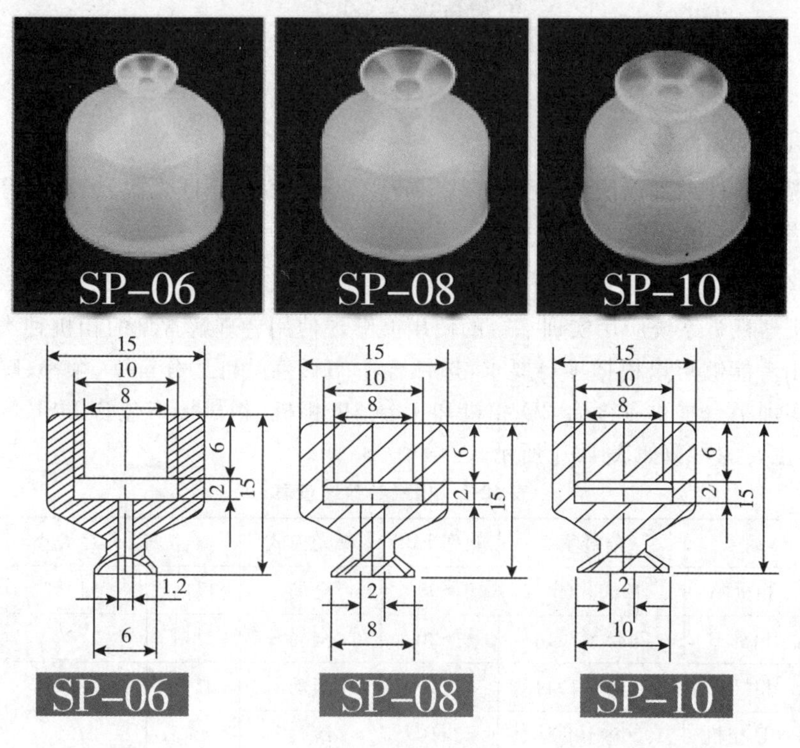

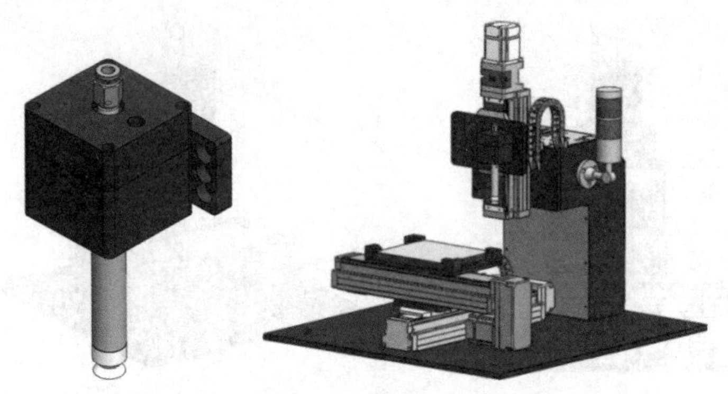

图 12-5　外置 θ 轴及安装示意图

(三)电控柜

电控柜上进行了功能分区,包括使用透明窗口的电气柜(内含电控板)、工控机柜、键鼠抽屉、储物抽屉等。其中电控柜底面采用高强度福马轮地脚作为支撑,方便移动;储物抽屉采用多层设计。如图 12-6 所示。

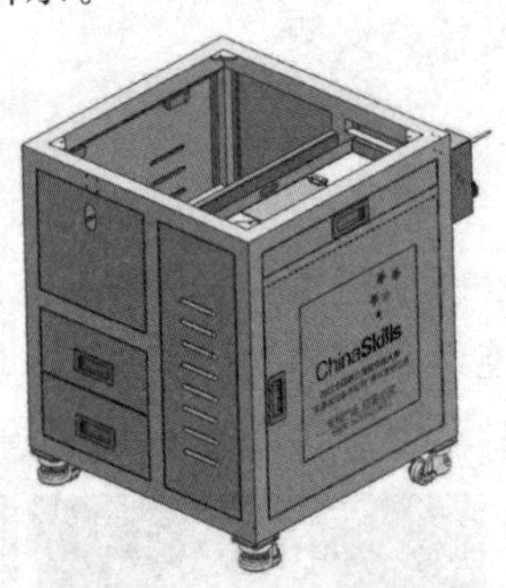

图 12-6　电控柜结构图

(四)机器视觉器件

机器视觉器件主要包括工业相机(2D、3D)、工业镜头、LED 光源、标定板等。下面进行详细介绍。

1. 工业相机

通过机器视觉系统应用实训平台的使用能够让使用者理解常见的相机种类。最终目的是让使用者能够可以根据项目要求,选择合适的彩色/黑白、分辨率、帧率、曝光时间等参数。本实训平台提供了 3 台 2D 相机和 1 台 3D 相机,相机接口包含 USB3.0 和 GigE 两种类型,主要的参数如表 12-1 所示。

表 12-1　相机参数速查表

类别	编号	分辨率	帧率 FPS	曝光模式	颜色	芯片大小	接口
2D 相机	相机 A	1280×960	>90	全局	黑白	>1/3"	USB 3.0
2D 相机	相机 B	2448×2048	>20	全局	黑白	2/3"	GigE
2D 相机	相机 C	2592×1944	>10	滚动	彩色	1/2.5"	GigE
3D 相机	3D 相机	1920×1080×2	>10	滚动	/	2/3"	USB 3.0

(1)2D相机(相机A,见图12-7)。130万(1280×960)像素黑白全帧CMOS芯片,USB3.0接口,5Gbps理论传输宽带,USB接口供电(无需单独供电);结构紧凑,外形尺寸仅为29mm×29mm×29mm;128MB板上缓存用于突发模式下传输或图像重传;支持软件触发、硬件触发、自动运行等多种模式;支持锐度、降噪、伽马校正、查找表、电黑平校正、亮度、对比度等IPS功能。彩色相机支持插值、白平隔、颜色转换矩阵、色度、饱和度等;支持多种图像数据格式输出、ROI、Binning、镜像等;兼容USB3VISION协议和GenlCam标准;符合CE、FCC、UL、ROHS认证。表12-2为相机A参数表。相机的指示灯状态定义请参照附件四。

图12-7 2D相机A

表12-2 相机A参数表

像素	1280×960
最大帧率	200fps
接口	USB 3.0
传感器类型	CMOS
颜色	黑白
靶面	1/2.7"
快门	全局
位深	10位
像元	4.0μm
宽动态范围	64dB
增益	X1-X32
快门值	10μS-1S
尺寸	29mm×29mm×29mm(不含镜头座和后壳接口)
供电方式	USB供电
功耗	≈2.8W
镜头接口	C-mount
工作温度	0～+50℃
重量	68g
GPIO	6芯Hirose接口:1路光耦隔离输入,1路光耦隔离输出,1路不带光耦隔离可配置输入输出。

续表

图像缓存	支持 64MB
存储通道	支持 2 组用户自定义配置保存
伽马	范围从 0 到 4,支持 LUT
图像格式	黑白:Mono8/10/10packed

(2)2D 相机(相机 B,见图 12-8)。500 万(2448×2048)像素黑白全局快门 CMOS 芯片,GigEVision(千兆以太网)接口,理论上最高 1Gbps 宽带,最大传输距离可到 100mm;128MB 板上缓存用于突发模式下数据传输或图像重传;支持软件触发、硬件触发、自动运行等多种模式;支持锐度、降噪、伽马校正、查找表、电黑平校正、亮度、对比度等 IPS 功能。彩色相机支持插值、白平隔、颜色转换矩阵、色度、饱和度等;支持多种图像数据格式输出、ROI、Binning、镜像等;兼容 USB3VISION 协议和 GenlCam 标准;支持 POE 供电、DC6V−26V 宽压供电;符合 CE、FCC、UL、ROHS 认证。表 12-3 为相机 B 性能参数表。表 12-4为相机 6Pin 管脚定义,图 12-9 为相机管脚示意图。相机的指示灯状态定义请参照附件四。

图 12-8　2D 相机 B

表 12-3　相机 B 参数表

像素	2448×2048
最大帧率	20fps
接口	GigE,POE
传感器类型	CMOS
颜色	黑白
靶面	2/3"
快门	全局
位深	12 位
像元	3.45μm
宽动态范围	70dB
增益	X1-X32
快门值	33.6μS-1S
尺寸	29mm×29mm×42mm(不含镜头座和后壳接口)
供电方式	DC6V−26V,POE

续表

功耗	≈3.2W@12V
镜头接口	C－mount
工作温度	－30℃～＋50℃
重量	88g
GPIO	6 芯 Hirose 接口:1 路光耦隔离输入,1 路光耦隔离输出
图像缓存	支持 64MB
存储通道	支持 2 组用户自定义配置保存
伽马	范围从 0 到 4,支持 LUT
图像格式	黑白:Mono8/10/10p

表 12-4　网口相机 6Pin 管脚定义

管脚	信号	线颜色	说明
1	Power	棕色	＋6V～26V 直流电源
2	Line1	黑色	光耦隔离输入
3	Line2	绿色	可配置 IO 输入/输出口
4	Line0	红色	光耦隔离输出
5	IO GND	灰色	光耦隔离地
6	GND	蓝色	直流电源地

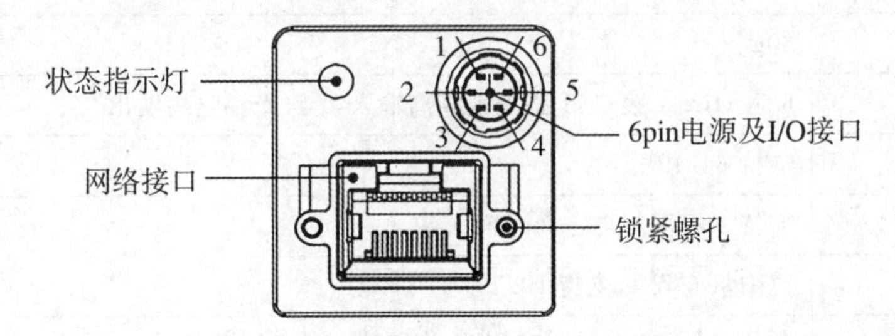

图 12-9　管脚示意图

(3)2D 相机(相机 C)。500 万(2592×1944)像素彩色滚动快门 CMOS 芯片,GigE Vision(千兆以太网)接口,理论上最高 1Gbps 宽带,最大传输距离可到 100mm;128MB 板上缓存用于突发模式下数据传输或图像重传;支持软件触发、硬件触发、自动运行等多种模式;支持锐度、降噪、伽马校正、查找表、电黑平校正、亮度、对比度等 IPS 功能。彩色相机支持插值、白平隔、颜色转换矩阵、色度、饱和度等;支持多种图像数据格式输出、ROI、Binning、镜像等;兼容 USB3VISION 协议和 GenlCam 标准;支撑 POE 供电、DC6V－26V 宽压供电;符合 CE、FCC、ULROHS 认证。表 12-5 为相机 C 性能参数表,相机 6Pin 管脚定义参考表 12-4,管脚示意图参考图 12-9。

表 12-5　相机 C 性能参数表

像素	2592×1944
最大帧率	23fps
接口	GigE,POE
传感器类型	CMOS
颜色	彩色
靶面	1/2.5"
快门	滚动
位深	10 位
像元	2.2μm
宽动态范围	50dB
增益	X1-X32
快门值	40μS-1S
尺寸	29×29×42mm(不含镜头座和后壳接口)
供电方式	DC6V－26V,POE
功耗	≈2.8W@12V
镜头接口	C-mount
工作温度	－30℃～＋50℃
重量	60g
GPIO	6 芯 Hirose 接口:1 路光耦隔离输入,1 路光耦隔离输出
图像缓存	支持 64MB
存储通道	支持 2 组用户自定义配置保存
伽马	范围从 0 到 4,支持 LUT
图像格式	彩色:Mono8,BayerRG8/10/10Packed/12/12Packed, BayerGB8/10/10Packed/12/12Packed, RGB8Packed,YUV422Packed

(4)3D 相机 ZM3D－RS1920(见图 12-10)。一体式 3D 相机进行 3D 标定、3D 匹配、3D 体积测量等实验时,能实现基于双目特征的匹配和基于立体模式的匹配,提供配套实验例程,3D 相机视野范围:0.5～3m(横向),最近测量距离:0.45m。表 12-6 为 3D 相机性能参数表。

图 12-10　3D 相机

表 12-6 3D 相机性能参数表

像素	1920×080(2 个)
最大帧率	90fps
接口	USB3.0
传感器类型	CMOS
颜色	彩色
靶面	1/4.9"
快门	滚动
位深	10 位
像元	1.4μm
主动照明波长	820nm(波峰)
视场角	86°×57°
成像范围	500～2000mm(横向视野)
最近成像距离	450mm
深度测量重复精度	2mm@800mm 测量距离以内
深度测量精度	优于 1%@800mm 测量距离以内

2. 工业镜头

机器视觉系统应用实训平台的使用能够让使用者理解常见镜头的基本参数，包含镜头类型、分辨率、焦距、光圈、支持最大成像圈、最小工作距离等参数，知道远心镜头与 FA 镜头的区别，同时理解滤镜、接圈等光学配件在视觉应用中的作用；在附件五会提供分辨率及焦距计算公式，同时也对焦距计算公式的局限进行了说明，并提供了 3 个不同焦距工业镜头的工作距离和视野的查询表。

配置 3 个不同焦距(12mm、25mm 和 35mm)的定焦镜头，配置 1 个远心镜头，并配套一组与镜头匹配镜头接圈，主要的性能参数如表 12-7 所示。

表 12-7 工业镜头性能参数

类别	编号	型号	分辨率	焦距/倍率	最大光圈	工作距离	支持芯片大小
工业镜头	12mm 镜头	HN－P－1228－6M－C2/3	600 万像素	12mm	F2.0	>100mm	2/3"
工业镜头	25mm 镜头	HN－P－2528－6M－C2/3	600 万像素	25mm	F2.0	>200mm	2/3"
工业镜头	35mm 镜头	HN－P－3528－6M－C2/3	600 万像素	35mm	F2.0	>200mm	2/3"
远心镜头	远心镜头	HN－TCL03－110－C2/3	600 万像素	0.3X	F5.4	110m	2/3"
镜头接圈	0.5mm、1mm、2mm、5mm、10mm、20mm、40mm 一组						

普通工业镜头目标物体越靠近镜头(工作距离越短)，所成的像就越大。在使用普通

镜头进行尺寸测量时，会存在被测量物体不在同一个测量平面而造成放大倍率的不同、镜头畸变大、镜头的解析度不高等问题。远心镜头（Telecentric Lens），主要是为纠正传统工业镜头视差而设计的，它可以在一定的物距范围内，使得到图像的放大倍率不发生变化，这对被测物不在同一物面上时的情况是非常重要的应用。远心镜头性能参数如表 12-8 所示。

图 12-11　远心镜头

表 12-8　远心镜头参数

编号	远心镜头
型号	HN－TCL03－110－C2/3
靶面尺寸	2/3"
支持像元尺寸(μm)	最小 2.4
放大倍率 β(x)	0.3
物方工作距 WD(mm)	110±2
光学总长(mm)	118±0.1
法兰距(mm)	17.526±0.2
光圈范围(F 数)	F2.8－F165.6
物方景深 DOF(mm)	±2.5@F5.6
像质02%	光学畸变
<0.04%	远心度
像方 MTF30(lp/mm)	>170
滤镜尺寸(前螺纹)	M27xP0.5－7H
接口	C 口
尺寸(D×L)(mm)	Φ56.0 × 118(不含螺纹)

3.视觉光源

机器视觉系统应用实训平台的使用能够让使用者理解光源的类型、颜色、角度安装位置对视觉应用打光的影响，能够根据应用需要选用合适的光源，光源包含背光、环形（三种角度光源，能够组合成一个 AOI 光源）、同轴等多种常见的光源形式，光源的亮度可以手动调节，也可以软件编程控制。平台配置的光源参数和数量如表 12-9 所示。

表 12-9 视觉光源参数和数量速查表

类别	编号	主要参数	颜色	数量	备注
环形光源	小号环形光源	直射环形，发光面外径 80mm，内径 40mm	RGB	1个	三者可以合并成 AOI 光源
环形光源	中号环形光源	45 度环形，发光面外径 120mm，内径 80mm	G	1个	
环形光源	大号环形光源	低角度环形，发光面外径 155mm，内径 120mm	B	1个	
同轴光源	同轴光源	发光面积 60mm×60mm	RGB	1个	
背光源	背光源	发光面积 169mm×145mm	W	1个	

注：R 表示红色、G 表示绿色、B 表示蓝色、W 表示白色、RGB 表示全彩色

小号环形光源，为直射照明，LED 角度与水平面成 90°，发光面外径 80mm，内径 40mm，颜色为 RGB 可调(可组合全彩色)，如图 12-12(a)所示。光源安装方式如图 12-12(b)所示：该光源可以直接拧在镜头的前端，也可以通过钣金件安装。

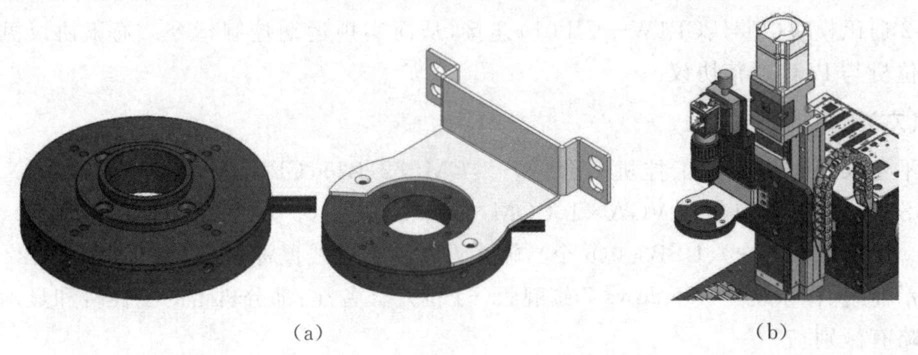

(a) (b)

图 12-12 小号环形光源

中号环形光源，发光面外径 120mm，内径 80mm，发光角度是与水平面成 45°，颜色为绿色，如图 12-13(a)所示。光源安装方式如图 12-13(b)所示

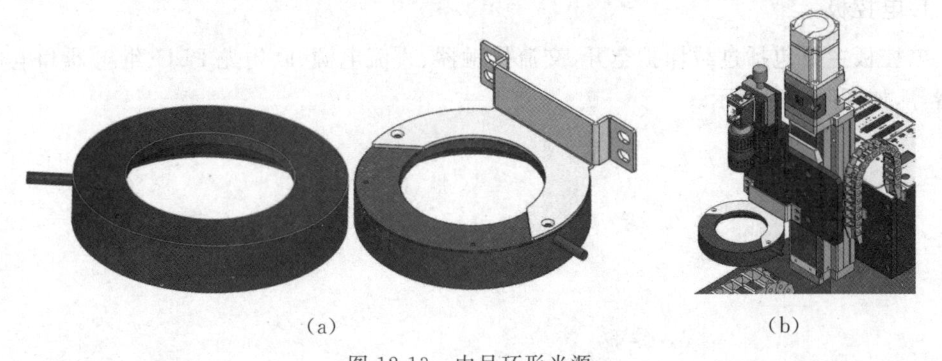

(a) (b)

图 12-13 中号环形光源

4. 标定板

标定板(Calibration Target)在机器视觉、图像测量、摄影测量、三维重建等应用中，为校正镜头畸变，确定物理尺寸和像素间的换算关系，以及确定空间物体表面某点的三维几

何位置与其在图像中对应点之间的相互关系，需要建立相机成像的几何模型。共配备两张标定板，其中标定板 A 包含 3 个图案，清单如下：

类别	外框尺寸/mm	圆/格间距/mm	外圆环直径/mm	内圆环直径/mm	精度/mm
标定板 A	100×100	20	5	3	±0.01
	50×50	10	2.5	1.5	±0.01
	20×20	4	1	0.6	±0.01

（五）控制系统

运动平台 X、Y、Z 轴均采用编码器反馈的步进电机，带有限位开关和编码器信号输出。步进电机采用雷赛 60CME30X 和 60CME22X－BZ；所有实验需要的调节及输入输出接口均集中布置在运动平台上层的面板之中，包含常用按钮、运动平台摇杆、四路数字调节光源控制（RS232 及网口）、光源亮度输出、四路 GigE 输出相机（POE 供电）、2 路 USB3.0 相机输出、相机触发、位置比较输出、通用 IO、4 个以上位置记忆和 4 个以上速度记忆等；运动控制采用欧姆龙 PLC（型号：CP1H－X40DT－D），上位机与 PLC 通过 RS232 通讯模块（型号：CP1W－CIF01）连接，从而实现运动控制指令。通讯协议见附件一上位机与 PLC 通信协议。

（六）工控机

平台采用研华品牌工控机 1 台（型号：CM－21B2），CPU 为 i5CPU，内存 8G，硬盘 128GSSD。输出接口包括 VGA×1、COM×10、RJ45×4，扩展接口包括 PCI（1 个）、PCIe（3 个）、USB2.0（8 个）、USB3.0（6 个），输入设备包含有线鼠标、有线小尺寸键盘、22 寸液晶显示器；操作系统为 Windows 7 旗舰版（64 位）。（备注：部分机台的工控机和显示器的参数略有区别）

（七）电气设备

电气设备包括电控板、按钮盒以及快捷接线面板。

1. 电控板

电控板主要包括过载保护空开、交流接触器、直流电源、欧姆龙 PLC、继电器和电机驱动器等，如图 12-14 所示。

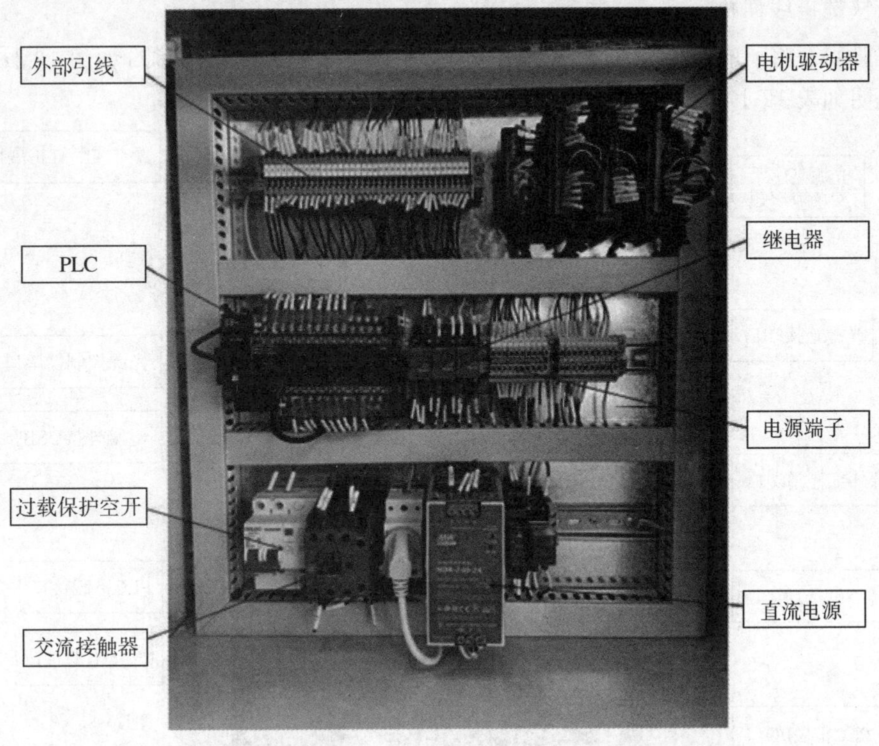

图 12-14　电控板实物图

2. 按钮盒

实验平台有一外置控制盒，包括急停按钮、上电按钮、XY 轴手动控制摇杆、旋钮开关(主要用于摇杆使能)，如图 12-15 所示。

按钮盒基本操作如下：①设备上电：保证设备插到电源孔上，过载保护空开处在打开状态，旋开急停按钮，按下上电按钮，设备上电；②旋钮开关：摇杆使能，控制摇杆是否功能有效(顺时针拧到底时摇杆为有效)；③摇杆开关：手动控制 X、Y 轴的运动。注：在不使用摇杆开关时，将旋钮开关打到其他挡位。

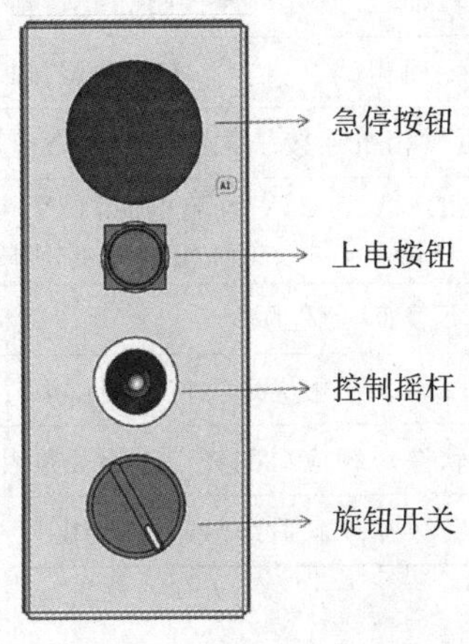

图 12-15　按钮盒实物图

3. 快捷接线面板

实验平台将所有接口集成到一块面板上，便于操作人员操作。接口如图 12-16 所示。接口说明如表 12-10 所示。

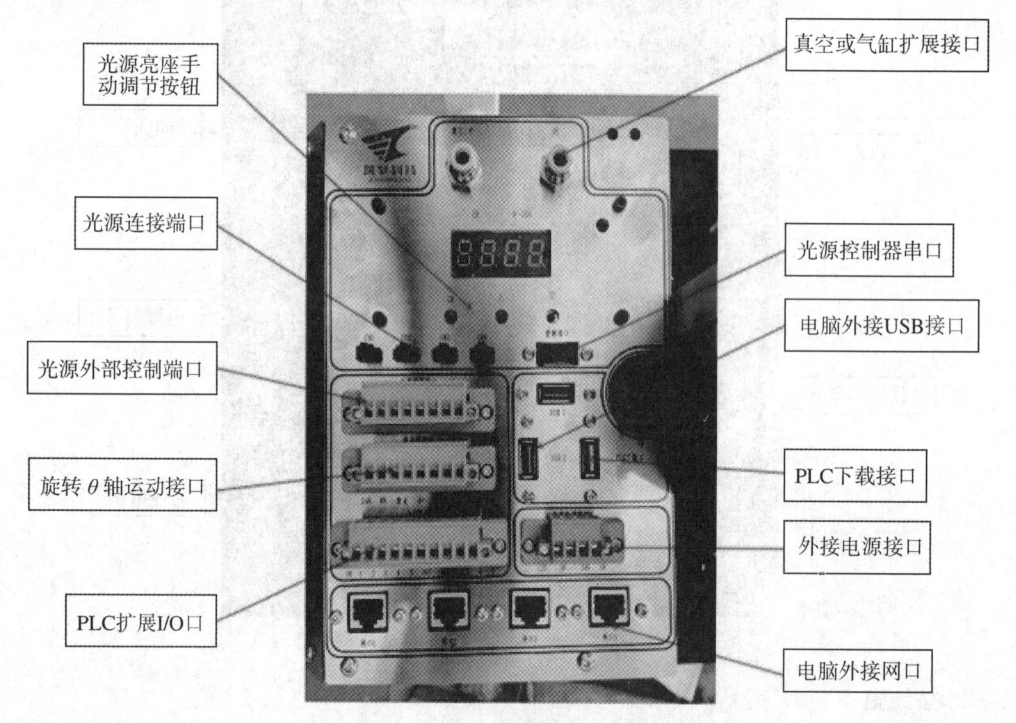

图 12-16 快捷接线板实物图

表 12-10 接口说明表

光源亮度手动调节按钮	可根据需求调节光源的亮度
光源连接端口	使用快插接头给光源供电
光源外部控制端口	软件控制光源的开关和亮度[默认已与电脑串口连接(串口号:COM5)]
旋转 θ 轴运动接口	使用旋转轴时，此处可连线驱动旋转轴
PLC 扩展 I/O 口	可简单编程测试 IO 信号(扩展预留接口)
电脑外接网口	四个，可供相机连接采集和其他网络应用
外接电源接口	外接引出 12V 和 24V 直流电源，12V 可给相机供电(注意不推荐把相机接入 24V 端口，部分品牌相机只支持 12V 供电)
PLC 下载接口	读取和下载 PLC 程序
电脑外接 USB 接口	可应用 USB3.0 相机采集口或则读取 U 盘数据
光源控制器串口	可使用软件对相应口的光源进行亮度和开关的控制
真空或气缸扩展接口	控制真空吸盘或者后续气缸的应用

第二节　设备操作

在操作设备时，要充分了解第一章中设备使用注意事项的内容。

一、设备开机

设备开机上电步骤如下：

(1)检查平台电源插头是否已经接入插座，并打开过载保护空气开关；

(2)松开急停按钮，并将旋钮开关顺时针拧到底，然后按下绿色启动按钮；

(3)待电脑开机完成后，即可进行后续操作。

二、设备检测

为保证设备正常运行，在开机完成后，需要手动对设备进行控制，检查设备是否正常，操作流程如下：

(1)操作控制盒的摇杆，前后左右摇动，观察平台运动情况，确保运动方向与摇杆方向一致，如有异常情况，应及时向技术人员反应；

(2)此操作为手动控制运动，在观察运动状态时，不要将手或身体其他部位伸到设备内部，以免误伤。

注：旋钮开关是打开 X、Y 轴摇杆功能的开关(顺时针打到 ON 档)，不需要时打到 OFF 档。

三、视觉器件的安装

(一)工业相机与工业镜头的连接

(1)根据应用需要，从抽屉里选取合适的 1 台 2D 工业相机和 1 只工业镜头，将相机和镜头上的保护盖取下并放置到原位置，以防丢失；

(2)将工业镜头顺时针拧到相机上即可完成安装；

(3)3D 相机无需安装镜头。

注：调节镜头光圈和焦距需要将镜头上的手拧螺丝先松开，等调节好之后再将其拧紧。

(二)工业相机与快换板的连接

(1)取出相机的快换板，注意快换板上有一个转接件，其中有 3 个孔的为 2D 相机连接件，4 个孔的为 3D 相机连接件；

(2)取出 M3×6 的螺丝和对应的六角扳手，将相机固定到快换板上，即可完成安装。如图 12-17 所示，分别是 2D 和 3D 相机安装在型材横杠的示意图。

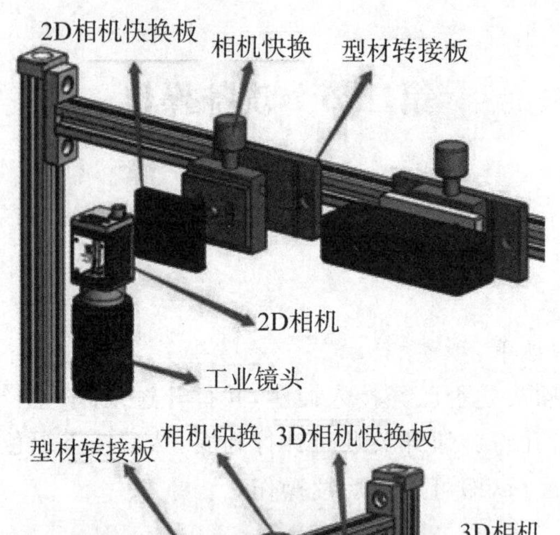

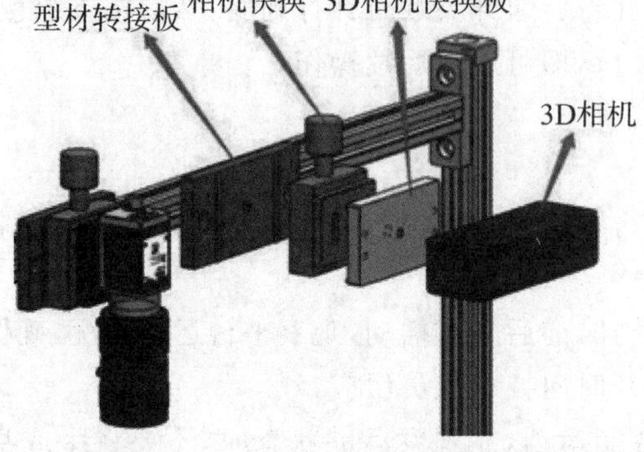

图 12-17　2D 和 3D 相机安装示意图

(三)LED 光源与转换件的连接

取出 LED 环形光源或者同轴光源，根据光源的安装孔位，找到对应的连接件(不锈钢材质)，用 M4×6 平杯头螺丝固定上去。如图 12-18 所示。

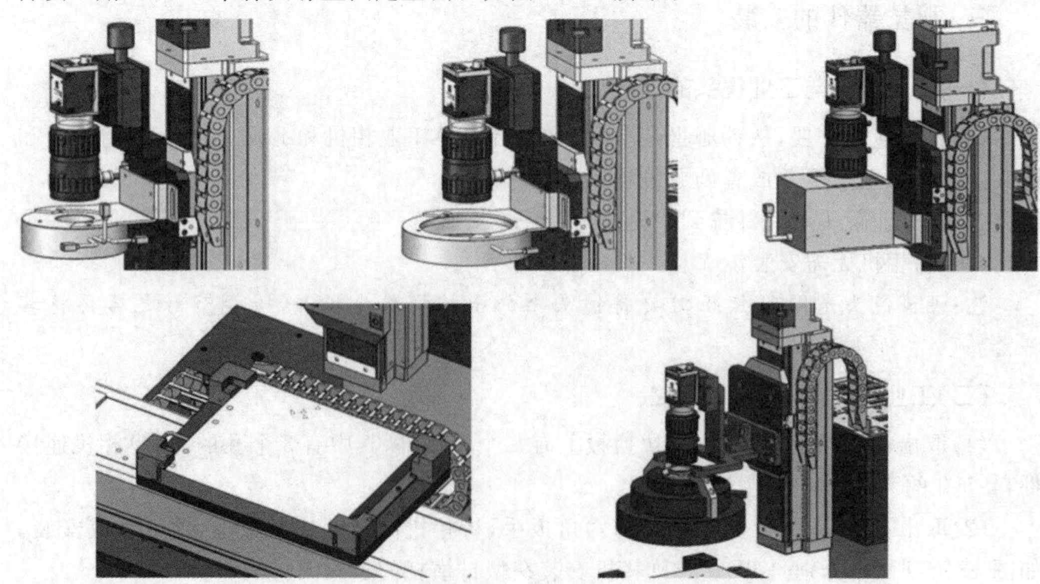

图 12-18　LED 光源与转换件的连接示意图

注：上述器件安装完成后，就可以安装到平台 Z 轴的面板上，采用 M5×10 的螺丝，注

意安装过程中要保持力度适中，防止磕碰。

四、视觉器件的接线

设备配套的线缆共6根：2D相机USB数据线一根、3D相机数据线一根、GigE相机电源线（含触发和输出信号）一根、GigE相机通讯线一根（带锁）、网络通讯线一根（3米扁线）、光源延长线一根（注意：RS232通讯线默认已经与PC连接）。

（一）工业相机的接线

（1）相机分为USB接口和GIGE接口的相机，其中USB的2D和3D相机直接插到面板上的USB口即可（USB相机不需要接电源，接入电源可能会烧毁相机，请谨慎）；

（2）GIGE接口的相机需要一根2D相机电源线和一根千兆网线，其中网线直接连接到面板上的网口，电源线按照线标接到12V供电接口。（注意：正负极不要接反）。

（二）LED光源的接线

（1）将光源的插头直接插到面板上的光源控制器接口上，共有1、2、3、4四个通道；

（2）手动控制：光源控制器面板上有三个按钮，第1个按钮为通道选择按钮，通过面板上的"＋"（第2个按钮）、"－"（第3个按钮）按键分别对每一个输出通道进行亮度等级的增加或减少；

（3）软件控制：通过RS232串口接口，通过串口协议，设置每一个输出通道的电流级别（备注：默认串口线已经与电脑的COM1口连接，通讯协议见附件二上位机与光源控制串口通信协议）；

（4）触发控制：如需要进行外部触发，请将外部触发信号源与控制器连接好。触发方式是高电平（5～24V均可，优先使用不高于12V的电平），触发信号连接定义如表12-11所示。

表12-11　触发信号定义表

REMO端子引脚号	信号名称	信号定义
1	TR1＋	1通道出发信号＋
2	TR1－	1通道出发信号－
3	TR2＋	2通道出发信号＋
4	TR2－	2通道出发信号－
5	TR3＋	3通道出发信号＋
6	TR3－	3通道出发信号－
7	TR4＋	4通道出发信号＋
8	TR4－	4通道出发信号－

注：背光安装在治具台上时，它的线需要通过光源延长线埋入拖链与快捷接线面板的光源接口对接。

五、外置θ轴的安装

(1)θ轴上有四根连接线,分别为 A+、A-、B+、B-,将对应接线端子接入到控制面板上的 A+、A-、B+、B-(θ轴接线端子从左到右依次位于 4、5、6、7 接线口的位置,见图 12-19)即可;

(2)θ轴上有个吸盘,需要通过气管将其连接至面板的气管接头上。如图 12-19 所示。

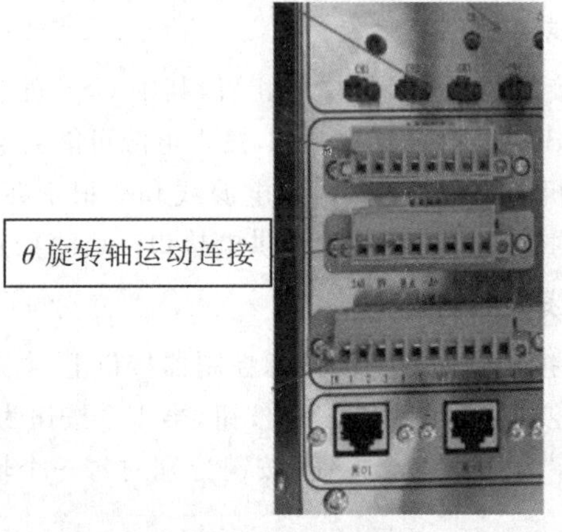

图 12-19　外置θ轴的安装示意图

附件一：上位机与 PLC 通信协议

一、通信格式

帧头	命令字	数据 0	数据 1	数据 2	……	数据 n	校验和	帧尾

每帧通信数据是由 8 位数据组成的字节序，每帧数据包为连续完整的字节序。通信设置：串口，波特率 9600bps，8 位数据位，1 位停止位，无校验。校验和：除去帧头、帧尾及校验和外，其余数据累加后取低 8 位。命令字：区分各种通信实际功能的指令码。PC 至 PLC：帧头设置为 0x0A，帧尾设置为 0x0B；PLC 至 PC：帧头设置为 0x0E，帧尾设置为 0x0F。

二、运动指令

0x0A	0x01	数据 0	数据 1	数据 2	……	数据 11	校验和	0x0B

平台的运动说明

数据序	定义	说明
数据 0 D101	轴 1：0x01 轴 2：0x02 轴 3：0x03 轴 4：0x04 全轴：0x05	对应各轴的定义
数据 1 D101	相对运动：0x01 绝对运动：0x02 回原点：0x03 连续运动：0x04 停止运动：0x05	对应运动的方式，停止为全轴停止，绝对运动下不区分正反方向
数据 2 D102	0x00：无标志 正向：0x01 负向：0x02	只有在相对运动和连续运动时才有效，其他运动方式选择 0x00
数据 03D102	0x00：正向绝对运动 0x01：负向绝对运动	只有在需要负向绝对运动时使用 0x01，其他命令为 0x00
数据 04	目标频率：低 8 位	设置各轴目标频率，实际数值转换成十六进制数，数据传输时以 8 位一组，从低位开始传输。例如：1000000 转换为 0x000F4240，传输时数据依次为 40 42 0F 00。相对运动、绝对运动和连续运动功能有效，其他运动方式为 0x00000000
数据 05	目标频率：高 8 位	
数据 06	目标频率：低 8 位	
数据 07	目标频率：高 8 位	

续表

<table>
<tr><th>数据序</th><th>定义</th><th>说明</th></tr>
<tr><td>数据 08</td><td>脉冲输出量:低 8 位</td><td rowspan="4">根据相对脉冲指定和绝对脉冲指定,在实际中输出的移动脉冲量分别为如下所示。
·相对脉冲指定时
移动脉冲量=脉冲输出量设定值
·绝对脉冲指定时
移动脉冲量=脉冲输出量设定值−当前值
实际数值转换成十六进制数,数据传输时以 8 位一组,从低位开始传输。例如:1000000 转换 0x000F4240,传输时数据依次为 40 42 0F 00。相对运动、绝对运动和连续运动功能有效,其他运动方式为 0x00000000</td></tr>
<tr><td>数据 09</td><td>脉冲输出量:高 8 位</td></tr>
<tr><td>数据 10</td><td>脉冲输出量:低 8 位</td></tr>
<tr><td>数据 11</td><td>脉冲输出量:高 8 位</td></tr>
</table>

三、控制指令

0x0A	0x02	数据 0	数据 1	数据 2	……	数据 11	校验和	0x0B

数据代码含义如下:

0x01:表示气动真空/开电磁阀上电

0x02:表示气动真空/开电磁阀断电

0x03:表示气爪电磁阀上电

0x04:表示气爪电磁阀断电

0x05:表示报警灯红色亮

0x06:表示报警灯红色灭

0x07:表示报警灯绿色亮

0x08:表示报警灯绿色灭

四、反馈信号定义

0x00EF:PLC 接收到指令

0x001E:X 轴位置到达反馈

0x002E:Y 轴位置到达反馈

0x003E:Z 轴位置到达反馈

0x004E:θ 轴位置到达反馈

0x004E:θ 轴位置到达反馈

0x005E:安全光栅触动反馈

0x006E:上电反馈

0x007E:X 轴脉冲输出中

0x008E:Y 轴脉冲输出中

0x009E:Z 轴脉冲输出中

0x00AE:θ 轴脉冲输出中

0x006F:真空吸盘打开/气爪开上电

0x001F:X 轴到达原点

0x002F:Y 轴到达原点

0x003F:Z 轴到达原点

0x004F:θ 轴到达原点

0x005F:全轴到达原点

0x007F:真空吸盘打开/气爪开断电
0x008F:气爪闭上电
0x009F:气爪闭断电
0x00AF:报警灯红灯打开
0x00BF:报警灯红灯关闭
0x00CF:报警灯绿灯打开
0x00DF:报警灯绿灯关闭

附件二：上位机与光源控制串口通信协议

波特率：9600 bps

每帧字节数：8 字节

每帧数据格式

1 字节	1 字节	1 字节	3 字节	2 字节
特征字	指令字	通道字	数据	异或和校验字

注：所有通讯字节都采用 ASCII 码

特征字＝$

指令字＝1,2,3,4，分别定义为：

1：打开对应通道电源；

2：关闭对应通道电源；

3：设置对应通道电源参数；

4：读出对应通道电源参数。

当指令字为 1,2,3 时，如控制器接收指令成功，则返回特征字 $；如控制器接收指令失败，则返回 &。

当指令字为 4 时，如控制器接收指令成功，则返回对应通道的电源设置参数（返回格式跟发送格式相同）；如控制器接收指令失败，则返回 &。

通道字＝1,2,3,4。分别代表 4 个通道。

数据＝0XX（XX 为 00～FF 内的任一数值），对应通道电源的设置参数，高位在前，低位在后。

异或和校验字＝除校验字外的字节（包括：特征字，指令字，通道字和数据）的异或校验和，校验和的高 4 位 ASCII 码在前，低 4 位 ASCII 码在后。

例：将第 2 通道亮度设为 56，则以 ASCII 码向下写“$320381E”

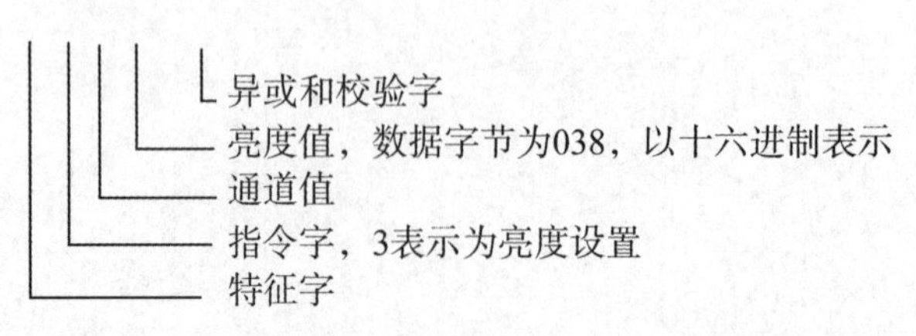

异或校验字运算过程如下:

	字符串	ASCII 码	ASCII 码以十六进制表示	将高低 4 位分别以 8421 码表示
特征字	$	36	24	0010 0100
指令字	3	51	33	0011 0011
通道字	2	50	32	0011 0010
数据	0	48	30	0011 0000
	3	51	33	0011 0011
	8	562	38	0011 1000
异或和				0001 1110
异或校验字				1 E

注:打开对应通道电源、关闭对应通道电源和读出对应通道电源参数 3 个功能的异或校验字的运算过程中,数据的 3 个字节的值对异或结果无影响,保证格式为 0XX(XX=00～FF 内的任一数值)即可。以下为几组指令数据关闭 2 通道:$220381F

	字符串	ASCII 码	ASCII 码以十六进制表示	将高低 4 位分别以 8421 码表示
特征字	$	36	24	0010 0100
指令字	2	50	32	0011 0010
通道字	2	50	32	0011 0010
数据	0	48	30	0011 0000
	3	51	33	0011 0011
	8	56	38	0011 1000
异或和				0001 1111
异或校验字				1 F

打开 2 通道:$120381C

	字符串	ASCII 码	ASCII 码以十六进制表示	将高低 4 位分别以 8421 码表示
特征字	$	36	24	0010 0100
指令字	1	49	31	0011 0001
通道字	2	50	32	0011 0010
数据	0	48	30	0011 0000
	3	51	33	0011 0011
	8	56	38	0011 1000
异或和				0001 1100
异或校验字				1 C

读取2通道电源参数：$4200012

	字符串	ASCII码	ASCII码以十六进制表示	将高低4位分别以8421码表示
特征字	$	36	24	0010 0100
指令字	4	52	34	0011 0100
通道字	2	50	32	0011 0010
数据	0	48	30	0011 0000
	0	48	30	0011 0000
	0	48	30	0011 0000
异或和				0001 0010
异或校验字				1　2

附件三:相机安装方式

安装方式	示意图	说明
轴外安装	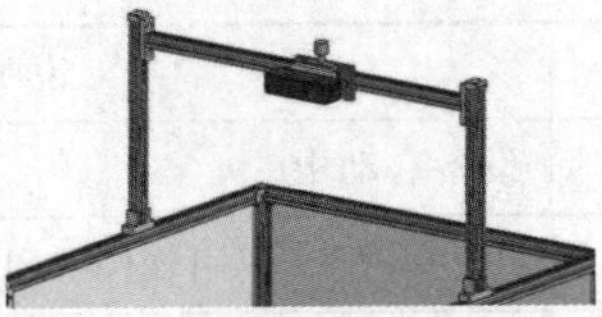	轴外安装主要适用于需要较大视野的应用。缺点是相机的位置不能电动调节,不能实现自动对焦,同时能够安装的光源方式较少。特别注意,横杆上是允许同时安装两台相机的。
轴上安装 (正轴)	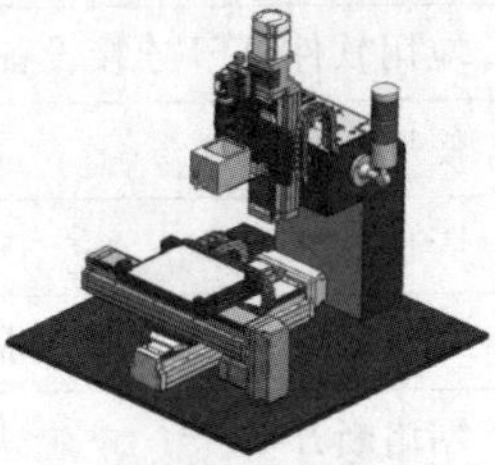	轴上安装主要适用于需要较小视野的应用,相机的高度可以用电动控制。正轴就是相机安装在 Z 轴移动中心线上,用于不需要安装旋转轴的项目。
轴上安装 (偏轴)	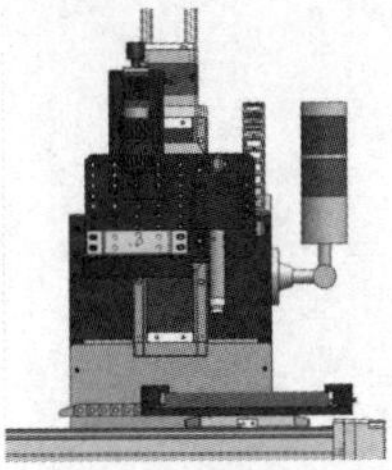	轴上安装主要适用于需要较小视野的应用,相机的高度可以用电动控制。偏轴就是相机安装不在 Z 轴移动中心线上,它的边上需要留位置安装旋转轴。这种情况需要单独标定相机和吸盘的中心轴。
轴上安装 (AOI)	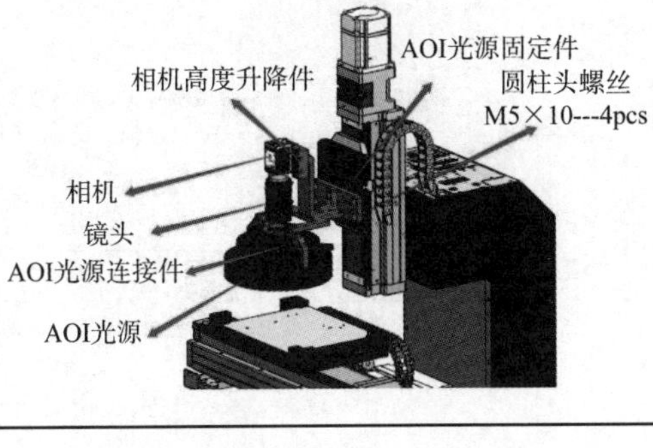	AOI 光源因为尺寸较大,需要配套专用的固定和升降调节件,它的安装方式还是正轴安装在 Z 轴之上。

附件四:相机指示灯说明

当2D相机不能正常工作时首先检查相机的接线和供电电压是否正常,再检测相机的IP设置是否正确,在确保均是正确的时候,按照下表进行判断。

<table>
<tr><th>状态</th><th colspan="2">指示灯状态</th><th>说明</th></tr>
<tr><td rowspan="6">正常状态</td><td>红</td><td>红灯快闪</td><td>设备启动中</td></tr>
<tr><td rowspan="4">蓝</td><td>蓝灯低亮</td><td>IP已分配。应用软件API没有连接</td></tr>
<tr><td>蓝灯高亮</td><td>应用软件API连接设备,自由模式,无图像传输</td></tr>
<tr><td>蓝灯快闪</td><td>应用软件API连接设备,自由模式,有图像传输</td></tr>
<tr><td>蓝灯慢闪</td><td>使用触发模式</td></tr>
<tr><td>红⇆蓝</td><td>红蓝交替闪烁</td><td>固件升级中</td></tr>
<tr><td rowspan="2">异常状态</td><td rowspan="2">红</td><td>红灯常亮</td><td>设备异常:如无码流、固件升级失败等</td></tr>
<tr><td>红灯满上</td><td>网络断开</td></tr>
</table>

附件五:分辨率及焦距计算公式

简单视觉系统的计算,主要包括视场(FOV)、分辨率(Resolution)、工作距离(WD)和景深(DOF)等。分辨率通常指的是像素分辨率(默认选用的镜头分辨率高于相机的分辨率)。因此分辨率就等于视野FOV/相机的像素数,假如我们FOV尺寸是16mm×12mm,选用的相机是200万像素(1600×1200),那么像素分辨率就是16mm/1600或12mm/1200=0.01mm。以下分别表示的是英制的芯片尺寸,真实的芯片大小和焦距的计算公式。

影像大小

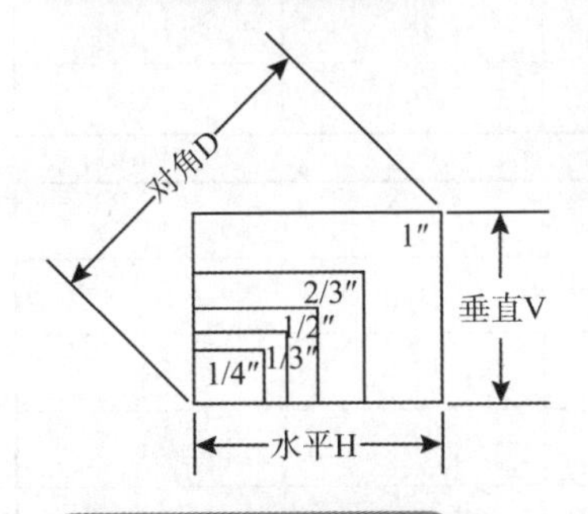

每一款临控摄像机CCD的靶面大小不同,但通常使用的CCD摄像机的规格均为4:3(H:V)。

型号	CCD尺寸	图像尺雨(mm)		
		水平:H	垂直:V	对角:D
C	1″	12.8	9.6	16.0
H,A	2/3″	8.8	6.6	11.0
D,S	1/2″	6.4	4.8	8.0
Y,T	1/3″	4.8	3.6	6.0
Q	1/4″	3.6	2.7	4.5
35mm照相机镜头(参考)	35mm胶卷	36.0	24.0	43.3

视野计算

在物距确定的情况下,视野便能通过下述方程式计算出来。

$$Y = Y^1 \cdot \frac{L}{f}$$

Y:物体尺寸　L:物距
Y^1:图像尺寸　f:焦距

例如:到物体的距离为5m时,用1/2″焦距为12.5mm的镜头和1/2″摄像机,监视器上所显示的尺寸为:

Y^1:6.4
L:5000
f:12.5

$$Y = 6.4 \times \frac{5000}{12.5} = 2560\text{mm}$$

Y　Y^1
L　f

接口种类

通常的监控摄像机镜头拥有C接口和CS接口两种。

规格

	C接口	CS接口
后基距(mm)	17.526*1	12.5*1
直径(mm)	1-32UNF	

互换性

	C接口摄像机	CS接口摄像机
C接口镜头	○	○*2
CS接口镜头	×	○

*1空气换算长度。
*2在C接口镜头与CS接口的摄像机配合使用的情况下。隔使用C-CS接口接配(5mm)

焦距计算公式的局限:

在实践过程中,会发现通过焦距公式计算的结果与实际值通常会有比较大的差异,同样的工作距离,焦距越大时误差越大;焦距一定,工作距离越近时误差越大。造成计算误差的原因是物理光学的基础理论中将镜头假设成零厚度,实际镜头都是有几十甚至上百毫米厚度,焦距越大,厚度越大,同时光心往往也不是设计在镜头的正中心,所以计算结果存在误差。通常工作距离与焦距比值大于20时,计算的结果精度较高,如果比值越小那么焦距公式计算的误差会越大。在比值不超过20的情况,可以计算出较为准确的焦距或视野,如果需要获得精确值,可以通过镜头提供的查询表获得。设备自带的3个焦距镜头视野与工作距离的对应表如下表所示。

12mm 镜头视野查询表						
工作距离(mm)	接圈尺寸(mm)	放大倍率(mm)	视野大小 FOV(mm)			
			2/3"		1/2.5"	
			8.45mm×7.07mm		5.7mm×4.26mm	
			横向(H)	竖向(V)	横向(H)	竖向(V)
100	0	0.107	78.9	66.0	53.2	39.9
200	0	0.057	147.6	125.5	99.6	74.8
300	0	0.039	216.2	180.9	145.8	109.5
400	0	0.030	284.7	238.2	192.0	144.2
500	0	0.024	353.3	295.6	238.3	179.0
800	0	0.015	558.2	467.1	376.6	282.8

25mm 镜头视野查询表						
工作距离(mm)	接圈尺寸(mm)	放大倍率(mm)	视野大小 FOV(mm)			
			2/3"		1/2.5"	
			8.45mm×7.07mm		5.7mm×4.26mm	
			横向(H)	竖向(V)	横向(H)	竖向(V)
100	0	0.194	43.6	36.8	29.1	22.0
200	0	0.113	74.6	62.4	50.3	37.8
300	0	0.076	110.8	92.7	74.8	56.1
400	0	0.058	146.6	122.6	98.9	74.2
500	0	0.046	181.7	152.1	122.6	92.1
800	0	0.029	287.2	240.3	193.7	145.5

35mm 镜头视野查询表						
工作距离(mm)	接圈尺寸(mm)	放大倍率(mm)	视野大小 FOV(mm)			
			2/3"		1/2.5"	
			8.45mm×7.07mm		5.7mm×4.26mm	
			横向(H)	竖向(V)	横向(H)	竖向(V)
100	5	0.264	−32.0	−26.9	−21.5	−17.0
200	0	0.142	59.5	49.8	40.1	30.1
300	0	0.097	87.1	72.9	58.8	44.1
400	0	0.075	113.0	94.5	76.2	57.2
500	0	0.060	140.1	117.2	94.5	70.9
800	0	0.059	217.3	18 1.8	146.6	110.1

附件六:螺丝型号及安装图示

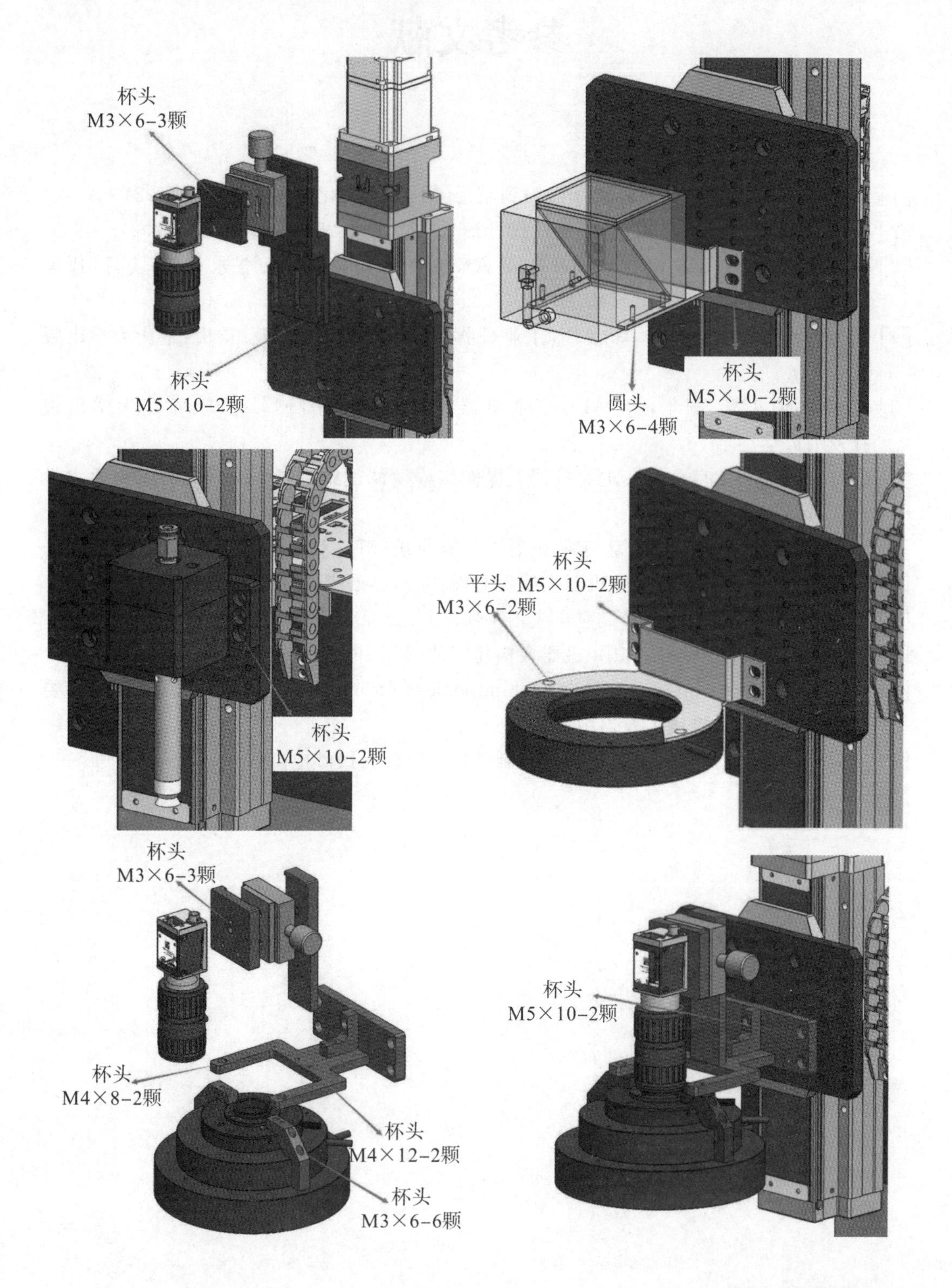

参考文献

[1] 龚仲华. FANUC 工业机器人从入门到精通[M]. 北京：化学工业出版社，2021.
[2] 柯武龙. 工业机器人集成应用(机构设计篇)[M]. 北京：机械工业出版社，2021.
[3] Mark R. Miller，Rex Miller. ROBOTS AND ROBOTICS[M]. 张永德，路明月，代雪松，译. 北京：机械工业出版社，2019.
[4] 余丰闯，田进礼，张聚峰，等. ABB 工业机器人应用案例详解[M]. 重庆：重庆大学出版社，2019.
[5] 翟东丽，谭小蔓，周华，等. ABB 工业机器人实操与应用[M]. 重庆：重庆大学出版社，2019.
[6] 陈绪林，鲁鹏，艾存金，等. 工业机器人操作编程及调试维护[M]. 成都：西南交通大学出版社，2018.
[7] 鲍清岩，毛海燕，湛年远，等. 工业机器人仿真应用[M]. 重庆：重庆大学出版社，2018.
[8] 雷旭昌，王定勇，王旭. 工业机器人编程与操作[M]. 重庆：重庆大学出版社，2018.
[9] 龚仲华，龚晓雯. 工业机器人完全应用手册[M]. 北京：人民邮电出版社，2017.
[10] 丘柳东，王牛，李瑞峰，陈阳. 机器人构建实战[M]. 北京：人民邮电出版社，2017.
[11] Bruno Siciliano，oussama Khatib. Handbook of Robotcis[M].《机器人手册》翻译委员会，译. 北京：机械工业出版社，2016.
[12] 郭彤颖，安冬. 机器人学及其智能控制[M]. 北京：人民邮电出版社，2014.